U0236341

国家社会科学基金艺术学项目（2016BG117）、
浙江省哲学社会科学规划课题（22NDJC077YB）、
浙江省“十四五”研究生教学改革项目（SYJSJG2023153）、
浙江理工大学基本科研业务费项目（22076233-Y）成果

彼岸·艺术文化

畲族服饰的发展脉络与设计传承

THE DEVELOPMENT AND DESIGN INHERITANCE OF THE SHE ETHNIC CLOTHING

陈敬玉　著

·杭州·

图书在版编目（CIP）数据

畲族服饰的发展脉络与设计传承 / 陈敬玉著. -- 杭州 : 浙江大学出版社, 2023.11
ISBN 978-7-308-24348-3

Ⅰ. ①畲… Ⅱ. ①陈… Ⅲ. ①畲族－民族服饰－服饰文化－研究－中国 Ⅳ. ①TS941.742.883

中国国家版本馆CIP数据核字(2023)第208296号

畲族服饰的发展脉络与设计传承
陈敬玉　著

策　　划　董　唯
责任编辑　董　唯
责任校对　杨诗怡
封面设计　林智广告
出版发行　浙江大学出版社
　　　　　（杭州市天目山路148号　邮政编码310007）
　　　　　（网址：http://www.zjupress.com）
排　　版　杭州林智广告有限公司
印　　刷　杭州钱江彩色印务有限公司
开　　本　710mm×1000mm　1/16
印　　张　17
插　　页　2
字　　数　310千
版 印 次　2023年11月第1版　2023年11月第1次印刷
书　　号　ISBN 978-7-308-24348-3
定　　价　88.00元

版权所有　侵权必究　　印装差错　负责调换
浙江大学出版社市场运营中心联系方式：0571-88925591；http://zjdxcbs.tmall.com

1. 景宁参加“三月三”歌会的畲族女子
（陈敬玉摄）

2. 景宁街头的畲族老妇人
（陈敬玉摄）

3. 霞浦服饰胸襟绣花细节
（雷其松藏，陈敬玉摄）

4. 霞浦拦腰上的嵌线绲边和花鸟凤凰绣花细节
（雷其松藏，陈敬玉摄）

5. 霞浦拦腰上的嵌线绲边和花鸟凤凰绣花细节
（雷其松藏，陈敬玉摄）

6. 霞浦拦腰上的人物故事绣花细节
（雷其松藏，陈敬玉摄）

罗源 / 飞鸾装
（宁德市民族与宗教事务局供图）

罗源未婚青年畲族女子装束
（罗源博物馆藏，陈敬玉摄）

罗源畲族新娘装束
（罗源博物馆藏，陈敬玉摄）

罗源老年畲族女子装束
（罗源博物馆藏，陈敬玉摄）

福安畲族女子服饰
（陈敬玉摄）

福鼎畲族女子服饰
（福鼎市民族与宗教事务局供图）

罗源畲族女子服饰
（陈敬玉翻拍自兰曲钗家的照片）

霞浦畲族女子服饰
（陈敬玉摄）

景宁式畲族服饰复制品
（张萌萌制作；模特：巩玉倩）

丽水式畲族服饰复制品
（张萌萌制作；模特：巩玉倩）

罗源式畲族服饰复制品
（张萌萌制作；模特：巩玉倩）

景宁式畲族女上衣复制品
（张萌萌制作）

景宁式畲族女上衣复制品
（张萌萌制作）

序

中国自古以衣冠王国著称，悠久的服饰文明璀璨夺目。服饰记录着中华的历史文脉与创意智慧，也是中华各民族感情表达的产物。

畲族是我国的散杂居少数民族，畲族服饰因族群特殊的迁徙历史和散杂居导致的多民族融合而形成了其特有的演进脉络，衍生出别具一格的符号特色。“断竹为冠，裹以布，布斑斑，饰以珠，珠累累”，畲族服饰形成了鲜明的民族特色，是中华服饰文脉和民族艺术的重要组成部分。

陈敬玉教授潜心从事畲族服饰研究已有十余年，从一个人背包走村下乡，到现在组建“衣文化研究与设计”科研团队，常年在浙江、福建、广东、江西和贵州等多地开展畲族服饰文化的田野调查，获取了大量宝贵的一手服饰研究史料，为研究畲族服饰文化做出了很大贡献。

陈教授的畲族服饰文化学术成果即将付梓，由衷地祝贺她。这部著作有以下几方面的特点。第一，这部著作立足大量田野调查和文献资料，归纳整理了畲族服饰的品类、制式和装饰细节，总结了畲族服饰的艺术表征和地域文化内涵，重点结合民族发展史、迁徙史等社会史，对其服饰的生成、积淀和传承发展进行了系统论证。第二，研究的学科视野较为开阔，基于设计学与民族学理论的交叉融合，对相应服饰进行了民族志式的调查和分类，对服饰形制、装饰题材、工艺等方面展现出的融合、异化现象进行辨析；从历时性和共时性两个维度，从造型、色彩、图案和意蕴四个方面分析服饰的审美意象和文化内涵，比较分析它们之间的相似性、差异性和脉络性，梳理演化规律和发展脉络。第三，将民族服饰置于文化认同的背景下进行研究，对其族群内部与族群之间的文化同一性与服饰脉络的关系进行观照，系统构建了中国畲族服饰文化的知识和价值谱系。

此外，我国民族服饰文化的传承存在分散和代代相传的特点，应科学保护、有序开发，建立活态的、可持续发展的民族服饰保护与传承观念，从而应对经济发展、文化交流带来的服饰异化问题。针对经济发展带来的文化趋同现象，这部著作综合传世民族服饰的物质性和服饰文化生存环境的非物质性两个方面，从文化保护和继承的角度对畲族民族服饰的活态传承进行了有意义的研究和探讨。同时，研究结合当代生活方式开展了时尚创新的应用和转化，对畲族传统服饰的代表性基因进行了实验性设计，促进了畲族文化遗产的再生利用，这是良好的学术态度和可持续发展的视野。

是为序！

崔荣荣

浙江理工大学服装学院教授、博士生导师

2023 年 11 月

目录

第一章　畲族溯源

第一节　盘瓠传说与凤凰装

畲族是主要分布在我国东南部以及其他一些地区的散杂居少数民族，以盘瓠为祖先，历史悠久，传承千年，在漫长的民族发展历史进程中形成了鲜明的民族个性和丰富多样的民族服饰。畲族服饰以“凤凰装”为名，主要体现在畲族女子服饰装束上，而畲族男子服饰几乎与汉族相同。据记载，早在7世纪初，居住在闽、粤、赣交界地带的畲族先民就已经在当地劳作生息、繁衍后代。[①] 作为中华民族大家庭中的一员，现在畲族主要散居于福建、浙江、江西、广东、贵州、安徽、湖南7省的山区中。[②]2020年第七次全国人口普查数据显示，我国畲族总人口为746385人，[③] 主要分布在闽东、浙南地区，其中福建有374663人，占比最高，约为50.2%，其次为浙江，有182507人，约占24.5%。[④] 传统的畲族村落一般由几户、几十户聚居形成，绝大部分畲族村落的周边为汉族村落，也有一些村落为畲、汉两族人民杂居在一起。整个畲族族群在我国东南地区的分布格局呈现小聚居、大杂居的特点。[⑤]

畲族服饰凤凰装是畲族图腾崇拜、民族审美、工艺技术的集中体现，同时也是畲族人民对祖先寄托追思的一种形式，以非文本的语言集中体现了对盘瓠（亦作“槃瓠”“盘护”）和凤凰的图腾崇拜意识。图腾崇拜是一种宗教性的祖先崇拜，其中的关键是图腾。图腾作为一种祖先认同意识的外化的符号性表现，在族群交往过程中起到了族群之间进行识别的作用。目前来看，畲族是一个多图腾崇拜的民族，除了盘瓠乃是全体畲族人民共同认同的始祖外，凤凰也是畲族人民认同的图腾形象。盘瓠是上古的神兽，是现今苗、瑶、畲、仡佬等民族信奉的祖先。盘瓠本是我国古代神话传说中神犬的名字。相传在上古时代，

---

① 《畲族简史》编写组．畲族简史．福州：福建人民出版社，1980：3.

② 陈丽霞．畲族女性首服发展变迁研究．杭州：浙江理工大学，2019：8.

③ 黄尧瑶，王毓葳．浙江景宁畲族语言现状调查研究．青年与社会，2014（36）：262.

④ 国务院第七次全国人口普查领导小组办公室．2020年中国人口普查年鉴（上册）．北京：中国统计出版社，2022.

⑤ 《畲族简史》编写组．畲族简史．福州：福建人民出版社，1980：1.

高辛帝后耳痛三年，后从耳中取出一条金龙，遍体斑纹，育于盘中，后变成龙犬，高辛帝赐名龙麒（期），号称盘瓠。后犬戎入侵，高辛帝发榜征集天下英雄抵抗犬戎，榜文上写明：谁能成功征伐犬戎，取得番王首级，谁就可以娶高辛帝的三公主为妻。盘瓠揭榜应战，挺身出发前往敌国，到达后看准时机，趁番王喝醉之时将其头颅咬了下来，带回来献给高辛帝。而高辛帝对于盘瓠是犬这件事心存芥蒂，想要反悔，这时盘瓠突然口吐人言说："只要把我放在金钟内七天七夜，我就可以化身为人。"但盘瓠进入金钟后的第六日，公主因担心他饿死，便提早打开了金钟。只见盘瓠的身躯已经接近于人形，但是头还没有变化成人。后来三公主嫁给盘瓠为妻，婚后随盘瓠入居深山，以狩猎和山耕为生，开荒种田，繁衍后代。三公主后来生了三子一女，长子姓盘，名自能，次子姓蓝，名光辉，三子姓雷，名巨祐，女儿嫁给钟智深（有的地方"智"亦作"志"），故有畲族"盘""蓝"（现今有些地区写作"兰"）、"雷""钟"四大姓氏。畲族人民世代相传和歌颂始祖盘瓠的功绩，闽东、浙南又称盘瓠为"龙麒（期）""盘瓠王""忠勇王"，其表现形态有龙犬、鱼龙、龙、麒麟等。畲族先民以拟人化的手法，把盘瓠描述成神奇、机智、勇敢的民族英雄，尊崇其为畲族的始祖。[①]虽然畲族人民散居各地，但他们始终保持着对始祖盘瓠的信仰，这个信仰贯穿在祖图、族谱、祖杖、传说、山歌、服饰、习俗、祭祀等方面，在畲族文化中占有重要的地位，对于维护民族内部凝聚力和加强民族自我意识起着重要的作用。[②]

畲族有自己的语言，但没有本民族的文字。畲语属于汉藏语系，其语音、语调、构词法、词汇、语法独具特色，自成系统。受所在地方言的影响，各地畲语稍有不同，但大同小异，闽、浙、粤、赣、皖各省基本相通。[③]畲族通行双语制，即同汉族交往时，使用居住地的汉语方言或普通话，本民族内部则使用畲语。畲族人通用汉字，主要通过民歌传唱和图像绘本对本民族的历史文化进行记录和传承，或直接以汉字进行记录。除少数汉字记录外，畲族流传至今的许多历史传说都是依靠畲族歌谣、小说歌、图谱的形式进行本民族内的传承的。

歌谣是民族民间文化的载体，畲族民歌是畲族人民的一种口头文学形式，种

① 韩常先．畲族图腾文化新论．中央民族学院学报，1993（1）：28.
② 黄光学，施联朱．中国的民族识别．北京：民族出版社，1995：96.
③ 邱国珍．浙江畲族史．杭州：杭州出版社，2010：1.

类繁多，内容包罗万象，其中有很多涉及民俗、生活、服饰风貌的内容。畲族长篇叙事歌中最著名的当数堪称民族史诗的《高皇歌》，又称《盘古歌》《龙皇歌》《盘瓠王歌》，叙述了畲族始祖盘瓠的传说，盘瓠子孙盘、蓝、雷、钟四姓的来历，以及民族迁徙发展历程，反映了畲族的原始宗教信仰和图腾崇拜，也描述了畲族历史上不同时期的服饰典型特征。《高皇歌》在各地有很多抄本，内容基本相同，但长短不同，从200多句至400多句不等。

畲族人民除了通过口耳相传表达对盘瓠的追思和纪念，还通过图画进行记载和传颂，这种用图画对盘瓠生平事迹进行连贯记录和表现的图像被称为“祖图”。畲族各聚居地均保存有这种以绘画形式记录畲族祖先来源与民族历史的画卷，是畲族百姓举行宗教仪式时必备的彩绘图像。畲族祖图长卷，俗称长联，以图像形式演绎民族口耳相传的图腾故事，是具象化了的《高皇歌》。[①] 祖图长卷前一般会抄录一段《敕赐开山公据》（有时简称为《开山公据》，亦名《抚徭券牒》），是传说中古代皇帝赐给畲族的一种汉文券牒文书，对于畲族起源的描述与《高皇歌》中的相仿。据说畲民持有这种文书就可以“遇山开产为业”，“永免杂役，抚乐自安，代代不纳粮税”。

在记载畲族民族传说的祖图和《高皇歌》中，盘瓠信仰演变为生动感人的神话故事，在畲民中世代相传，成为畲族文化中最重要的组成部分。同时，盘瓠信仰在传承过程中逐渐形成了一整套祭祀仪式和仪式工具，如每年的祭祖活动和祖图、神牌等，并形成了一系列与之相应的习俗。随着历史的发展及文化交融的影响，畲族的盘瓠信仰虽已有所削弱，或者说在某些方面已稀释了纯粹图腾崇拜的意义，但是盘瓠作为图腾的符号，其图腾名称、祖先观念、图腾禁忌、图腾艺术等各要素在畲族社会生活中仍有相当完整的体现。[②] 浙闽一带的畲族村落中，一些传统畲民家庭至今仍在住房中堂安放盘瓠的祖先牌位或榜书（畲族榜书即在红纸上用毛笔墨书的祖先名号牌位）。

盘瓠传说对于畲族人民来说不是普通的神话和故事，而是具有神圣意义的民族起源信仰[③]，这个信仰贯穿在头饰、服装、舞蹈以及宗教仪式中，是民族图腾崇拜的遗留。畲族人民以盘瓠为祖先，通过服饰这一载体和媒介，借助色彩搭配、

---

① 蓝岚．畲族祖图长卷艺术价值初探．文化艺术研究，2011（1）：18.

② 黄向春．畲族的凤凰崇拜及其渊源．广西民族研究，1996（4）：96.

③ 施联朱．关于畲族来源与迁徙．中央民族学院学报，1983（2）：37.

服饰样式和装饰工艺等手段表达了对祖先的追思与敬仰。[①]畲族服饰中的盘瓠形象在不断迁徙变化中演变为龙、凤和麒麟，成为服饰象征符号的载体。[②]现今畲族女子服饰被统称为“凤凰装”，具有鲜明的凤凰图腾崇拜情结，同时在服饰的具体形制特征和装饰手法中又传递着盘瓠意象。在畲族的图腾崇拜中，盘瓠与凤凰是共存的，畲族的凤凰崇拜情结并非偶然现象，而是根植于深厚的传统文化土壤中，有着悠久的历史根源。[③]

在长期的混居交往中，畲族人民和汉族人民在经济、政治和文化生活等方面都有着千丝万缕的联系，审美文化相互影响，因此畲族服饰的基本形制和服饰上具有吉祥寓意的图案都与汉族有一定的相似性。在中华民族传统文化中，凤凰是至圣至美的化身，与龙一样被视为中华民族的象征。历史上大批汉人陆续进入畲民集中聚居的闽、粤、赣交界区，尤其是明清之后畲汉互动程度日益加深，凤凰的意象因其高贵的寓意且与汉文化的契合而受到重视，于是凤凰便成为凝聚族群认同的另一种象征符号，被畲族的知识分子写进追溯祖居地的历史记忆当中，并以谱牒（古代记述氏族世系的书籍）的书面形式和神话传说的口头形式代代相传。[④]

在畲族关于传统习俗的表述中，“凤凰”是使用率很高的专用语之一。例如畲民传统服饰中称女子冠髻为“凤凰冠”（又称“凤冠”）、“凤凰髻”和“凤凰头”，称女子服装为“凤凰装”（亦有称其为“花边衫”的），畲族村民的婚联及民居山墙上都有“凤凰到此”的批文，族群起源传说中所认定的族群发源地为“凤凰山”等，皆与凤凰的意象有所联系。在畲族传说中有许多关于盘瓠夫妇开山种地、繁衍子孙的传说，其中三公主凤凰装的传说成为畲族服饰文化的重要来源。三公主与盘瓠成婚时高辛帝后所赐的嫁衣为凤凰装束，三公主与盘瓠的女儿成年后出嫁时也是凤凰装扮，这些都使畲族女子感觉受到庇佑并产生追思的情结，因而畲族女子均以凤凰装束为美。“凤凰装”的称呼来源于畲族传统小说歌《三公主的传说》。畲族人通过凤凰这一富有吉祥寓意的载体，以凤为意，在女子服装上饰以

---

① 施联朱．关于畲族来源与迁徙．中央民族学院学报，1983（2）：34-42；雷弯山．畲族传统文化特色与存在原因分析．丽水师专学报，1996（4）：20-22，39.

② 邱国珍．畲族“盘瓠”形象的民俗学解读．广西民族学院学报（哲学社会科学版），2003（6）：63-70.

③ 黄向春．畲族的凤凰崇拜及其渊源．广西民族研究，1996（4）：96.

④ 李凌霞，曹大明．畲族的凤凰崇拜及其演化轨迹．三峡论坛（三峡文学·理论版），2013（3）：49.

五彩的精巧刺绣和装饰工艺，表达了对美好生活的祝愿。[①] 浙、闽、粤、赣等地的畲族女子传统服饰虽细节有所差异，但都通过图案、头饰、彩带等不同形式的细节描绘出这一共同的民族记忆，这种民族认同也使畲族服饰文化具有独特的民族个性和审美意味。

此外，畲族以广东潮州凤凰山为民族发祥地，故对于凤凰山的崇拜也是各地畲族人中普遍存在凤凰崇拜的主要原因之一。在畲族族源的考证上，大致有“畲瑶同源说”“古越后裔说”“东夷说”“土著说”和“河南夷人说”等几种说法，而凤凰崇拜有可能源自东夷崇拜鸟的部落。畲族在漫长的民族发展中逐渐形成了从盘瓠到凤凰的多图腾崇拜，并最终表现在畲族女子服饰的装束上。

笔者在实地考察中发现，浙江、江西、福建等地畲族村庄的建筑物上可见凤凰图案，在纪念盘瓠妻子三公主的同时也昭示着民族发祥地凤凰山。图 1-1 所示为浙江省杭州市桐庐县莪山畲族乡和福建省宁德市猴盾村的畲族民居外墙，虽然分属浙闽两省，但外墙均绘有凤凰图案，其中猴盾村的图案中心有“凤凰到此”四字，可见从盘瓠到三公主，再到凤凰的图腾演变，畲族人民的传统意识中仍保存着共同的族群认同意识。

综上种种，在民族传说、文化交融和民族发展演化的综合作用下，畲族服饰顺利地完成了从盘瓠传说到凤凰图腾的转化，最终以现在绚丽多姿的凤凰装示人，传递着服饰千年传承背后的人文接力。

图 1-1 绘有凤凰的畲族房屋（左：浙江省杭州市桐庐县莪山畲族乡；右：福建省宁德市猴盾村）[②]

① 肖芒，郑小军．畲族“凤凰装”的非物质文化遗产保护价值．中南民族大学学报（人文社会科学版），2010（1）：19-23.

② 以下未标来源的图片，均为项目组拍摄 / 绘制。

第二节 族源与分布

一、畲族的族源

1. 民族来源

服饰是一个民族的历史、文化、审美、生活方式和工艺技术的综合体现，要了解一个民族的服饰文化，首先要从该民族的历史与族源入手。由于畲族没有本民族的文字，在关于畲族来源的考证上缺乏确实可信的文字材料记载，各派学说对其族源来历众说纷纭。从民族学的角度看，畲族是怎样形成的、来自哪里，至今还是有争议的问题，以致民族学家蒋炳钊将其称为“一桩聚讼不决的学术公案”[①]。目前学界对畲族的族源尚未达成统一认识，从不同的考证角度出发形成了外来说、土著说和多源说等几种不同的族源说，成为畲族族源的几种基础学说。

外来说认为其是由外来族裔迁入现居住地的，主要有武陵蛮、东夷和河南夷三种来源说法。“武陵蛮说”以畲族族内图腾信仰和祖图为依据，认为各地畲族均认同其民族起源于盘瓠与高辛帝的三公主的后代。盘瓠传说是畲族族群认同的精神内核和重要符号性标志，其传说来源于原始社会流传下来的神话，反映了畲族人民的民族认同心理状态，对于探讨其民族历史来源具有一定的参考意义。畲族保存的《开山公据》和瑶族的《迁徙榜牒》(又名《过山榜》)都记载着原始图腾的盘瓠传说。正是由于对盘瓠传说有相近的信仰，两族均有盘、蓝、雷等大姓，一些民间传说、祖图和祭祀内容也与此有关。故古今方志文献中均提出畲瑶同源，均为武陵蛮后裔的说法。甚至有不少学者认为畲为瑶的一支，历史上曾出现的“畲瑶”之称即源于此。虽然畲族、瑶族有非常密切的历史关系，但由于长期的民族发展，两者已经形成了不同的生活习惯、民族文化和风俗传统，在民族认定上早已形成两个不同的民族。由于盘瓠传说来自《搜神记》，分布甚广，几乎涵盖我国南方省份中的大半，仅依靠盘瓠传说并不能确定畲族的武陵蛮来源。除盘瓠传说外，目前史料中尚未找到畲族是武陵蛮的一支或是从湖南迁来的其他线索。[②]

与武陵蛮说一样，“东夷说”也认为畲族迁自湖南一带。费孝通先生1981年

---

① 蒋炳钊．畲族史稿．厦门：厦门大学出版社，1988：221.

② 《畲族简史》编写组．畲族简史．北京：民族出版社，2008：16.

在中央民族学院民族研究生座谈会上回忆潘光旦先生对于苗、瑶、畲关系的论述时说，“这三个民族在历史上有密切的关系，可能是早年从淮水流域向南迁徙的中原移民”。春秋战国时期生活在淮河和黄河之间的东夷里靠西南的一支徐夷，与苗、瑶、畲有密切的渊源关系，“后来向长江流域移动进入南岭山脉的那一部分可能就是瑶；一部分从南岭山脉向东，在江西、福建、浙江的山区里和汉族结合的那一部分可能就是畲，另外一部分曾定居在洞庭湖一带，后来进入湘西和贵州山区的可能就是苗”。[①] 东夷说认为畲族文化与东南越族的文化特点大相径庭，其来源与东南越族无关，而与迁入武陵地区的诞[②]、徐、彭等关系密切，即为隋代史籍上记载的“蜒（莫徭）”。莫徭是武陵蛮的一支，由东夷族群迁徙而来，融合了东夷的徐、彭和三苗、氐羌而形成。大约在唐宋之际，莫徭在迁徙的过程中，又形成了新的族体——畲族和瑶族。[③]

还有一种观点认为畲族来源于高辛后裔，也称河南夷。据畲族族谱记载，畲族始祖盘瓠是高辛帝的驸马，而高辛帝是古代河南中原一带的一支部落的首领，这支部落后来发展成为帝喾一族。畲族族谱中所载盘瓠与三公主的后代盘、蓝、雷、钟四大姓氏的封地范围与史料记载的高辛帝管辖地域基本一致：盘姓始祖盘自能受封南阳郡“立国侯”（盘姓在迁徙中已基本消失，一说流入台湾岛内，一说在浙江临安发现了一部分盘姓，是否为畲族及由何处迁徙发展而至待考），蓝姓始祖蓝光辉受封汝南郡“护国侯”，雷姓始祖雷巨祐受封冯翌郡“武骑侯”，钟姓始祖钟志深受封颍川郡“国勇侯”。这些地方均在今天的河南一带。如今畲族家庭的厅堂上或神龛中书写的“汝南蓝氏”“冯翌雷氏”“颍川钟姓”，就是根据各姓始祖在高辛帝时受封的祖源之地流传下来的。[④]

土著说认为畲族是由聚居地本地土著发展而来的一个族群，该说中最为典型的有“古越后裔说”“南蛮说”“闽族后裔说”。历史上“百越”和“南蛮”都是对南方民族的一种泛称，战国、秦、汉时期居住在长江以南的都是越族，而南蛮泛指我国东南和西南的多数少数民族。古越后裔说以民族学家傅衣凌的观点[⑤]为代表，根据百越和南蛮的古今地理分布、民间传说等，主张畲族是古越族后裔，认为畲与蜒同出于越，后辗转流布于今之闽浙赣三省边区，并深入广东，有山居

① 费孝通．民族社会学调查的尝试．中央民族学院学报，1982（2）：6.

② 注：即“蜑”，与“蜒、疍、蛋”相通，蜒民即疍民，意即生活在水上的人，或从水上而来的人。

③ 张崇根．畲族族源东夷说新证．中南民族学院学报（哲学社会科学版），1986（4）：29.

④ 邱国珍．浙江畲族史．杭州：杭州出版社，2010：8.

⑤ 傅衣凌．福建畲姓考．福建文化，1934（1）：7.

和水居两类，山居为畲，水居为蜒。南蛮说认为畲族起源于“蛮”或“南蛮”的一支，加之广东凤凰山又是浙闽一带畲族家喻户晓的民族发祥地，故认定畲族是广东的土著民族，来源于居住在海南、广东、湖南（武陵）一带崇山峻岭中被泛称为“南蛮”的少数民族（包含苗族、壮族、瑶族、黎族和畲族等）。闽族后裔说认为畲族并非来源于越族，而是闽族遗裔。[①]

多源说是近年来学术界提出的一种学说，认为畲族是在相当长的历史时期和相当广阔的地域范围内随着民族迁徙、融合、发展而成的一个族群，对以往纠结于畲族起源于何处的一元论族源说观点提出了挑战，将畲族族源的研究定位在中华民族多元一体理论与畲族的多元一体格局下，认为武陵蛮、长沙蛮、百越民族、南迁的汉族，还有湘、赣、闽、粤交界区域或其他土著民族共同缔造了畲族，他们都是畲族的构成部分。[②] 或许正是潮州凤凰山在畲族孕育形成史上的关键作用，使潮州在后来各种来源的畲族成分整合过程中处于主导地位，久而久之便形成了凡畲族追根都要追到潮州凤凰山的情况，因而凤凰山被畲族史诗和族谱奉为祖居地和发祥地。凤凰山在族源传说中作为一种具有图腾意义的文化符号而存在，它的存在帮助畲族完成了自我认同，保持了强大而持久的凝聚力。[③] 综合考察畲族文化的各个侧面可以发现，畲族文化显现出的是一个多元共生的复合格局：既信奉始祖传说，又崇拜凤凰；既受汉文化的影响，又顽强地保持着民族性。这迫使我们不得不去思考其来源的复杂性。

客观来说，民族的形成本身就是一个不断迁徙、融合的复杂的历史过程，任何一个民族或族群的形成和发展都不是与世隔绝、一成不变的，而是在错综复杂的社会民族关系中逐渐分化演变而成的。多源说是畲族族源研究的一个亮点，提供了新的研究思路和方法，符合畲族多元共生复合格局的历史和文化背景。[④] 对于畲族族源的各种说法均有一定的依据，多源说综合了各方面证据，对畲族族源进行了客观理性的分析，符合民族发展的复杂性，具备较高的可信度。

2. 族称演变

畲人自称“山哈”，意为“山里的客人”。“畲”这一族名是汉文献对其的称呼，且经历了漫长的演变。在各类历史文献资料中可查的正式作为族称的名称有

① 陈元煦 . 试论闽、越与畲族的关系 . 福建论坛（人文社会科学版），1984（6）：62-66.
② 谢重光 . 畲族与客家福佬关系史略 . 福州：福建人民出版社，2002：7.
③ 谢重光 . 畲族在宋代的形成及其分布地域 . 韩山师范学院学报，2001（3）：26-31.
④ 邱国珍 . 浙江畲族史 . 杭州：杭州出版社，2010：13.

“畬、峯、畲”三个。“畲”作为民族名称最早写为“畬”（从余从田，与现在从佘从田用作族称的“畲”字不同）。[①]

早在7世纪初，就有文献将居住在闽、粤、赣三省交界地区的少数民族（包括畲族先民在内）泛称为“蛮”“蛮僚”“峒蛮”或“峒僚”“百越”“山越”等。唐末五代出现了“畬山儿”一词，可能是对畲族形成早期时的称呼；南宋中叶的《舆地纪胜》使用“山客峯”，是正式作为后世畲族族称的最早史例。[②]“畬”字来历甚古，早在春秋时就已经出现，《易·无妄》有“不耕获，不菑畬”[③]之句。至南宋末年“畬”才开始被用作民族的名称，距今已有700多年的历史。《说文解字》曰：“畬，三岁治田也。”《尔雅·释地》曰：“田，一岁曰菑，二岁曰新田，三岁曰畬。”[④]也有将二岁之田称为“畬”的，如郑玄注《礼记·坊记》中称“[田]二岁曰畬”。不论二岁、三岁，指的都是刚开垦出来两三年的田地。作此解时，其音念yú。音念shē的“畬”，意为刀耕火种。无论“畬”念何音，其意均是开荒辟地、刀耕火种。“畬”又有“畬田”之意。畬田民族是以畬田，即通常所说的刀耕火种为主要特征的农耕民族。“畬”，今作“畲”，畲族是最主要的畬田民族之一[⑤]，于是，刀耕火种者被称为“畬民”[⑥]。需要说明的是，历史上的畬田民族，除畲族外也包括一些以畬田为特征的民族，如苗、瑶、壮等其他许多南方少数民族。[⑦]可见，以“畬”字作为早期的族称大约是由于这一民族采取刀耕火种、烧田开荒的生产生活方式。

13世纪中叶南宋末年文献中“畬民不悦(役)，畬田不税，其来已久矣”，“余读诸畬款状，有自称盘瓠孙者”，“凡溪洞种类不一：曰蛮、曰瑶、曰黎、曰蜑，在漳者曰畬”[⑧]，是最早出现的畲族族称记载。在古籍中，“畬”又作“峯”，据《广东通志》载：“畬与峯同，或作畲。”[⑨]文天祥亦写道：“潮与漳、汀接壤，盐寇、峯民群聚。”[⑩]至此，汉文史书上才正式出现“畬民”和“峯民”两词并用的族称。“畬

① 本小节中指历史上的称呼时，一般按当时习惯或史书记载写作“畬”。
② 资料来源于中国畲族博物馆。
③ 转引自：《畲族简史》编写组．畲族简史．北京：民族出版社，2008：10.
④ 尔雅．邓启铜，注释．南京：东南大学出版社，2015：184.
⑤ 邱国珍．浙江畲族史．杭州：杭州出版社，2010：1.
⑥ 雷弯山．畲族风情．福州：福建人民出版社，2002：9.
⑦ 邱国珍，赖施虬．畲族“刀耕火种”生产习俗述论．温州师范学院学报（哲学社会科学版），2005（3）：16.
⑧ 刘克庄．后村先生大全集（卷93）．上海：上海书店，1989：803.
⑨ 吴永章．畲族与瑶苗比较研究．福州：福建人民出版社，2002：38.
⑩ 转引自：《畲族简史》编写组．畲族简史．北京：民族出版社，2008：10.

民”“輋民”二者字异音同，意思并不完全相同，“輋”是广东汉族的俗字，意为山地或在山里居住。清代李调元《卍斋璅录》记载：“广东潮阳有輋民，山中男女，椎髻跣足，射猎为生。按，輋音斜，近山之地曰輋。”[①]“輋”为族称，意指在山里搭棚居住的人，“畲民”指福建漳州一带的畲民，“輋民”指广东潮州一带的畲民，“輋民”和“畲民”一样靠刀耕火种为生，以烧田为肥，两者是同一个民族的两种称谓。

宋末元初时参加抗元武装的畲族队伍被称为“畲军”，元代以来，“畲民”逐渐作为畲族的专有名称，普遍出现在汉文史书上，畲族这一名称这才得到普遍使用。明代时“畲民”“輋民”“畲瑶”“輋瑶”等称呼都有使用。清代以后有“畲客”“畲民”等称呼。综上可见，宋元明清以降，畲族的族称历经“輋民”“畲民”“畲客”“畲蛮”“徭人”“畲人”等不同名称的变化，浙、闽、粤、赣等地对畲族的称呼亦有不同。何联奎曾作“畲民变称表”对其名称演变进行归纳，清晰地概括出南宋以降至清末民初这四省对畲民的称呼。

以上都是汉族人对畲族人的称呼，畲民自称“山哈”或“山达”（“哈”和“达”，畲语意为“客人”），这两个名称不见史书记载，但在畲族民间却普遍流传。对于为什么以“客”自称，有学者认为与他们的迁徙居地有关：乾隆《龙溪县志》卷十《风俗》记录畲民“无土著，随山迁徙，而种谷三年，土瘠辄弃之，去则种竹偿之。无征税，无服役，以故俗呼之曰客”[②]。由于畲民四处迁徙，浙闽一带亦有汉族人称其为“畲客”。“畲”字的两种读音，从余从田的 yú 乃是其正体，后因一般习惯读 shē 音，作为族称时便从佘从田写作“畲”。

1949 年中华人民共和国成立后，浙、闽、粤、赣等省畲民一起确认民族身份。国家先后于 1953 年、1955 年组织专家、学者和民族工作者对畲民进行认真、慎重、稳妥的民族识别调查，认为畲族虽然居住分散，但在服饰等物质生活、精神文化、风俗习惯和宗教信仰上有自己的特点。1956 年国务院确认畲族为一个具有自己特点的单一少数民族，正式确定民族名称为“畲族”。

---

① 李调元．卍斋璅录（卷 3）．北京：商务印书馆，1937：19.

② 转引自：吴永章．畲族与瑶苗比较研究．福州：福建人民出版社，2002：39.

二、畲族的分布与迁徙

1. 地理分布

畲族史在东南地区的开端是7世纪隋、唐交替之际①，彼时畲族先民就已居住在闽、粤、赣三省交界处的赣漳汀地区。宋代畲族人开始陆续向闽中、闽北一带迁徙，约在明清时期大量出现于闽东、浙南。②目前大部分畲族人居住在福建、浙江的山区地带，在江西、广东、贵州和安徽等地也有少量分布。③1996年贵州畲族通过民族识别认定工作加入畲族大家庭，是最晚加入畲族的一支。

关于畲族分布的记录散见于各个历史时期的地方志和史书中，近现代以来最早对浙闽一带畲族的地理分布展开系统研究的当属民族学家何联奎先生。何先生于1940年曾对闽浙一带畲族的分布进行了考证研究，并绘制"闽浙畲民分布图"，对这一带的畲族分布进行了标注。据第七次全国人口普查统计，畲族人口超万人的省份依次为福建、浙江、江西、广东和贵州。福建畲族主要分布在福安、霞浦、福鼎、宁德、古田、罗源等地；浙江畲族主要分布在景宁、丽水、云和、文成、泰顺等地。④畲族一般有自己的聚居村落，居住较分散，多与周边的汉族村落交错杂处，也有村落是畲汉杂居。畲族在粤北、赣南、闽中南一带呈散点式分布，闽东、浙南分布较为密集。由此可见，畲族在漫长的历史发展过程中形成了散杂居的分布状态，分布地域较广，覆盖浙江、福建、广东、江西、贵州等省份，这种小聚居、大杂居的分布状态和畲族历史上的迁徙特征有着密不可分的关系。

2. 迁徙历史

畲族在历史上是一个频繁迁徙的民族，这种刀耕火种却迁移不定的生活被称为"游耕"，直至清代，畲族才逐渐由游耕转为定耕，形成现在的居住分布。可以说畲族的民族发展史很大程度上是建立在民族迁移史基础之上的。1929年《霞浦县志》记载，"霞浦县畲民，崖处巢居，耕山而食，去瘠就腴，率数岁一徙"；

---

① 施联朱．关于畲族来源与迁徙．中央民族学院学报，1983（2）：36.

② 邱国珍．浙江畲族史．杭州：杭州出版社，2010：1.

③ 胡荣．福建畲族人群体型特征．人类学学报，2021（5）：825.

④ 详见：https://www.stats.gov.cn/sj/pcsj/rkpc/7rp/zk/indexce.htm. 本书中的丽水、宁德、福州等一般指市辖区，不包含县、县级市，以便于更准确地区分各地畲族人的不同特征、服饰款式等。

《漳平县志》记载，“随山种插，去瘠就腴”。[①] 可见畲族的迁徙不是整个族群目的明确的搬迁，而是一部分支系的族民在一地生活一段时间后，全体或部分再迁往另一处。畲族人民在不断的迁徙中繁衍生息，形成了顽强、坚韧、勤劳、忠勇的民族性格，形成了畲族特有的一些风俗习惯、审美情趣和服饰形制。这种不断的迁徙最终形成了今天全国范围内的杂散居民族分布状况，要了解畲族服饰的发展脉络必须从了解他们的民族迁徙轨迹开始。

畲族历史上的迁徙路径有一定的脉络性，畲族先民迁入闽、粤、赣交界地区具有明显的持续性。唐朝中期“盘瓠蛮”几乎遍及江西，主要分布在赣南和横贯东西的赣中。这些盘瓠蛮皆由湖南迁入，甚至从赣南进入闽西。[②] 由此可以推断出在唐代仍有畲族迁入闽、粤、赣交界地区。到了宋代，瑶族从湖南迁入赣南和粤东，逐渐融入当地的畲族便成为他们中的一分子。宋嘉定元年（1208），湖南郴州黑风峒瑶民起义，当时，起义军也进攻赣西南地区。由此推断出，瑶民起义带动了瑶民流入赣西南地区并推动了该民族与畲族的融合。史料记载：“湘南郴州、衡州和赣西南吉州、赣州为宋代瑶人连片聚居区，这就是后世赣西南畲人的来源。分流的结果造成后世湖南有瑶无畲，而赣西南主要为畲区的格局。”[③] 由此推断，在宋代初期也有部分瑶族陆续迁入闽、粤、赣交界地区。

唐代以后，畲族逐渐由该聚居区向全国各地产生了扩散性迁徙：首先进入连江马鼻，迁入罗源大坝头；盘姓在渡海时消失。宋代时，闽、粤、赣交界地区的畲族大部分在各自的地区定居或者缓慢移动，只有少数人员向外迁徙。宋末至元代，畲族人民的抗元斗争导致了大量的人口迁移，明清时期的迁徙主要与社会经济生活有关，不再涉及战争，因此迁徙也相对缓慢，但迁徙比较频繁，路线复杂，迁徙范围广，最后形成了小聚居、大杂居的分布格局。

第三节 自然经济

服饰是人类适应自然环境的产物，自然环境是民族服饰风格形成的重要因素，自然环境对民族服饰的形制、用料、饰物、色彩和图案均会产生影响。不仅

① 转引自：何联奎．畲民的地理分布 // 中山文化教育馆．民族学研究集刊（第二期）．长沙：商务印书馆，1940：228.

② 郭志超．畲族文化述论．北京：中国社会科学出版社，2009：76.

③ 水云村泯稿（卷 13・参政陇西公平寇碑）//《中国少数民族社会历史调查资料丛刊》福建省编辑组．畲族社会历史调查．福州：福建人民出版社，1986：360.

服饰的产生离不开自然环境的基础，服饰的发展同样与自然环境有着密切的关系。[①] 一个地区的服饰形态与服饰文化和当地的地理环境密切相关，不同的地理环境、气候和生产劳作方式会催生出与之相适应的地域文化和生活习惯；一地一族之服饰也必然受地理环境之制约与影响，产生适应该地区自然环境的样式以便于生活劳作。

畲族主要分布地在浙江和福建，此外在广东、贵州、江西、安徽、湖南等省亦有分布。闽东、浙南两地相邻，地势大致向东南沿海倾斜，两省交界处的山地丘陵地带是畲族的主要分布区域，境内层峦叠嶂，海拔多在 500—1000 米。正是在这一片茂密的山林之中生活着以游耕狩猎为生的畲族人民。

畲族是浙江省主要的世居少数民族，1984 年景宁畲族自治县设立，现为全国唯一的畲族自治县和华东地区唯一的民族自治县。浙江全省有 18 个畲族乡（镇），[②] 主要分布在浙南、浙西南的山区。这些地区的地形以山地为主，间有丘陵与小面积的河谷盆地，山势高峻，连绵起伏，畲族人多数居住在山腰或山脚[③]，人们多以“九山半水半分田”来描述这一区域的自然地理环境，其地势险峻可见一斑。

福建省的地形以山地丘陵为主，全省有 18 个畲族乡。[④] 福建省内的畲族人在闽江以北较为密集，尤以闽东最为集中。畲族散居之地山峦险峻，清代畲族学者蓝鼎元撰文写道：“由福宁州、宁德、罗源、连江至省城，皆羊肠鸟道，盘纡陡峻，日行高岭云雾中，登天入渊，上下循环，古称蜀道无以过也。”[⑤] 由此可见，畲民所居之处山高路险，交通极为不便。

广东省是我国多民族居住地之一，地势北高南低，南部是珠三角平原地区，北部是由南岭为主构成的山地地区，东、西部以丘陵地形为主。广东境内畲族主要居住的地域一般海拔在 200—800 米，属于亚热带季风气候，雨量充沛，山间土地资源丰富，竹、木、柴、炭、茶、药等物产资源较为充裕，粮食作物为水稻。畲族居屋多傍山而筑，畲族人靠山吃山，吃山养山，层层梯田，级级茶园。[⑥]

---

① 许桂香，司徒尚纪．我国服饰地理研究管窥与评价．热带地理，2007（5）：477.

② 参见：http://mzw.zj.gov.cn/art/2011/3/21/art_1229471725_42330245.html.

③ 浙江省少数民族志编纂委员会．浙江省少数民族志．北京：方志出版社，1999：141.

④ 参见：http://mzzjt.fujian.gov.cn/ztbd/mzwh/201211/t20121119_2081731.htm.

⑤ 蓝鼎元．鹿洲全集（卷 12）．蒋炳钊，王钿，点校．厦门：厦门大学出版社，1995：238.

⑥ 广东省地方史志编纂委员会．广东省志・少数民族志．广州：广东人民出版社，2000：268.

广东畲族主要分布在乳源、南雄、始兴、增城、和平等地的山区。①

贵州与江西的畲族居住地区也大多分布在山岭之间或丘陵地带，屋前屋后青山绿水环绕，图 1-2 为项目组田野调查所至贵州省凯里市炉山镇角冲村与江西省上饶市铅山县篁碧畲族乡。贵州地处云贵高原的东边，是位于四川盆地与广西丘陵之间的一个亚热带高原山地区域，总体地势趋势为自西北向东南低缓变化。贵州这种特有的地形地貌，使贵州高原在中国历史发展过程中成为古代民族交汇的大走廊和民族集结地。② 其中，畲族主要分布在黔东南苗族侗族自治州的麻江县、凯里市，黔南布依族苗族自治州的福泉市和都匀市。该地区地处云贵高原向湘桂丘陵过渡的斜坡地带，气候宜人，土地资源丰富。③ 江西省北部平坦，中部丘陵起伏，东西南三面环山，畲族散居分布，主要集中在以贵溪、铅山两地为主的东部地区。江西畲族人口较多的樟坪乡位于贵溪市的南部山岭中，太源乡位于铅山县西南部的高山峻岭中。④ 畲族村落多位于山岭上，所在地区山脉较多，一般高山在 800 米上下。由于地处山岭地带，山区的物产资源较为丰富。⑤

图 1-2　贵州省凯里市炉山镇角冲村（左）与江西省上饶市铅山县篁碧畲族乡（右）

综上所述，畲族居住的地区多以丘陵地形为主，山间蚊虫较多，加上他们的生活方式多以农耕为主，可与畲族服饰中的山野装饰题材和服饰形制短小干练的实用性互为印证。项目组田野调查所至的福建、浙江、江西、广东和贵州

---

① 参见：http://mzzjw.gd.gov.cn/mzzjw/dtyw/zwgk/sjfb/sjs/content/mpost_3734353.html.

② 贵州省地方志编纂委员会 . 贵州省地方志 . 贵阳：贵州民族出版社，2000：1.

③ 贵州省地方志编纂委员会 . 贵州省地方志 . 贵阳：贵州民族出版社，2000：833.

④ 张萌萌，李方园，陈敬玉 . 江西省畲族传统服装现状与传承保护 . 浙江理工大学学报（社会科学版），2018（5）：510.

⑤ 《中国少数民族社会历史调查资料丛刊》福建省编辑组 . 畲族社会历史调查 . 福州：福建人民出版社，1986：194.

的畲族聚居地，大多数畲族村都要经过曲折回转的盘山路方能达到。这些山路多急弯，远方山顶云雾缭绕、山峦奇特、树木葱郁，一些畲族村紧邻峡谷悬崖，常见深沟险壑；虽溪流回绕，但由于地貌的原因，溪水自山谷奔流而出，溪涧湍急且多险滩。千年以来，畲族先民在这些风景秀丽、地势艰险的广大地域劳作繁衍生息。这些地域虽景色秀丽，但就生活劳作而言地理环境可谓险绝艰难。或许正是这种生活环境造就了畲族服饰简朴实用的风格，以便畲民在山间行走劳作。与我国多数南部山区少数民族一样，畲族服饰下装多为短裙或长裤而非袍服，畲民习惯在短裙之下穿着绑腿，正是为了适应山路行走并可防蚊虫叮咬。即便是婚礼服等盛装，服饰形制仍与日常服基本相同，仅在头饰、绣花装饰上较日常服略微繁复一些。

畲族人民主要从事农业生产，山地游耕与狩猎采集并存，男女老少都参加劳动。畲族发展历史上多有迁徙，在一次次的迁徙中，自然条件较好的地方已被当地原住民占有开发，外迁来的畲民只能结庐深山，搭寮而居。畲民每迁至一处，多在荆棘丛生的山岳地带落脚，用猎物和薪炭向当地人换取铁制生产工具，沿用刀耕火种的传统劳作方法开山种粮，凡山谷岗麓地带皆开辟为田地；有水源的地方则开为梯田，所种植的作物多为粟、薯、黍等。畲族新开垦的田地多为生地，土质贫瘠，畲民通过烧山形成草木灰肥土和“石粪”（即石灰石）的方法对土壤进行改良。畲族所处的山地耕作自然条件不如平地，作物收获不丰，加上畲族村落大多分布在深山林区，靠近荒山野岭，频繁有野兽出没，畲民通过毒弩射杀、陷阱捕捉或组织猎户队伍以火铳捕猎野兽，所以狩猎经济比较发达。狩猎不仅可以消除兽害、增补肉食，还可以增加经济收入以弥补农业生产收入的不足。

历史上，畲民为了生计还从事采薪、挑担、抬轿等副业。采薪者，多为妇女，男性则从事挑担、抬轿等体力活。[①] 清代畲族居住地逐渐稳定，改游耕为定耕。20 世纪后半叶，由于国家号召扩大经济作物种植和大力发展工商业、旅游业，畲民狩猎渐少，采薪挑担的体力活也逐渐被外出打工的谋生方式取代。

畲族所居山区矿藏丰富，有煤、铁、金、铜、石墨、石膏、硫黄、滑石、云母石、瓷土以及其他各种有色金属[②]，故畲民历史上有以采矿、采石谋生的传统，而畲族服饰上也多用五色石珠串成串珠装饰。除此之外，各地畲民还根据山区特点种植各种经济作物，在众多的经济作物中，苎麻和蓝靛占有非常重要的地位。

① 浙江省少数民族志编纂委员会 . 浙江省少数民族志 . 北京：方志出版社，1999：141.

② 《中国少数民族》修订编辑委员会 . 中国少数民族 . 北京：民族出版社，2009：851.

这两种作物一为纺织原料，一为染色原料，它们在畲民中的普及流行对畲民传统服饰有相当的影响力。

畲族的经济作物中，苎麻种植面积占有很大比例，有的畲族村由此被称为“苎寮”。畲民传统服饰多以麻布制作，这些麻布大多由畲民自织自染而成。染料一般使用的是蓝靛。蓝靛学名马蓝，又称青靛、菁草、大青叶，畲民俗称“菁”，在畲族地区有很长的种植历史。畲民尤擅种菁，甚至一度因此获得诸多以“菁”命名的别称：明中期以前从闽西、闽南一带迁徙到闽东莆田的畲民因大量种菁而被称为“菁民”；明中期以后，又有一批畲民迁到闽东种菁，被称为“菁客”；明末清初进入浙南一带的畲民搭建草寮，垦荒种菁，其草寮被称为“菁寮”。明清时期，畲区不仅普遍种菁，而且畲民种菁技术好，所得菁的质量佳。种植者将其叶绞汁，用石灰拢成靛，用于染布，其色鲜艳，经久不褪，品质极佳。民国以后，随着西方染料和纺织品进入国内市场，蓝靛逐渐被现代染料取代，畲民中种菁的人越来越少，后逐渐消失。

明清时期由于大部分地区的山林已被地主、官吏所占，畲民只能租种土地沦为佃户，或开山造田缴纳山租。历史上，畲民绝大多数都从事小农生产，过着自给自足的生活，以狩猎、帮工、编织彩带和制作竹制品等手工业、副业为重要补充。苎麻和蓝靛的生产使得畲族服饰制作从原料的种植，到纺、织、染、缝都可自己完成，也决定了畲族服饰以麻为材料、色尚青蓝的传统。

第四节　服饰相关习俗

民俗是一种产生并传承于民间的、世代相袭的文化现象，具有鲜明的地域特征。同一民族在一定地域内会形成与当地历史发展、社会经济生活相适应的一些风俗习惯。民族的风俗习惯主要指的是一个民族在物质文化、精神文化和家庭婚姻等社会生活各方面的传统，具体反映在各民族的服饰、饮食、起居、婚姻、丧葬、禁忌等方面。[①] 这些风俗习惯多半基于民族历史文化、地理自然环境和约定俗成的生活习惯，代代相传，其中的一部分风俗习惯由于具有较突出的意义，以一定仪式化的形式被加以强化和放大，形成了相关的仪式化场景，而服饰则是形成这种仪式化场景的重要因素之一。在这些仪式化场景中，人是重要的角色，人穿着的服饰在满足常规的服饰物质化特征的同时，还需要在习俗制约下产生一些

① 施联朱 . 民族识别与民族研究文集 . 北京：中央民族大学出版社，2009：719.

相应的着装、配饰的规则和禁忌。畲民代代相传形成的有关穿戴衣服、鞋帽，佩戴装饰的风俗习惯，特别是在不同的人生礼仪、节庆场合的特殊习惯构成了畲族的服饰习俗。

"生态"一词，通常指生物的生活状态，即生物在一定的自然环境下生存和发展的状态，将其和民俗结合，是因为民俗犹如生命体，有其发生、发展、衰退和消亡的几种不同状态，需要一定的人文社会环境才能保持生命的活力。民俗生态环境包括由一定的民间习俗和生活方式所构成的服饰民俗，它的形成与人们居住的自然环境、生产方式、生活形态、传统观念等有着密切的联系，体现出一个区域内一个民族的集体智慧。[①] 正如水之于鱼，土之于木，民族服饰是在本民族的民俗生态环境之中世代沉淀、不断完善形成的。服饰民俗本身也属于民俗的一个类别，民俗生态环境从制作、穿着、审美、评价等方面影响着民族服饰，也给民族服饰提供了赖以生存的土壤和展示的舞台。服饰中的很多装饰喜好、穿着习惯正是顺应民俗而产生的，服饰本身也成为民俗生态环境中一抹亮丽的重彩。离开了这个环境，服饰就失去了滋养的土壤，就成了离水之鱼、无本之木。对于畲族的民俗生态环境，与服饰关系较为密切的是人生礼仪和节庆民俗。人生礼仪即人的一生中几个重要环节上所经过的具有一定仪式的行为过程，主要包括诞生礼、成年礼、婚姻礼和丧葬礼，是社会民俗事象中的重要组成部分[②]，也体现了人生不同阶段中，家庭、宗族等社会制度对某人的地位规定和角色认可，是将个体生命加以社会化的程序规范和阶段性标志。[③] 这些特殊的场合一般都有特殊的服饰以配合相应仪式，如婚丧服饰等。畲族与服饰相关的人生礼仪主要有诞生礼、成年礼、婚礼、葬礼，其中婚礼和葬礼相应的服饰为嫁衣和入殓的寿衣，成年礼是畲族重要的仪式，也有特殊的服饰形制规定。

诞生礼主要体现在寄托了美好祝愿的婴儿服饰品上。诞生礼涉及求子、怀孕、分娩和坐月子等阶段，每个阶段都有相应的禁忌。小孩出生后大人会为其制作各式精美的童帽，上面遍布带有吉祥寓意的刺绣以祈求平安。受佛教信仰影响，闽浙一带的畲民也有向观音求子的习俗。浙闽畲族婴孩用品的样式和装饰图案受道教影响也颇大，道教的一些符号常用于绣花图案以庇护婴孩顺利成长。

---

① 张士闪，耿波．中国艺术民俗学．济南：山东人民出版社，2008：116.

② 林继富，闫静．从礼俗现象到生命过程的探寻——基于中国人生礼仪研究 70 年（1949—2019）的讨论．长江大学学报（社会科学版），2020（1）：27.

③ 邱国珍．浙江畲族史．杭州：杭州出版社，2010：181.

畲族成年礼又叫成丁礼，是一种类似宗教祭祀的仪式，宣告畲族男子成年、具有进入社会的能力和资格。畲族旧俗以年满16岁为成年。畲族女子没有成年礼，男子的成年礼又称“醮名”，浙江景宁一带称“传师学师”，有一套严格的仪式和制度，意图是把族群内成年族人的名字告诉祖先，并把祖先代代相传的处世法则传给后代。畲族的成年礼在一定意义上还具有祭祖的意义和功能，是一种重要的祭祀仪式。仪式中的传师者和学师者都有一定的仪式服装，其具体形制与道教服饰颇为相近。

畲族婚姻习俗是严格的一夫一妻制，历史上实行族内通婚，规定各姓内有若干祖系，同姓者不同支或同姓者隔三代（有的地方是五代）以上亦可通婚，民国后畲族逐渐与汉族通婚。在畲族历史上，有青年男女通过对歌定情的习俗，以此寻找另一半。后来在畲汉杂居过程中逐渐受到汉文化和习俗的影响，对歌定终身演变为说媒定亲的婚俗。畲族社会中，女性由于历来承担了和男性一样的体力劳动，在族内社会地位相对较高，男子入赘女方家庭的情况较为多见，但仍以女嫁男方为主，入赘的多为女方无子、男方儿子较多且经济条件较差的家庭。男女双方均为独子的可以做“两家亲”，两家合并一家，子女供养双方父母，继承双方财产。古今中外，不论何种民族、地区的人们，婚礼都是人生礼俗中最重要的仪式之一，这一时刻青年男女尤其是新婚夫妇都会盛装打扮，在大多数民族和地区还会形成特定的婚礼服形制。畲族古老的婚礼称为“行嫁”，新郎须在婚礼前三天去往新娘家迎接新娘，新娘穿草鞋行嫁，草鞋四耳各缚一枚古铜钱，在路上任由铜钱丢失，最好不将铜钱带到夫家。清代，畲民分迁各地与汉民杂居，受汉文化影响，由行嫁改为坐轿。花轿的构造多以畲乡盛产的毛竹制造，称靠椅轿，轿棚盖一条蓝布夹被单，轿门挂两盏红灯笼和一块畲民特有的拦腰（即围裙）。[①]送嫁时要用一头黄牛，角系红布，插上红花在前面“踏路”，家境好的畲民还把踏路的牛作为陪嫁品。婚礼过程各地畲族不尽相同，但哭嫁、送嫁、奉茶、对歌是各地共同的特点。畲族婚礼时的新娘装束即为畲族妇女盛装，女子服饰在婚前婚后的变化不大，主要的变化在头部装饰上，可以凭借凤凰冠和发髻的不同区分畲族女子的婚姻状态。值得一提的是很多地方畲族新娘的凤凰冠是在女子出嫁当天始戴，并由此变成婚后日常装扮（区别于未婚女子的头饰）。

福建霞浦一带在婚礼前还流行“做表姐”“做亲家伯”的活动。“做表姐”指

---

① 浙江省少数民族志编纂委员会．浙江省少数民族志．北京：方志出版社，1999：337.

新娘出嫁前，按照婚礼盛装打扮，穿上最精美的服装到舅舅家做客，为期半个月至三个月。舅舅家则邀请擅歌的年轻人陪伴准新娘练习对歌，按程序学习、练习对唱邀请歌、小说歌等，以便婚礼时对歌。男方在成亲前两天，请一歌手作“亲家伯”，与媒人一道送“盘担”（礼品担）到女方家。当晚，女家设宴招待，举行会歌答唱活动。

畲族的丧葬习俗不断变迁，曾流行过树葬、悬棺葬、火葬和土葬，这与畲族长期迁徙所带来的民族间的交融影响有关，也与时代的发展进步有关。畲族葬礼中，做过“醮名”的人或学师者（女性是做过“西皇母”的）的葬礼与一般死者不同，50 岁以上病逝者视为寿终正寝。死者要穿上专门的寿衣入棺，寿衣要穿单数，上身多，下身少，只穿棉、麻制品，学师者除穿一般寿衣外，还需外穿学师时备的赤衫或乌蓝衫入棺，做过西皇母的死者则穿西皇母服饰入棺。传统习俗中，老人死后子女要戴孝，服孝期为一年，服孝期间男子在所穿衣服后背中心、鞋子前端、帽顶各钉一块约 3 厘米见方的白布；女子头发扎白色纱线，戴笄妇女的笄披、笄须由红色改为绿色。现在男女均改戴黑纱或白纱。服孝期间的春节对联用绿色或蓝色纸书写，不得养蚕与对歌。[①]

① 浙江省少数民族志编纂委员会．浙江省少数民族志．北京：方志出版社，1999：350.

第二章　畲族传统的服与饰

第一节　服

一、概说

范晔《后汉书》记载盘瓠死后，他的后代“织绩木皮，染以草实”，形成“好五色衣服，制裁皆有尾形”“衣裳斑斓”[①]的习俗。由于畲民历史上历经迁徙，且多与汉民杂居，男子日常服饰上受汉族服饰影响较深，只有女子服饰还保留着民族服饰的传统。畲族女子称自己这种五色斑斓的服饰为凤凰装，相传为始祖盘瓠之妻三公主出嫁之时帝后所赐，三公主的女儿出嫁之时，凤凰也从祖地凤凰山衔来这件精美的嫁衣，后来畲族女子出嫁之时都会穿上这种五彩凤凰装。

畲族没有自己的文字和历史记载，关于历史上畲民的服饰只能从各地方志和笔记小说中探寻一二。明清时期各地方志中对畲族服饰的描述基本相同:《景宁县志》记载畲族男女“无寒暑，皆衣麻，男单袷不完，勿衣勿裳；女短裙蔽膝，勿裤勿袜……椎髻跣足，断竹为冠，裹以布，布斑斑，饰以珠，珠累累（皆五色椒珠）”[②]；《永春县志》曰“女子无裤，通无鞋履”[③]。清乾隆年间官修《皇清职贡图》中对福建罗源畲民的服饰描述为“男椎髻短衣，荷笠携锄，妇挽髻蒙以花布，间有戴小冠者，贯绿石如数珠垂两鬓间，围裙着履，其服色多以青蓝布”，并称古田畲民乃罗源畲民的一种，“竹笠草履……妇以蓝布裹发，或戴冠状如狗头，短衣布带，裙不蔽膝，常荷锄跣足而行，以助力作”[④]。根据书中对罗源和古田畲族男女服饰的记载（图 2-1），头戴斗笠、肩负锄头以及男女跣足均显示了其农耕生活特征和当地妇女不裹脚的习俗。可能是由于表现的是劳作状态，图中女子是“挽髻蒙以花布”而非佩戴珠冠的形象。《猺民纪略》中记录的畲族服饰为：“男子不巾

① 范晔．后汉书（卷 86・南蛮传）．北京：中华书局，1965：2829.

② 转引自：宁德师范学院，宁德市文化广电新闻出版局，宁德市民族与宗教事务局．畲族文化新探．福州：福建人民出版社，2012：246.

③ 转引自：《中国少数民族社会历史调查资料丛刊》福建省编辑组．畲族社会历史调查．福州：福建人民出版社，1986：329.

④ 傅恒，等．皇清职贡图（卷 3）．沈阳：辽沈书社，1991：259-260，263.

不帽，短衫阔袖，椎髻跣足……妇人不笄饰，结草珠，若璎珞蒙髻上。”①

图 2-1　清乾隆年间罗源男女畲民、古田男女畲民服饰

（图片来源:《皇清职贡图》）

由这些历史资料记载可知，畲族的传统服饰自成体系，从最初的椎髻跣足，衣尚青蓝，到清末民初后男子服饰逐渐与汉族相同，唯女子装束仍袭旧制，戴珠冠，上穿大襟花边衫，下着阔脚长裤，腰系素色拦腰，仍保留着极具民族特色的衣装及头饰。

畲民不论男女，服装均喜用麻，服色尚青蓝。明清以来畲民亦以擅“种菁”制靛闻名，且畲族村“家家种苎，户户织布”。浙闽之地的畲族妇女都会织麻布，她们用自己种出来的苎麻捻纱织布，并用自产的蓝靛漂染，所以青蓝色苎麻成为畲民最常见的服用材料。畲民这种自织自染的习惯一直延续到 20 世纪 60 年代。1958 年福建省福安县畲族调查资料显示：妇女在芒种时开始种麻，一年可以收成 3 次（4 月、7 月、9 月）；麻收割后，打掉叶子，去皮，浸入水桶内，再刮掉第二层麻皮，置于阳光下晒干后，把它揉成线，然后加以纺织。② 直至 60 年代，浙江景宁畲族村里还有人穿着自织自染的青蓝色大襟上衣，但 80 年代后自制衣服的情况逐渐减少乃至消失，服装多购买成衣或请裁缝制作。女装因地域差异存在一定的形制外观差异，以浙南、闽东一带的服饰最具典型性和代表性。贵州畲族由于民族识别时间最晚，加上历史上遗留下来的民族身份认同流变，服饰上与其他地区略有差

① 包树棠 . 汀州艺文志（卷 11《猺民纪略》）. 北京：方志出版社，2010：309.

② 施联朱 . 民族识别与民族研究文集 . 北京：中央民族大学出版社，2009：383-384.

异，是最富民族特征的装扮。值得一提的是，由于传统窄门幅的限制以及畲汉服饰文化交融的影响，传统畲族服装的裁剪结构为十字形平面结构，即以肩线为中线前后片连裁，通过在衣片前后中心线与两边袖口处拼接弥补布幅宽度的不足。

现在分布在各地的畲族传统女子服饰均称为“凤凰装”，其样式基础形制为上着右衽上衣，下着长裤或短裙，腰间系绣花装饰的拦腰，头戴“凤凰冠”或梳“凤凰髻”发式，足蹬绣花鞋。服装色彩搭配以青蓝色底布配五彩装饰为主，装饰的部位和繁复程度不一。服饰构成除头饰外，主要由上衣、下裙或裤、拦腰和绣花鞋构成。男子日常服饰与汉族相同，节日庆典着对襟花边衫。儿童着右衽大襟衫、长裤、虎头鞋，常在童帽、围嘴上用彩绣图案进行装饰。服饰搭配详情见表 2-1。现存有传世实物或有影像、图文资料可考的畲族服饰样式主要分三大区域、八种样式，分布在浙江、福建和贵州，广东、江西等地区的畲族服饰基本与这八种样式相仿或相同（图 2-2、图 2-3）。

表 2-1　畲族服饰基本搭配

分类	男装	女装	童装
上装	对襟花边衫（婚服为右衽大襟长衫）	右衽大襟衫	右衽大襟衫
下装	长裤、绑腿	长裤、短裙、拦腰、绑腿	长裤
鞋	草鞋、布鞋	草鞋、绣花鞋	虎头鞋
饰品	斗笠、帽	发髻、凤凰冠、首饰、肚兜、云肩	童帽、围嘴

图 2-2　广东省河源市漳溪畲族乡畲族服饰

图 2-3　江西省贵溪市樟坪畲族乡畲族服饰

（图片来源：《畲族服饰史》[①]）

① 闫晶 . 畲族服饰史 . 北京：中国纺织出版社，2019.

二、各地代表性样式

1. 浙江样式

浙江的畲族主要分布在景宁、丽水和温州等地区，服饰的样式主要以景宁地区的服饰为代表，其余地区在头饰及服饰细节上略有不同，本章第二节将详细展开论述。清末民初时期，畲族女子服装表现为“阔领小袖”①，景宁畲族服饰仍固守衣尚青蓝的传统，女子身着极富民族特色的花边衫（畲族称之为“兰观衫”），腰间拦腰以自织彩带扎系。据1922年《浙江温州处州间土民畲客述略》记载：“畲妇素不着裤，惟系青裙，今则惟景宁畲妇仍其故习……其衣用带不用纽，腰间围以二三寸赭色土丝织成之花带。”② 沈作乾在1925年描述的括苍（今属丽水）一带畲族妇女身着青蓝色镶月牙白边的上衣，腰围蓝布带的装束，可见浙南地区传统畲族女子服饰形制为上衣下裙，腰系拦腰，劳作时下裹绑腿。③ 何子星《畲民问题》一文中所附照片展示了20世纪30年代丽水一带的畲族女子形象（图2-4），这种装扮一直延续至新中国成立初期。④ 根据景宁鹤溪街道东弄村畲族彩带非遗传承人蓝延兰家所藏20世纪50年代照片，当时畲族老年妇女仍维持这种装饰，青年女子则已改穿现代服饰（图2-5）。笔者通过走访当地畲民得知，目前景宁地区的畲族服饰一般以蓝黑色为基调，领袖胸襟处饰彩色花边，为上衣下装中拦腰的形制。

据蓝延兰回忆，其母年轻时的服饰上衣样式与传统汉族圆领大襟服装相似，为右衽立领大襟衣，长及臀部，领口及袖口有较宽的彩色镶拼饰边。边饰多用自织彩带镶拼或绣花等工艺手段形成独特的装饰图案，一般有4—5条花边。⑤ 底摆一般无饰边，上衣纽扣多使用传统一字扣，简单朴实，下着筒裙，有长裙和短裙两种类别，短裙为日常穿着，长裙是结婚或入殓时穿，裙长及小腿肚到脚面，下有绑腿，以布带或自织彩带作为系带固定。绑腿长度自膝盖至脚踝。图2-6左图、中图为项目组根据蓝延兰的描述绘制的景宁畲族女子服饰平面图，右图拍摄于中国畲族博物馆。除了在衣领的形制上存在差异外（一说有领，一说无领，根据历史图像资料和在浙江、福建畲族村的走访来看，畲族妇女上衣为窄小的立

---

① 魏兰．畲客风俗．影印本．扬州：广陵书社，2003：1-56.

② 胡先骕．浙江温州处州间土民畲客述略．转引自：张大为，胡德熙，胡德焜．胡先骕文存（上卷）．南昌：江西高校出版社，1995：96.

③ 转引自：钟炳文．浙江畲族调查．宁波：宁波出版社，2014.

④ 何子星．畲民问题．东方杂志，1933（13）：23.

⑤ 陈敬玉．景宁畲族服饰的现状与保护．浙江理工大学学报，2011（1）：56.

领，且穿着时习惯不系扣），蓝延兰的描述与民国时期德国学者史图博和李化民所著《浙江景宁敕木山畲民调查记》中“老式裁剪的上衣，没有领子，领圈和袖口上镶着阔边……只穿一条朴素的裙子……围着蓝色的麻布小围裙”[①] 的记载如出一辙。清代以前，兰观衫的花边为刺绣，民国时期随着纺织工业发展及花边的出现，逐步改为贴花边。青年服饰的花边大多用青色布，胸前右前襟、领圈镶四色不同的花边，称“通盘领”兰观衫，袖口镶花边，裤脚用针绣鼠牙花纹；中老年妇女的花边较为简单，花边只用单色或双色。[②]

图 2-4　20 世纪 30 年代丽水畲族妇女

（图片来源：《畲民问题》）

图 2-5　20 世纪 50 年代景宁畲族妇女

（图片来源：翻拍自蓝延兰家的照片）

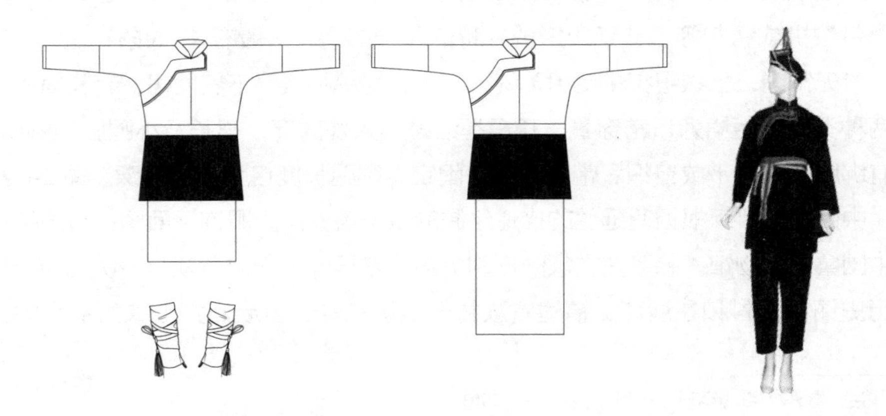

图 2-6　景宁畲族女子服饰

① 转引自：景宁畲族自治县地名编委会．景宁畲族自治县地名志．遂昌：国营遂昌印刷厂，1990：334.

② 浙江省少数民族志编纂委员会．浙江省少数民族志．北京：方志出版社，1999：326.

景宁畲族传统花边衫基本样式与汉族大襟衫相仿。如图 2-7 所示的拍摄于中国畲族博物馆的景宁畲族女子上衣，材质为青蓝色麻布，领口及领圈有浅豆绿色绲边，右衽大襟，两侧开衩。领部至胸口大襟处的镶边是其特色，镶边较宽，且自右向左呈直角状跨越服装大身前中缝。该上衣从左侧锁骨位置一直延续到右边肋下侧缝为连贯的镶边装饰带，从衣襟边缘往外依次为宝蓝、大红、豆绿、紫红、土黄、天蓝色镶边，豆绿色最宽，上面饰有红色盘长中国结，最外侧贴白色花边，两边袖口有极细的蓝色镶边与衣襟边缘呼应。整件上衣通袖长 112 厘米，衣长 66 厘米，底摆宽 60 厘米，领座高约 3 厘米，底摆两侧略微起翘，整体较为合身，适宜日常穿着。

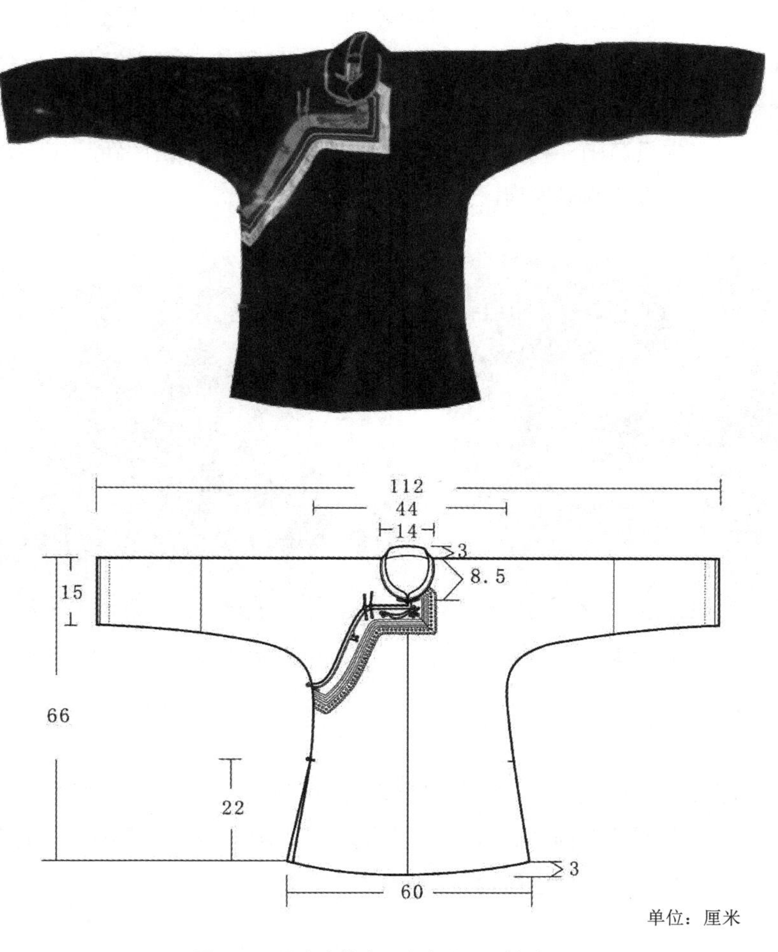

图 2-7　景宁畲族女子上衣及平面款式图

据景宁东弄村畲族雷姓老人口述，20 世纪 60 年代前后，当地畲族女子还着靛蓝土布材质、自纺自织自染的大襟衣，日常服装无花边，服装材质为冬棉布、夏麻布。她说近代时畲族妇女多着长裤或短裙，自 20 世纪 60 年代始，裤子成为畲族女子日常服装中主要的下装，多为蓝黑色素色裤面的阔脚裤，白色土布腰头，裆长一尺。现景宁畲山妮服饰店陈列了一些当地畲民的日常服饰（图 2-8），上衣材质为蓝黑色（青蓝、靛蓝）麻布或棉布，胸襟镶边，腰系同色拦腰，拦腰上为红色或暗红色腰头，用简单花边装饰或素色无装饰，以自织彩带为腰带系扎，所呈现的服饰细节与上述老人描述部分吻合。

现在民俗节庆或表演中，男女都穿宽裤脚直筒便裤，女裤脚镶花边，女子也有穿短裙的。拦腰是畲族女子服饰中必不可少的附件，景宁地区的拦腰多为蓝黑色素面麻布制成，长约 33—50 厘米，宽约 50—66 厘米，镶大红腰头，宽约 5 厘米，两端以自织彩带为系带，盛装时也有在边缘绣花、贴边的。图 2-9 是笔者田野调查时在景宁县黄山头村所摄拦腰及麻绳原料，拦腰为畲民新制作的，裙面麻质硬挺，较新，腰头两侧为自己织的彩带。

图 2-8　景宁畲族女子日常服饰

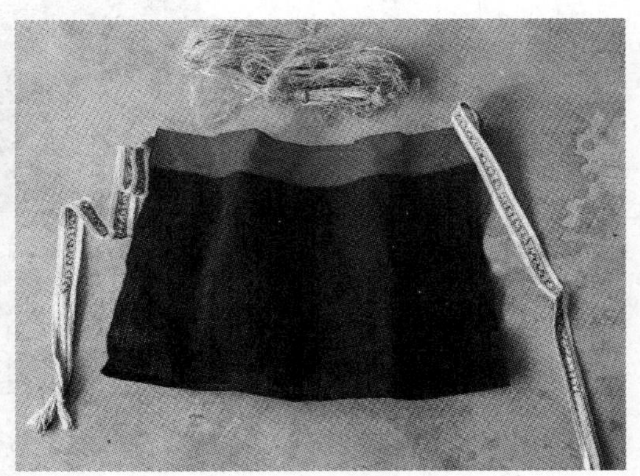

图 2-9　景宁拦腰及麻绳原料

2. 福建样式

福建省畲族服饰划分为七种样式[①]，但目前资料保存较为完整的是福安、霞浦、罗源、福鼎四地的样式。顺昌一带的畲族服饰特色已经不鲜明，仅头饰冠髻较有特征，本章第二节将进行讨论。

① 潘宏立 . 福建畲族服饰研究 . 厦门：厦门大学，2007：6.

（1）福安式

主要分布在福建福安、宁德地区，女装上衣为蓝黑色麻布或棉布（田野调查中所见的老式上衣均为麻布所制，黑色细棉布的多为20世纪50—70年代制作），窄衣小袖，右衽圆领大襟衫，领座低矮，领口及胸部前襟为一字扣，纽为银质扁扣（领口一粒，前襟并置两粒），肋下侧缝处用系带而不用纽扣，带为红色。后片大身略长于前片（调查中所测量的福安式上衣中，后片较前片长3—7厘米），花纹比较简单，衣身较为朴素，装饰较少，只在衣领（高2—2.5厘米）上绣有红黄绿等色相间的参差不齐的马牙（比犬牙更长且平直）纹样。大襟沿服斗的边缘缝一条布边装饰，布边较窄，为1—3厘米，以红色为主，精致一些的则在红布外再以绲、嵌的形式叠加多层彩色布边，袖口亦有相同的布边装饰。大襟肋下处有一块三角形（实为四角形，形状为三角形去其一角）红布装饰，讲究的则在红布上绣以凤鸟花卉图案装饰，外侧转角边缘绣以二方连续花草图案或马牙纹为饰。相传这一块不规则的边角是高辛帝敕赐时所盖金印的一角。福安式畲族女装的领口较低且立领领面的宽度较窄，青年女子穿着的上衣通常在服斗处绣以更宽一些的绣花，领口处以满绣为主，绣工精湛，大多是盛装。黑底红边金印角为福安式上衣的固有特征，无论其他装饰如何变化，这一特征始终不变。

福建宁德上金贝村民间收藏家阮晓东所藏福安式畲族女上衣（图2-10），衣身为黑色麻布，领圈为红白棉布绲细边并彩绣马牙纹，服斗大襟边用红色棉布包边，为直角襟，袖口8.5厘米处有接缝，袖口无花边，袖口和开衩内侧用红色棉布贴边。服斗处红边外依次为白、黄、白、红、白的极细镶边，服斗处三角印边缘和领部一样为彩绣几何缘饰，装饰朴素简单，应为老年妇女所穿日常服。衣服衣长67厘米，前胸宽43厘米，底摆宽53厘米，通袖长127厘米，袖口较窄，仅12厘米，两侧开衩高22厘米，领座后中心高2.5厘米，领高约为2厘米，领宽15厘米，前领深8.5厘米，后片比前片长约3厘米，两侧起翘3厘米，大襟处镶边宽1厘米（图2-11，以上尺寸均为平铺测量，下同）。红色一字扣的纽扣为银质，扣面刻阳文“福”字，领口一粒扣，服斗大襟上端两粒扣，整件衣服黑底红边，小领窄袖，简单朴素。

阮晓东所藏另一件福安式黑色棉布绣凤鸟纹女上衣（图2-12），年代较前一件更新，而且绣花装饰也更精美，黑色棉布大身配红色镶边，通袖长134厘米，衣长70厘米，胸宽53厘米，底摆宽56厘米，袖口宽13厘米，后片大身略长于前片，前后片相差3厘米（图2-13）。一字扣的扣位与前一件相同，腋下红色系带。开衩高 22 厘米，开衩内层为红色棉布贴边。领口和大襟的绣花较前一件更为繁复精致，除了马牙几何纹外，领底座和三角印外缘有一条卷草花卉二方连续纹样，三角印内彩绣凤凰图案，大襟镶边颜色依次为大红、水绿、大红、浅黄、玫红，每一层之间用白色线镶绲分割，整体风格沉稳、精致、秀美。

图 2-10 福安式黑麻布绣花女上衣

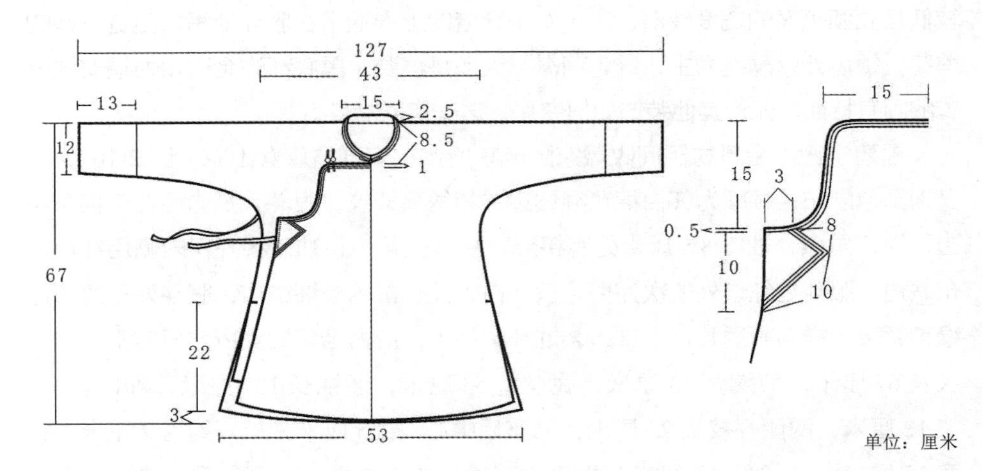

图 2-11 福安式黑麻布绣花女上衣平面款式图及门襟尺寸

图 2-12 福安式黑色棉布绣凤鸟纹女上衣整体及局部

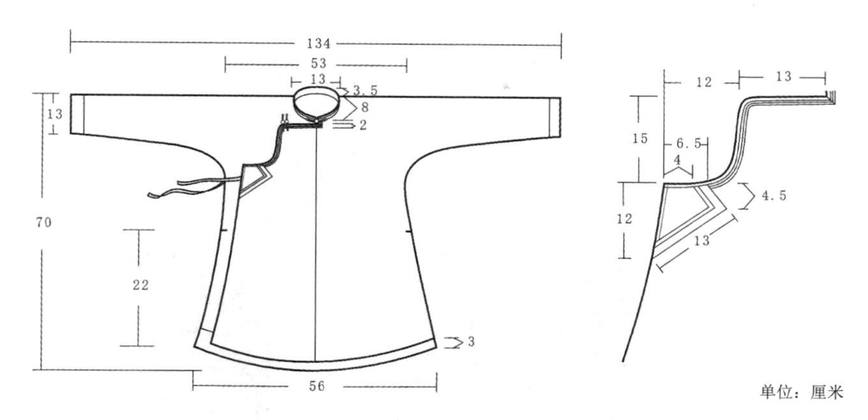

图 2-13 福安式黑色棉布绣凤鸟纹女上衣平面款式图及门襟尺寸

根据所见其他福安式上衣，基本制式相同，喜在黑色服装本料上用红色进行镶边或绣花装饰，绣花图案以红色基调为主。不同的服装在领口处和服斗三角印处的绣花有所不同，但领口都是几何形图案。三角印处除了凤鸟纹外，牡丹、莲花等花卉纹样也较为常见，图 2-14 为凤鸟绣花图案和牡丹绣花图案。

图 2-14 福安式女上衣绣花装饰图案

作为畲族女子服饰整体形象中必不可少的配件，福安式拦腰裙面为蓝黑色棉麻，腰头及左右镶边为红色，腰头两端系彩带固定，彩带比景宁的略宽，裙面装饰比景宁式拦腰略精致，在景宁式黑底长方形裙面、大红色棉布腰头的基础上，在裙面上端左右各绣一个对称的花篮图案。福安式拦腰裙面上绣花的装饰位置固定在左右上方，图案多为盆花（花篮），两个侧边有多层彩色布条镶边，从外至内一般为大红、浅黄、水绿、玫红，和领口及大襟的镶边一样，不同的彩色色块之间均用白色加以间隔，白色部分宽度约为 1 厘米（图 2-15 为阮晓东收藏的一件福安式拦腰）。

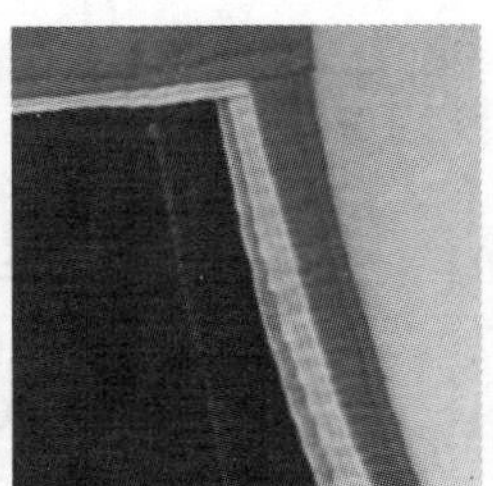

图 2-15　福安式拦腰及镶边细节

（2）霞浦式

值得注意的是，霞浦地区的服饰又分为东路和西路两种，东路服饰更接近福鼎式、景宁式，存在服饰样式渐变过渡的情况。比如东路的拦腰裙面和福鼎式一样采用绿色裙面装饰，胸襟处的绣花面积增加；而西路的服饰则更接近福安式，拦腰裙面为左右对称花篮刺绣装饰，胸襟处的绣花面积较东路服饰略少。由于东路服饰与福鼎式相似度高，故归入福鼎式。本书讨论的霞浦式又称福宁西路装，流行于霞浦县西、南、中、东部畲族村以及福安东部地区[①]，服装基本样式为圆领大襟式，带小立领，有服斗和系带，其特点在于前后片长度完全相同，可两面穿，逢年过节或外出做客穿正面，平日在家或外出劳动穿反面。所以为了反穿方便，霞浦式上衣的大襟、小襟的尺寸前后一样[②]，小襟上也连做一个服斗。前襟绣花较福安式更为繁复精致，与福安式领部简单的几何纹、卷草纹不同，霞浦式领座绣花复杂，一般有牡丹、莲花，还有双龙抢珠纹样，用色绚丽多彩。前襟服斗为两层 4—5 厘米宽的带状绣花装饰，常见图案有凤凰、牡丹、鹿竹、梅花、梅鹊、蟠桃等，主要为大红、桃红、玫红、绿、宝蓝、白、黄等颜色，有些加以金线点缀，增添艳色。肋下同样不用纽，大襟绣花图案的底部有系带与侧缝处相连，系带为蓝色。

服斗的刺绣主要分布在上角，左右两边都向中间延伸，右边延伸到大襟的边缘位置，斜长约为 3 厘米，多为红色。通常以衣襟处绣花的组数区分，故以“一

① 钟章贤．浅析闽东畲族传统女装在生产劳动中的实用性特点．大众文艺，2016（5）：48-49.
② 钟章贤．浅析闽东畲族传统女装在生产劳动中的实用性特点．大众文艺，2016（5）：48-49.

红衣”“二红衣”“三红衣”为名，“红”代表花边的组数，“一红”为一道花边，“二红”为两道花边，“三红”为三道花边，每道花边平行，宽寸许。此外，根据领口绣花，也可以分成“花领”“一行领”“二行领”“三行领”，胸口所绣花纹越多越珍贵。一般来说，老人平常穿“一红衣”，劳动、上街穿“二红衣”，节庆、做客时或富裕家庭的人才穿“三红衣”。最宽的“三红衣”一列有三组刺绣花样，宽度达 10 厘米以上，领口部位主要是绣花领，刺绣工艺精湛绚丽，通常制作为盛装。中年妇女和年轻女孩穿的则比较窄，大部分只有一条长约 1 厘米的刺绣花边，除了袖口、两边衣衩处的内缘添条、套肩、系带和相应部位会镶有蓝色布条外，衣服的领口和反面服斗处皆无绣花。

霞浦县半月里村雷其松家收藏有一件“二红衣”（图 2-16），领口及大襟服斗为红色基调的花卉凤鸟图案绣花，大襟和侧缝以蓝色系带固定，通袖长 140 厘米，衣长 75 厘米，袖口较窄，为 13 厘米，两侧开衩高 22 厘米，实物保存较好（平面款式图及门襟尺寸见图 2-17）。

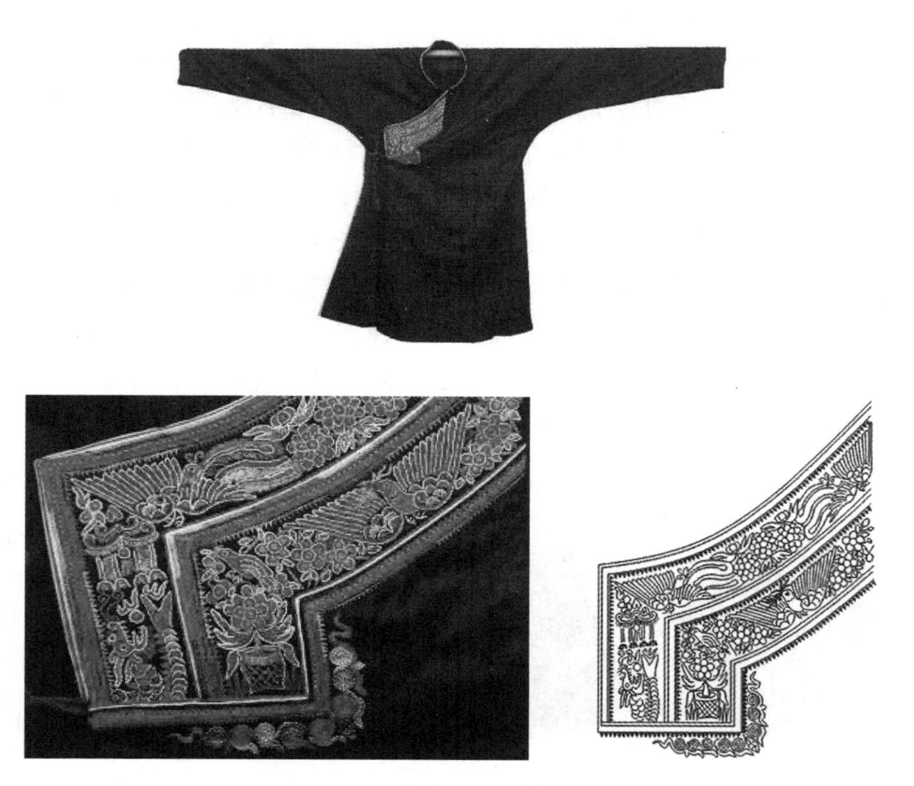

图 2-16　霞浦“二红衣”整体及局部

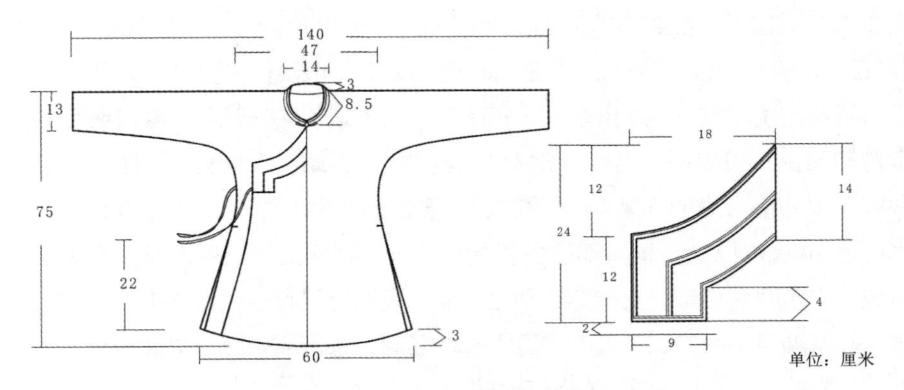

图 2-17 霞浦“二红衣”平面款式图及门襟尺寸

霞浦式拦腰和福安式相仿，但腰头和两侧镶边为蓝色棉布，两侧有带襻以供系扎彩带。较景宁式和福安式拦腰平整的裙面不同，霞浦式拦腰在裙面上方左右两侧打褶，褶裥上端为彩绣团花，花型较福安式更为紧凑密实。褶裥使裙面产生一定的松量和起伏。一些精致的拦腰还沿着左右侧边和上侧边缘有带状绣花装饰，更精致的则有 2 层绣花带，绣花繁复而精致，图案以凤鸟、花卉为主，也有暗八仙、人物故事等题材。这种有精致绣花带的裙面左右及上侧边缘以层叠彩色绲边装饰作为分隔装饰。图 2-18、图 2-19 为雷其松家所藏的拦腰及其平面款式图。其中图 2-18 左图为普通样式，黑色棉布裙面镶蓝色腰头及侧边；中图和右图为一层绣花边饰拦腰，上有双凤花篮图案，腰头长 37 厘米，高 10 厘米，两侧有带襻，裙面高 36 厘米。图 2-19 为两层绣花边饰拦腰，外层为人物故事图案，内层为鹿竹、蝙蝠等吉祥寓意图案，腰头长 36 厘米，高 9 厘米，裙面高 36 厘米，镶绲牙口边工艺精细，以不同颜色的镶绲构成线状装饰边缘，绣工精湛，应为当地女子盛装时穿着的拦腰。

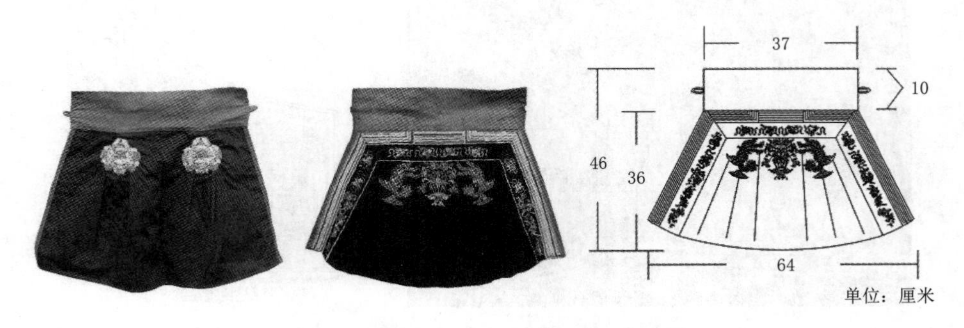

图 2-18 霞浦式普通拦腰、一层绣花边饰拦腰及平面款式图

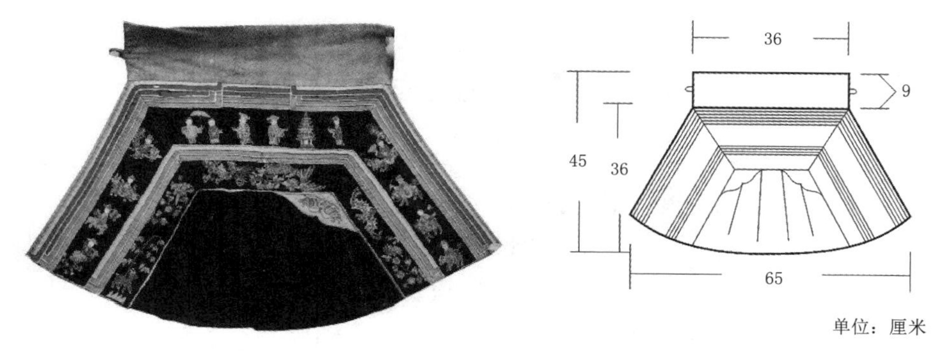

图 2-19 霞浦式两层绣花边饰拦腰及平面款式图

雷其松家还藏有一件当地流传下来的婚前民俗“做表姐”时所穿的马甲，是待嫁新娘被舅舅接去家中做客时所穿，绣制颇为精致。马甲为黑色棉布立领对襟五粒扣样式，侧缝不缝合，仅在左右肋下侧缝以 2 寸见方的绣花布片连接，有点像北方汉族的褡裢。前中心对襟处有两块方形绣花，五粒扣并非均匀分布而是领口一粒，余下四粒紧贴方形绣花的上下边缘。领座绣有牡丹卷草纹样，以后领中为中心左右对称；门襟、胸口处绣花图案造型左右对称，用色一红一紫，为凤凰展翅图案；胸下处左片为鹿竹，右片为喜鹊蜡梅图案；左右腋下连接处绣的是四方形花卉适合纹样，虽非对称，但在构图、造型和用色上较为均衡。整件马甲胸宽 47 厘米，衣长 80 厘米，底摆宽 68 厘米，肩宽 40 厘米，领座高 3 厘米，袖笼深 26 厘米（图 2-20、图 2-21）。

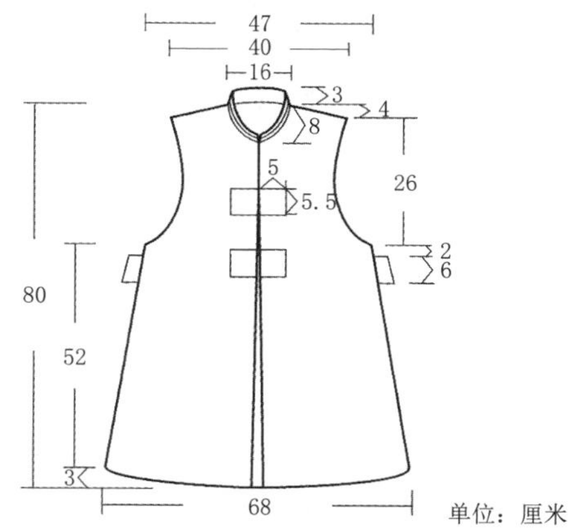

图 2-20 霞浦“做表姐”马甲及平面款式图

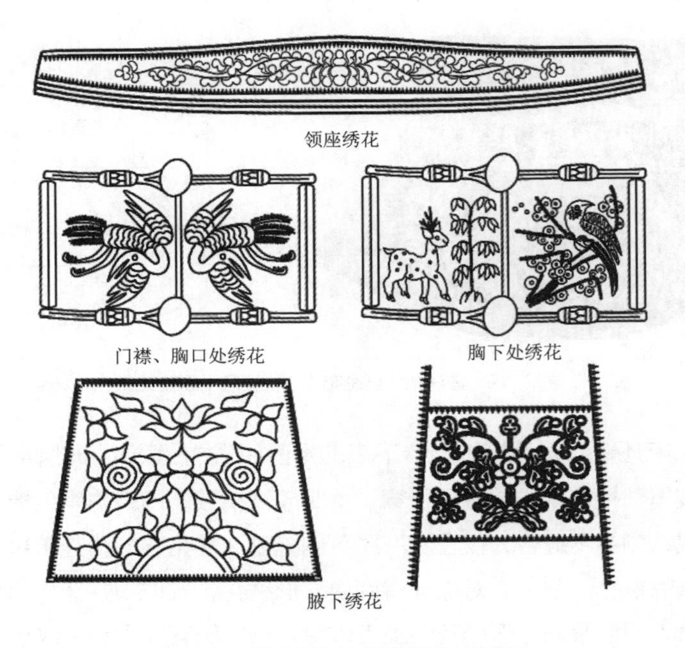

图 2-21　霞浦“做表姐”马甲图案线描图

（3）罗源式

有些地方称为罗连式，现主要分布于福建罗源、连江、闽侯和宁德南部飞鸾一带。其样式与其他几种差异较大，为右衽交领大襟上衣，肋下侧缝处系带固定，右侧底襟处有细带和衣服内左侧中缝的带子打结固定，胸口左右襟交叠处钉有圆形银牌一片，上刻花纹，银牌下面缀有银链，链子末端坠银色小铃铛。罗源式应为对传统样式保存得最为完整的畲族服饰，曾于 1975 年被指定为全国畲族女子服饰的代表装。[①]

花边是罗源式服装最显著的特征，《高皇歌》里记载着“罗源人女好个相，身着衫子花成行”的描述。罗源式上衣大身以黑色为底色，上面镶拼花边，青年女子的服装花边艳丽繁复，层数多，面积大，颜色以红白为主；老年妇女的服装上花边层数少，颜色较为素净，以红、白、蓝色为主。花边的装饰位置在肩领部位、袖口和拦腰的边缘，花边和镶嵌装饰带间隔使用。上衣的肩领部位大量使用成排的花边装饰，花边层次多的可以排到肩侧乃至腋下。花边分两部分，靠近领口和门襟的是内层，内层按照一条花边加一组镶嵌带的形式间隔构成，内层所用

① 陈敬玉 . 民族迁徙影响下的浙闽畲族服饰传承脉络 . 纺织学报，2017（4）：117.

花边较窄，约 1 厘米宽。镶嵌带宽约 1.5 厘米，由红、白、黄等色布层层相叠组成，下一层比上一层多出 0.1—0.2 厘米的边缘，通过不同的色彩形成撞色并由此形成服装边缘装饰。一般各色反复间隔 4—6 次构成一组镶嵌带，这种镶嵌装饰当地俗称“捆只颜”，盛装的捆只颜多的缝 3 组，并列宽达 10 厘米，袖口亦缝捆只颜和花边，老年妇女和少女则只缝 1—2 组。[1] 外层则完全以花边镶拼而成，所用花边较宽，约 1.5—2 厘米。早年的花边多为自制或绣花，后逐渐被机制花边所替代。前领口至门襟转角处花边排列的方式有直角式和圆角式两种。后领口嵌有一块黑底彩绣，宽约 3—4 厘米，从左颈侧向后绕至右颈侧，上面彩绣几何纹样或花鸟图案。蓝底白花的腰带在通身黑底红白相间的花边中显得非常突出，整体色彩斑斓，花边和流苏垂在后腰，象征着凤凰的尾巴，盛装时加上头顶的红色凤凰髻、绑腿上的五彩绑带和花鞋，把罗源的畲族姑娘打扮得像一只五彩的凤凰（如图 2-22 为罗源县竹里村兰曲钗藏的罗源式畲族女子服饰）。

图 2-22 罗源式畲族女子服饰及局部

图 2-23 所示为罗源博物馆展示的未婚女子装束和已婚老年妇女装束及根据两者绘制的展开款式图（传世老旧服装受门幅限制，前后中心均有破缝，后文中图 2-24 所示当代畲族师傅新制的服装，由于布幅增宽，前中心则为连裁）。图 2-23 左上图为罗源式未婚女子装束，头顶红色绒线圈装饰，服装为黑色大身镶

① 罗源县地方志编纂委员会 . 罗源县志 . 北京：方志出版社，1998：917-919.

大量花边，拦腰也非常繁复华丽，袖口镶嵌排列大量花边，下着裹裙和绑腿。图 2-23 左下图为老年妇女装束，梳高耸的凤凰髻，系蓝色头绳（新婚或年轻已婚女子为红色绳），衣领简单装饰花边，面积窄小，拦腰边缘饰带简单，四角有绣花，中间露出的黑色底布面积较大。

图 2-23 罗源式未婚女子与老年妇女装束及上衣平面款式图

笔者在罗源县竹里村与畲族服饰制作工艺传承人兰曲钗师傅交谈得知，尽管采用了高速平缝机，一件装饰华丽的罗源式上衣也需耗时 6 天左右方能完成，其中精致繁复的捆只颜镶绲和手工绣花最费时间。图 2-24 是兰曲钗师傅制作完成的一件罗源式上衣，前中心连裁，通袖长 133 厘米，衣长 75 厘米，底摆宽 57 厘米，两侧开衩高 26 厘米，袖口宽 13 厘米，领口有黑色底布彩绣几何花纹的装饰，领口绣花边缘至肩部为捆只颜直角花边装饰（另有圆角花边装饰的做法），宽达 18.5 厘米，宽窄花边共计 10 条。底襟较前后片大身稍短，有细带和左侧侧缝系合固定，右侧腋下大红色系带用以固定大襟片。腰部以下无装饰，因衣服外要搭配同样装饰手法的罗源式拦腰。整体服装色调亮丽、装饰繁复，显得极为华丽。

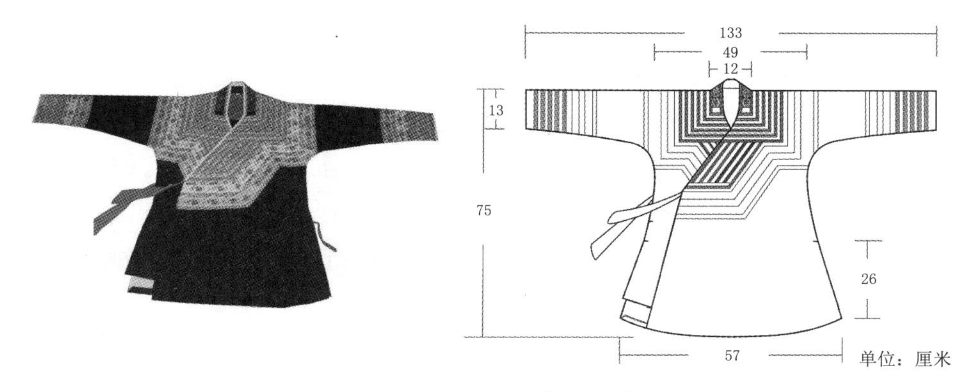

图 2-24　罗源式女上衣实物及平面款式图

和服装一样，罗源式拦腰装饰最为华丽，裙面形状略方，腰头为白色棉布，两端有与腰头同宽的布带（不是彩带），裙面两侧和底边以层层排列的花边和红白相间的捆只颜镶嵌带（和衣领内层花边相同）为饰，与服装肩领部位的花边呼应，裙面四角通过贴补和刺绣形成精美的角隅图案（有的只做下边两角），图案花纹以大朵的云头纹为其特征，非常醒目华丽。罗源式的拦腰系带与其他几种样式的不同，除了固定用的系带外，腰部以蓝底白花的合手巾带束于系带外，带宽约 10 厘米。图 2-25 为兰曲钗师傅制作的罗源式拦腰，裙面基本为正方形，宽 50 厘米，高 50 厘米（含腰头 10 厘米），腰带展开后总长 92 厘米，除了外层的镶边装饰外，裙面内层有花布补绣的云头图案，四角是彩色刺绣的角隅纹样，左右上角为鲤鱼纹样，左右下角为凤鸟纹样。罗源式拦腰整体装饰华丽，和该地区服装装饰风格一致，两者交相呼应，搭配穿着可产生斑斓绚丽的外观效果。

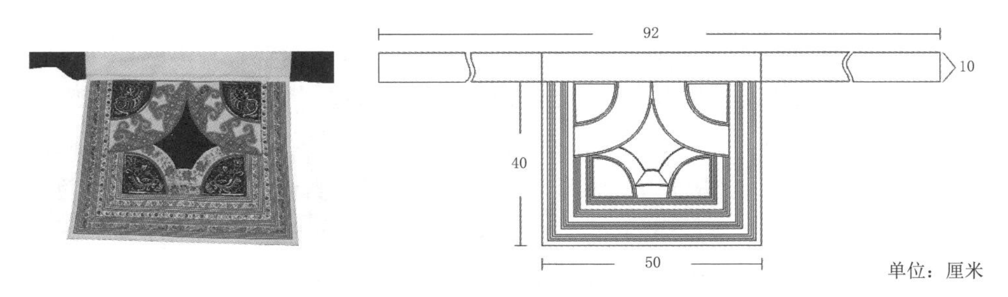

图 2-25　罗源式拦腰实物及平面款式图

罗源式女装的下装一般是黑色半截裹裙或黑色半截短裤，裙（裤）下打黑色绑腿。裙边配刺绣五彩柳条几何纹，非常醒目。图 2-26 为兰曲钗师傅制作的典型的罗源式半截裹裙，黑色棉布材质，裙摆边有红色、黄色为主的几何形柳条绣花，间隔 10 厘米左右以黄色星点缝固定一条长 6—7 厘米的红色线绳直线装饰，这种摆边和红色绳线的装饰是罗源式裙子的代表特征。裙长 55 厘米，裙宽 140 厘米，腰头宽 5 厘米，底摆绣花花边宽 3 厘米，在腰部两侧有对褶，使裙子腰部更适体，腰头两侧装有带襻，穿着时以布带穿过带襻扣系在腰间。

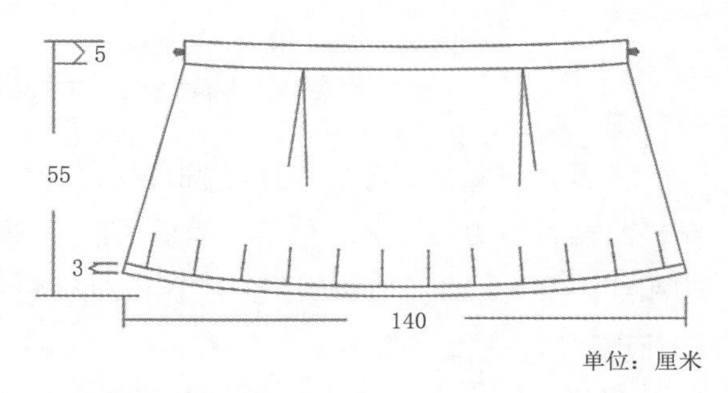

图 2-26 罗源式半截裹裙实物及平面款式图

（4）福鼎式

福鼎式通常称为福宁东路装，流行于福鼎及霞浦东部水门、牙城、三沙等地大部分畲族村。上衣为立领右衽黑色大襟，连袖有服斗，领部两层复式，分大领和小领，内层为大领，领座较福安式领座稍高，约为 4 厘米，中心处最高可达 5 厘米，外层紧贴领圈有一层小领，高约 1 厘米，两层领子均有彩色刺绣，领口处有两颗红色（有的是红绿相间）绒线球，俗称“杨梅球”或“杨梅花”（如图 2-27 所示为摄于福鼎市硖门畲族乡的福鼎式女子服饰领口及胸口装饰）。上衣一般为黑色，大襟服斗处有一块宽至前中心线的刺绣，刺绣以桃红色为主要色调，加配其他色线，刺绣的花纹面积大，花朵也很大。图 2-28 为着福鼎式上衣及拦腰的女子。值得注意的是，福鼎式上衣服斗处绣花喜用人物图案，多为人物和花鸟动物图案组合，人物形象多为头戴花冠、腰扎彩带的舞台人物造型。侧缝服斗末端靠近腋下处有两条红色飘带，长约 33 厘米，宽约 3 厘米，飘带头为宝剑头造型。两侧衣衩内缘镶红色贴边条。袖口有三层彩色布条镶边，多为红、黄、绿色，或红、蓝、绿色，当地群众说这三层镶边代表畲族雷、蓝、钟三大姓氏。图 2-29 为摄于福鼎市金凤畲族服饰有限公司的福鼎式女装现代制品，黑色棉布面料，双层复式领，胸口大襟处绣花，两个袖口镶有水蓝、翠绿和大红色花边，右侧腋下衣襟处有两条玫红色飘带垂下，整个衣服通袖长 140 厘米，衣长 76 厘米，胸宽 50 厘米，开衩高 28 厘米，下配黑色长裤穿着（平面款式图及门襟尺寸见图 2-30）。

图 2-27
福鼎式女子服饰领口及胸口装饰

图 2-28
福鼎式女子装束
（图片来源：福鼎市民族与宗教事务局）

图 2-29
福鼎式女装现代制品

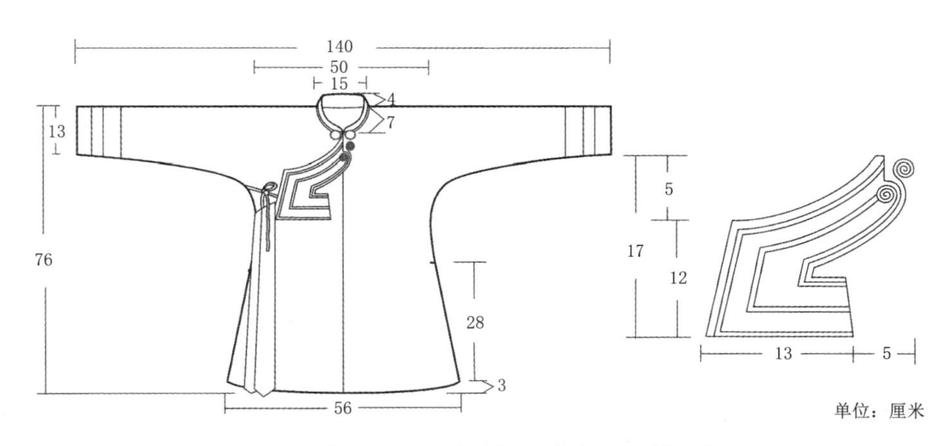

图 2-30　根据图 2-29 绘制的平面款式图及门襟尺寸

福鼎式拦腰呈长方形，黑色，长约 30 厘米，宽约 45—50 厘米，腰头以红布或花布做成，宽约 6.5 厘米，两侧以彩带系缚固定。青年女子的节日盛装也有绲彩边、中间绣花的样式。裙面与其他几种样式不同，为双层裙面，即在普通的青蓝色裙面的基础上再增加了一层长宽均小于外层裙面的小裙，呈 U 形，多由水绿色绸缎或红色织锦缎制成。近代的拦腰上亦有用丝绒制成的，大裙面上多以素色为主，偶有少量绣花或花边饰边，小裙面上一般不绣花，或在边缘镶嵌一条花边。图 2-31 为摄于福鼎市金凤畲族服饰有限公司的福鼎式拦腰及平面款式图，红色绸缎腰头宽 6.5 厘米，黑色裙面宽 57 厘米，高 32 厘米，边缘镶有 1 厘米的机织花边。水绿色绸缎的小裙面宽 27 厘米，高 26 厘米，也镶有花边，两侧彩带上织有“社会主义好”“世界和平好”等字样，两侧彩带各长 101 厘米（含 15 厘米流苏）。

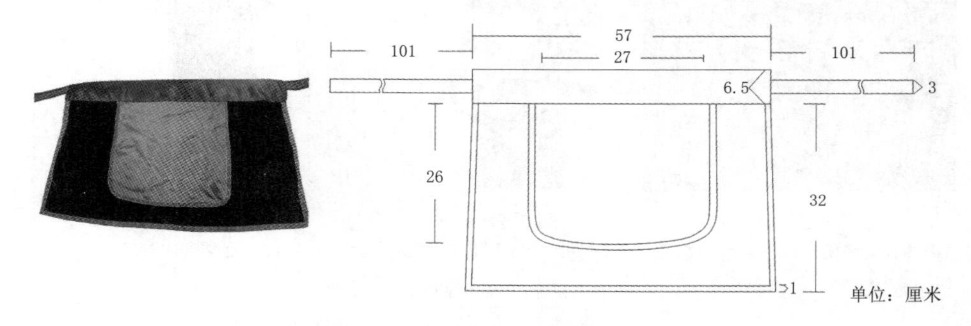

图 2-31　福鼎式拦腰及平面款式图

3. 贵州样式

贵州的畲族是最晚完成民族认定的，其服饰样式与浙闽地区的畲族服饰有同有异，但相对来说差异较大。

作为历史悠久的多民族地区，贵州少数民族众多，以往的统治者将此地的居民笼统称为“苗”。贵州畲族在历史上被称为“东苗”，后被称为“东家”，他们自称“嘎梦”或“阿孟”。贵州畲族以一个族群共同体存在于贵州长达 2000 多年，历史悠久，直至 1996 年 6 月其民族身份才被正式确认为“畲族”，成为畲族大家庭的一部分。现今贵州畲族人口为 4 万多人，基本以一姓一寨的聚居形式分布于黔南和黔东南地区，主要居住在麻江县、凯里市、福泉市和都匀市四个县市，其中麻江县分布着近 90% 的贵州畲族人口。与浙、闽、粤等地区的畲族服饰相比，贵州畲族服饰一直处于发展变化中，延续至今形成了独具特色的服饰外观特征，在形制上与浙闽地区的畲族服饰存在较大的差异，在样式、装饰风格上也发生了很大的改变。贵州畲族男子服饰基本与汉族服饰相同，女子服饰相对完整地保存了族群特色，具有“花袖衣”“东家衣”和“凤凰衣”三种典型样式[①]，这三种样式产生于贵州畲族族群发展的不同历史时期。查阅贵州“东苗”相关记载，再结合现存的文献资料分析贵州畲族族群历史发展进程，笔者将之分为三个时期，即宋元之前属于贵州畲族族群形成时期，明清时期是贵州畲族族群重构时期，1996年贵州畲族完成了民族身份识别认定之后则是族群复兴时期。服饰以非文本的形式记录着族群的发展，相应地在这些不同的历史时期对应表现为不同的服饰样式。与其他历史服饰的更迭不同，贵州畲族历史上的服饰样式既存在纵向的时间承继关系，又存在部分并存使用的情况。根据不同的服饰特征和装饰风格，可将这些样式分为族群形成时期的花袖衣、族群重构时期的东家衣、族群复兴时期的凤凰衣。

（1）族群形成时期的花袖衣

1）产生的历史背景

有关贵州畲族的族源说法不一，主要有两种说法。一是源于当地的土著濮人。根据吴琪拉达等的研究，贵州畲族与仡佬族、革家人、彝族同属于濮人的支系[②]，后并入夜郎国，至此成了夜郎国的臣民。二是源于古代九黎、三苗部落的一支，或认为贵州畲族上古时代属九黎部落，夏商后属三苗部落，人民共居于洞庭湖、五溪一带，战国时属楚国部族，并因战争渐向黔中郡西南迁，并为夜郎族群，到晋代时散布于今川、滇、黔地域，与苗族、仡佬族共同生活。[③]基于上述两种说法，先不论贵州畲族是源于濮人还是九黎部落，有一点可以确认，即贵州畲族曾属于夜郎国。相传夜郎王也被称为竹王，因此贵州畲族人自古就尊竹敬竹，他们不仅在所居之处栽种竹子，而且自称“阿孟”。从他们自己的语言来理解，“孟”的意思为住在粽粑林（俗称箭竹林）里的人，也可解释为就像将粽粑叶裹在身上的人。[④]此外，贵州畲族人也有诸如“供竹王”等与竹子有关的生活习俗。

秦汉时期，朝廷曾在夜郎设置郡县，也曾派大臣通使西南。但当时贵州地区交通不便，封闭自居，与外界几乎没有交流，统治者对贵州地区也没有过多干预。宋元之前，中央政府对贵州地区的管辖与控制程度并不深，这给予了贵州畲族足够的空间去繁衍与发展，在那山隔水阻的地方孕育出自己的族群文化。在历史的长河中，贵州畲族发展出自己的语言、风俗等文化要素，然后通过这些文化

---

① 陈敬玉，吴莹洁．贵州畲族服饰文化考察和设计探索．设计，2020（19）：16.

② 吴琪拉达，赵华甫．贵州民族文化探秘——走进阿孟东家人．北京：中国文联出版社，2012：15.

③ 王星虎．贵州畲族的渊源、迁徙与分布关系考．三峡论坛（三峡文学・理论版），2016（1）：22.

④ 吴琪拉达，赵华甫．贵州民族文化探秘——走进阿孟东家人．北京：中国文联出版社，2012：15.

要素凝聚起自己的族群，并与其他族群区分开来，以此不断发展壮大。

作为贵州的世居族群，历史上的贵州畲族迁徙频繁，足迹遍布几十个县市，形成了一个以贵州中部为中心，稍偏东、南的广阔的共同生存区域，全盛时期人口数量达 30 万人。在悠久的族群形成时期，畲族在贵州这片多山多水之地与其他族群交流融合，不断壮大，最终以“东家人”的身份谱写了属于本族群的共同历史，创造了具有族群特色的精神信仰、民俗文化等等，形成了以东家人为中心的族群认同。基于共同历史、血缘族亲、文化特征等要素衍生出来的族群认同逐渐清晰，并在发展中不断强化，表现为对东家人这一身份及其历史与文化的认同。

东家人这一单一身份下的族群认同体现了族群认同的原生性，在其族群认同的时间发展上是处于起始位置的，是其一切文化表述的起源，而且各种文化特征在体现、维持与加强族群认同中起到了重要作用。该单一身份下的族群认同具有单一、外显的特点，表现为对本族群历史和文化的强烈自豪感，以及基于这种自豪感之上创造的充分显露本族群历史、精神、信仰等的表征文化，其中最能直观体现族群认同的就是族群服饰。在清晰且强烈的族群认同影响下，他们在自己的族群服饰上尽情体现族群特色以达到标志及区别的作用，并经过一代代的传承延续，最终形成了具备完整族群特色的花袖衣样式。

万历《贵州通志·合属志十·龙里卫》记载，“曰东苗：……妇人盘髻长簪……别作两袖，杂缀海贴、铜铃，缘青白珠为饰”[①]；《平越直隶州志》记载，“东苗，衣尚青，短不及膝，以花布束发”[②]；直至近代“唯女皆青色带，着青色裤，项戴银环，不着裙”[③]。从最初的无袖着裙发展至可拆卸的两袖，直至现今两袖着青裤，贵州畲族的族群服饰一直处于发展变化之中。《都匀市民族志》中介绍贵州畲族（原东家人）的族群服饰时这样描述道：“东家妇女盛装头戴蜡染布巾……上衣为土布，色藏青，无领右衽，下摆长过臀部，袖筒靠肩部一般为蜡染，以绿、紫、棕、黄等色丝绣花。两段交界处及袖口也镶条。下装为大裆裤，色质同上衣……须系花腰带和扎裹腿……盛装佩以银簪、髻花耳坠、项圈、项链……”[④] 书中所描述的贵州畲族族群服饰，被称为花袖衣。在黔东南州民族博物馆中有一件贵州畲族服饰的展品与上述描述近乎百分之百地吻合。再结合在田野

① 贵州省文史研究馆古籍整理委员会. 贵州通志·万历志. 贵阳：贵州大学出版社，2010：195.
② 转引自：吴琪拉达，赵华甫. 贵州民族文化探秘——走进阿孟东家人. 北京：中国文联出版社，2012：99.
③ 王娴. 贵州畲族服饰文化内涵探析. 理论与当代，2014（9）：49.
④ 都匀市民族事务委员会. 都匀市民族志. 都匀：都匀市民族事务委员会，1990：175-176.

调查中获取的信息，笔者发现在贵州畲族服饰发展至今现存的样式中，花袖衣是最为古老，也是最有完整族群特色、最具代表性的样式。

贵州畲民很早就掌握了种植棉花的技术，且善于种植蓼蓝来制靛染布，将自织的土布用蓼蓝染成靛青色。穿着由自织自染的布料做成的衣服也同样可以起到族群认同的标志作用，所以传统的花袖衣为自织土布所制，色为靛青色。除了织、染传统技术外，蜡染和刺绣是贵州畲族极具艺术美的传统工艺，在上衣袖口、包头巾、单鼻鞋、拦腰上都体现得淋漓尽致，尤其是在袖口处的蜡染段和刺绣段更是成为整件服饰的标志性特征。花袖衣样式的上衣在裁剪时采用一次多裁的方式，最多件数可以达到 9 件。这些上衣只是在袖口长度和衣长上顺次递减，使得多件套穿时可以露出里层的袖口和下摆以造成视觉上“多”的效果，这正是贵州畲民以多为美，以多来展示家境富足的心理体现。

2）穿着现状

在田野调查及访谈中，笔者发现花袖衣样式已被多数贵州畲民所遗忘，在畲民的日常生活中也不见其踪迹。在有关民族服饰认同的问卷调查中，只有约 25% 的被调查者知道花袖衣样式是本族群的族群服饰。曾祥慧在其文中提及，一王姓畲民把原本完整成套的花袖衣一件件分开给不同人穿着，被问及是否了解其穿着习俗时也表示只知道这些衣服是上上辈留下来的，是本族群最传统的服饰，其他一概不知。[①] 如今在贵州畲族聚集地，无论是在日常生活中，还是在重大节庆中，基本都已不见畲民穿着花袖衣样式的传统民族服饰，作为记载畲族历史记忆的花袖衣现在成了黔东南州民族博物馆中的展品和畲民家中的藏品。

在贵州走访了十几个畲族村寨后，笔者仅在麻江县枫香寨一户畲民家中发现了珍藏的一件民国初期花袖衣（图 2-32）。虽说并不是完整的花袖衣样式，但也给本研究提供了非常珍贵的实物依据。除此之外，黔东南州民族博物馆中陈列了一套现代仿制的花袖衣（图 2-33），同样也是异常宝贵的一手参考资料。下文中花袖衣样式的研究分析主要基于这两款实物，尤其是畲民家中的藏品，项目组对其进行了详细的拍摄和测量记录，获取了较详细的图片和数据资料。通过将有限的实物资料结合已有的文字资料进行分析和了解，该样式的具体形象才变得清晰起来。经分解，该样式主要包括包头巾、衣、裤和鞋四部分，其中包头巾部分将在本章第二节论述，本节重点论述服装部分。

① 曾祥慧 . 贵州畲族“凤凰衣”的文化考察 . 原生态民族文化学刊，2012（4）：96-102.

图 2-32　麻江县枫香寨村民家藏花袖衣
（模特：吴莹洁）

图 2-33　黔东南州民族博物馆花袖衣展品

3）样式特征

花袖衣样式虽然在款式上简单质朴，但搭配有繁复的袖口设计和精致的翘鼻鞋，繁简得当，粗中有细。在色彩上符合衣尚青蓝的畲族传统色彩审美文化，以蓝黑色底色衬托色彩斑斓的花袖，朴素中透着艳丽，整体风格端丽大方，别具特色。花袖衣样式因其袖部繁复的装饰，以及多件穿着时露出层层叠叠的袖口而得名，整套服饰由包头巾、花袖衣、栏杆裤以及单鼻绣花鞋构成，配以搭配上衣的蓝色丝绸腰带或拦腰，构成完整的民族服饰形象。包头巾多为蓝底白花蜡染布制，两端镶以蓝、红两道布作为边饰，同时缀以穿绿珠的红缨须。花袖衣由自制土布裁剪制成，色藏青，右衽斜襟，衣长过臀，袖长及腕，上装饰有蜡染段和刺绣段，在袖口和两段之间镶嵌红白相间的彩色装饰带和五色犬牙瓣。一套完整的花袖衣的件数最多可达 9 件，在袖长和衣长上由内至外依次减短，以显示出衣物的层次。栏杆裤为藏青色大裆裤，色彩和面料同上衣一样，裤长及踝，因在距离裤脚边约 10 厘米处镶蓝红两道彩条或是装饰有桃花图案的织带，如同横在裤筒上的栏杆一样而得名。绣花鞋鞋面翘起，造型别致。搭配的蓝色丝绸腰带或是“凸”形拦腰在系腰带时两边绕至腰后系结，行动时身后的腰带也会随之摆动，实现了实用和美观的完美结合。

完整的传统花袖衣上衣是多层套衣形式。有关花袖衣穿衣件数的习俗说法不一，麻江县仙鹅村《王氏族谱》中提到当地畲民在族人出嫁时穿着双数件，作为寿衣时则穿单数件，但曾祥慧的《贵州畲族“凤凰衣”的文化考察》一文中对于单双数的吉凶说法与之相反。[①] 但不论单数是吉还是双数是吉，都可以看出贵州的畲民通过衣服叠穿在身上的件数来展示自家的富足和妇女的心灵手巧，并且以多为美。由于花袖衣多件穿套，内层长外层短，为了达成层叠套穿效果，在制作时要进行一次裁剪多件，使得里层的围度小于外层，衣长比外层长约 7 厘米，袖长也比外层长约 10 厘米，以露出里层的蜡染部分为好。上衣无论叠穿了多少件，除了在尺寸上有所差别外，在款式和装饰工艺上无甚区别。这样的裁剪方式不仅独特，且省时省力，更重要的是适应当地多变的气候环境，适合穿脱搭配（图 2-34）。

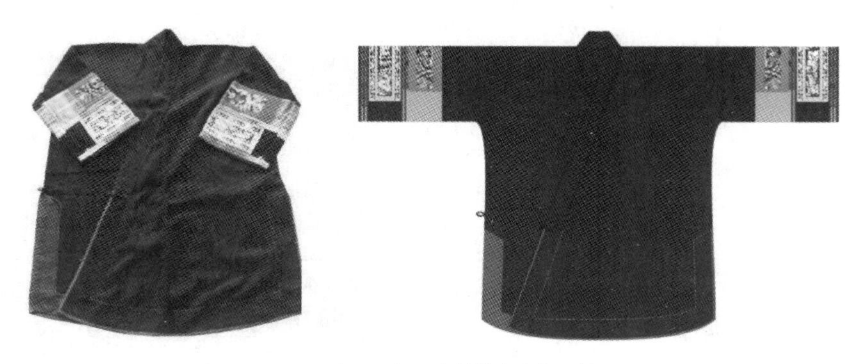

图 2-34 麻江县枫香寨花袖衣实物及效果图

花袖衣样式得名于其上衣的花袖，整体样式最大的特色在于上衣袖子上装饰的蜡染段和刺绣段，以及袖口和两段之间红白相间的彩色装饰带和五色（红、蓝、青、紫、棕）犬牙瓣（图 2-35）。蜡染段使用染有花纹的蜡染布料，布料正中处有一矩形独立纹样，分为三段，上下部分为对称的纹样，多为寿字纹，中间部分多染以花卉与蝴蝶的组合纹样或几何纹样。如枫香寨的一件花袖衣（见图 2-34）左右袖口蜡染部分的上下段“寿”字纹图案一致，中间部分的图案样式虽然都是花卉枝叶组合蝴蝶纹样的样式，但在具体造型上就有些许差别，蝴蝶纹样的造型也不尽相同。黔东南州民族博物馆中畲族服饰展品（见图 2-33）是两件套的花袖衣样式，里件露出部分的蜡染段与外件的蜡染花纹差异就更加明显了。刺绣段则是以红色布料为底布，用五色线绣以蝴蝶和花卉或是蝴蝶与凤凰的组合独立纹样。枫香寨花袖衣的刺绣段上绣以双凤对蝶的图案，图案上两只展翅高飞的凤凰一左一右簇拥着蝴蝶；而黔东南州民族博物馆花袖衣的刺绣段则绣以多组一大一小蝴蝶纹样组合枝叶花卉图案，袖口及两段连接处镶嵌了五条红色窄边，并有

① 曾祥慧．贵州畲族“凤凰衣”的文化考察．原生态民族文化学刊，2012（4）：96-102.

白色嵌条相间，还在白色嵌条上加以彩色布叠绣而成的、类似犬牙瓣的三角形装饰，给大气的刺绣和蜡染添加了一份精致之美（表 2-2）。

图 2-35　花袖衣袖口及图案效果图

表 2-2　花袖衣袖口刺绣段和蜡染段细节

花袖衣袖口		不同部分的细节	
枫香寨花袖衣袖口		刺绣段	
		左蜡染段	
		右蜡染段	
黔东南州民族博物馆花袖衣袖口		刺绣段	
		外蜡染段	
		里蜡染段	

栏杆裤是文献记载中的畲族夏装，在实地调研中笔者并未寻得传统样式的栏杆裤实物资料。《都匀市民族志》中记载："下装为大裆裤，色质同上衣，裤脚边沿也镶锦条。"[①] 曾祥慧在《贵州畲族"凤凰衣"的文化考察》中写道："传统'栏杆裤'为藏青色大裆裤，裤脚大 1 尺 2 寸，在离裤脚大约 3 寸的位置镶有宽约 2 寸彩色桃花纹样的花边或镶上两条红绿横杠。"[②] 综合上述文献可以了解到传统栏杆裤的样式。根据文字及调研资料，项目组绘制出传统样式的栏杆裤（图 2-36）。另外，畲族人会在裤装之下扎裹绑腿带（图 2-37），从脚踝缠裹至膝。因为绑腿带的实用功能已不被现在的生活所需要，所以在畲民的日常生活中已几乎彻底消失了。笔者在贵州展开的实地调研中，仅在一户畲民家中见到了保存至今的绑腿带。

图 2-36　传统样式栏杆裤

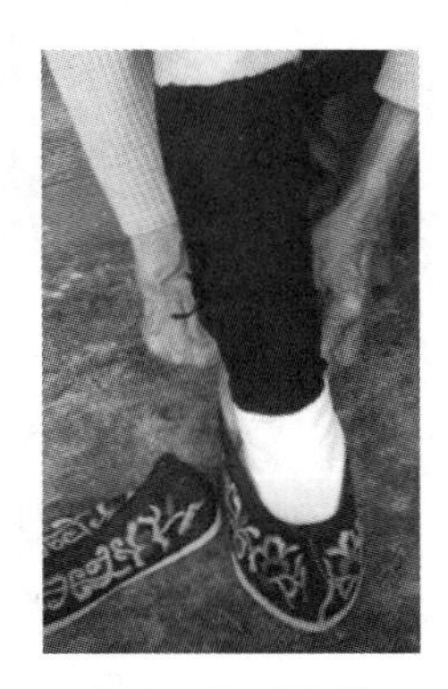

图 2-37　绑腿带

花袖衣样式的上衣搭配有蓝色丝绸腰带，两头有长须，上有团花锦纹（图 2-38）。在黔东南州民族博物馆展出的贵州畲族服饰展品，同许多文字记录以及枫香寨畲民家中收藏的传统样式在搭配穿着上稍有差别，差别就在于博物馆中的花袖衣样式搭配的是拦腰。

图 2-38　麻江县枫香寨蓝色丝绸腰带实物及效果图

① 都匀市民族事务委员会 . 都匀市民族志 . 都匀：都匀市民族事务委员会，1990：175-176.
② 曾祥慧 . 贵州畲族"凤凰衣"的文化考察 . 原生态民族文化学刊，2012（4）：99.

绣花鞋（图 2-39）也是贵州畲族服饰中颇具民族特色的配饰，很多畲民家中会珍藏一双。贵州畲族的绣花鞋被称为“鞋尖翘鼻型布鞋”，或称“单鼻绣花鞋”“高鼻船型花鞋”，简称“翘鼻鞋”。其鞋身由黑色和本色的厚棉布缝结而成，黑色棉布做面，本色棉布做里，并在面布上绣有蝴蝶、凤凰和花卉枝叶的组合图案。鞋子前面翘起的形状多样，有的如牛角般尖尖翘起，有的如鼻子般圆润突起，造型精致且古朴。

图 2-39　单鼻绣花鞋实物及效果图

4）花袖衣样式体现的单一族群认同

贵州畲族自起源开始一直与其他多个不同族群形成杂居的生存状态，为了壮大自己的族群实力，便要强化族群认同以防止被异族所同化。也可以说贵州畲族族群形成与壮大成熟的过程就是一个族群认同不断强化的过程，并通过各种表征文化所体现。其中常被称为“族徽”的族群服饰是体现族群认同最显著的表征文化，并在不断强化的族群认同过程中渐渐积淀，承载着族群发展的历史、文化、信仰与精神等等，最终形成了体现较完整族群意识的花袖衣样式，从材料制作、裁剪缝制、装饰到搭配穿着整合过程中无一处不体现着单一族群认同。传统的花袖衣样式不仅是该族群传统技术、工艺及审美的表达，对于没有文字的畲族人来说，花袖衣还以特殊的装饰和造型向世人直接传达了畲族的迁徙历史。[①] 据族群内口口相传的历史传说，古时的贵州畲族频繁迁移，渡河跨山，这在花袖衣样式中就有所体现。《开路经》[②] 就如同贵州畲族的一部史书，其中一篇《下龙潭》写道:“我们老人啊，才过水五条，才渡湖五个，看见湖水黄泱泱，看见波浪白茫

① 曾祥慧 . 贵州畲族“凤凰衣”的文化考察 . 原生态民族文化学刊，2012（4）: 100.

② 《开路经》也称《阿孟经》《开东家路》，是贵州畲族为亡灵开路时诵唱的，是一首丧葬古歌，包括“盘古开天地”“兄妹制人烟”“民族大迁徙”“抗击强暴”“扶弱为民”“扶老携幼”“孝敬父母”“功德盖世”“为人师表”，浓缩了贵州畲族的发展历史、信仰精神。

茫，岩石陡陡无处上，林木森森无路行……”传统的花袖衣袖口处嵌有五条红色彩条，其间间隔装饰着四条白色底布的五彩犬牙瓣花纹，据项目组在田野调查时了解到的，五条红色彩条代表着迁徙中的“五湖五水”，那一个个形如犬牙瓣的三角形装饰就如那一座座连绵的山。传说贵州畲族在迁徙时渡过了两条大河，栏杆裤上的两道红与绿或红与蓝的栏杆般的嵌条就象征着这两条大河，另外，船型的单鼻绣花鞋就象征着他们渡河的工具。

花袖衣样式中的图案设计基本是贵州畲族族群的信仰与崇拜的表征体现。其中对凤凰和飞蛾的图腾崇拜是贵州畲族族群精神的灵魂和核心，在服饰图案设计上亦是如此。《开路径》的开篇就叙述了在开天辟地的危难之时，“长声高叫、振翅冲天”的凤凰的出现才使得畲族人开始了幸福祥和的生活，所以凤凰即象征着勇敢、智慧、美丽、善良，并世代守护着族群。贵州畲族受贵州苗族影响，对蝴蝶的喜爱体现在服饰装饰上。凤凰纹样基本都以展翅飞翔的姿态呈现，蝴蝶纹样则都是体型肥硕，意味着强盛的繁殖能力。凤凰与蝴蝶的组合纹样形式基本如图 2-40 所示，两只凤凰在蝴蝶左右，构图匀称饱满，装饰感极强。①

图 2-40　麻江县枫香寨花袖衣袖口凤蝶刺绣纹样效果图

（2）族群重构时期的东家衣

1）产生的历史背景

历史上，经历多次战乱后的贵州畲族人口数量从鼎盛时期的 30 万人锐减至几万人，分布区域从原来的几十个县市缩小到几个县市，从原来的“众苗之首”变成了弱势族群。当时众多的东家人为了生存而学汉族、取汉姓、以汉人为祖先，甚至是改族谱，贵州畲族的族群认同随之发生变化。当时的畲族先民为了生存不得已做出了一些妥协，同时也固守住了族群的原生身份，只是以一种更加内敛的方式来表现族群身份。这种既有妥协也存在固守特点的族群认同也影响了其

① 徐雯琦，吴莹洁，赵伟楠，陈敬玉．族群认同影响下的贵州畲族服饰发展变迁．服装学报，2020（6）：523.

族群服饰的发展，东家衣样式即是在这样进退两难的情境下产生的。所以在东家衣样式上不难窥见在那个艰难时期，贵州畲族先民为了生存妥协，又尽可能固守本族文化的处境。在这段族群发展的艰难时期，畲族先民创造出一种新的族群服饰——东家衣样式，依装饰繁复程度不同可分为盛装（图 2-41）和日常装（图 2-42）。项目组在赴凯里、麻江和福泉各县市的十几个畲族村寨田野调查时，见到许多畲民家中保存有不甚完整的东家衣样式的传统服饰，同时村民委员会中也有一些用于节庆表演的本族群特色服饰，而后者都是基于东家衣样式的改良款。

图 2-41　东家衣盛装

图 2-42　东家衣日常装

东家衣样式明显有着不同于花袖衣样式的外观特征与风格特色，主要包括绑头带、东家衣、拦腰、大裆裤、单鼻绣花鞋五个部分。绑头带由畲民自织自染的靛青色棉布所制，面料纹理有平纹、斜纹、花椒眼纹，实用且简单。东家衣盛装为无领右衽大襟，色彩为深蓝色、靛青色或黑色，衣长过臀，习惯在领口和袖口处使用镶嵌和绲边工艺，不仅增强了领圈和袖口处的牢度和耐磨性，还通过流畅的造型和明快的撞色而起到一定的装饰作用，另外在镶边外还装饰有红底白色纹样的织带。成套的盛装还需内搭两件或三件里衣，款式为立领右衽大襟，色彩为浅蓝色或棉布本色。比如三件套的盛装，色彩由外至里从深到浅，可以为靛青色、蓝色、浅蓝色。穿着时，露出里衣的立领和袖口，在开衩处也隐约可见里衣的底摆，形成层叠的视觉效果。拦腰造型如同“凸”字，上如山丘下如扇形般微微展开。在上凸的部分有一块梯形白底绣花布，上面绣以五色花卉、绿草枝叶以及蝴蝶等组合图案。拦腰穿戴位置处于胸围线以下，下摆能盖过上衣，腰带所围之处恰为腰处，可以显出女子的婀娜腰肢。日常装为土布制，靛青色立领右衽大襟，袖长及腕，衣长不及臀，无任何装饰。下裤为同色或黑色大裆裤，脚穿单鼻绣花鞋。

除了衣着外，贵州畲民也非常喜爱佩戴银饰品来展现富足的生活。旧时畲民因为生活困顿，大多将银饰品卖出，少数人甚至将拦腰上用以固定的银牌、银链当掉，所以在项目组田野调查走访期间，关于银饰品资料的收集成果非常少，对畲族银饰品的了解也只能透过拦腰和东家衣上的银制装饰了解一二。如挂脖式拦腰采用银质的腰链和挂链，挂链由一个个四瓣或五瓣花环串接而成，两端是银质蝴蝶造型的挂钩，与拦腰最上边两端固定的竹篮造型银牌挂环搭配使用。挂钩式拦腰最上边固定了一银质月牌连接着银链挂钩，半圆形月牌上雕刻有类似蜜蜂或蝴蝶形象的纹样，组合了藤节枝叶和果实形象的纹样，有趣且精美。除此之外，还有东家衣上的莲蓬搭扣、拦腰上的挂饰，其造型多采用蝴蝶、花朵、花篮这样的具体形象。

2）穿着现状

在贵州畲族服饰的三种样式中，东家衣样式服用的人数最多、影响最为广泛，在项目组走访的十几个村寨中几乎都可以寻得该样式的踪迹。该样式广泛流行于麻江、凯里、福泉等几乎所有的畲族村落，但是作为平日穿着并不常见，当地畲民基本只在节庆时期穿着东家衣。另外，问卷调查也显示，有 91% 的贵州畲族被调查者了解东家衣样式是本族群的族群服饰。畲民家中收藏的东家衣基本都有着一定的年代感，大多制作于 1949 年前后，最早的是清末时的服饰，是代代传承下来的。

虽然东家衣在畲民中的认知程度是最高的，但是在当今畲民家庭中保存完整的东家衣并不多见。项目组调查走访期间仅在福泉市凤山镇三根树村的一户畲民家中见到了相对比较完整的一套东家衣样式服饰。大多数畲民家中仅剩下一件穿着于最外层的东家衣外衣，部分畲民家中还保留有一两件传统的拦腰。传世实物保存较少除了一部分历史原因外，还因为作为贵州畲族妇女盛装的东家衣同时也是老人离世时的入殓服饰，老一辈人离去时也带走了大部分的东家衣，而新一代畲民大多已不再制作和穿着东家衣。在此双重因素影响下，存世流传的服饰实物越来越稀少。

3）样式特征

在对田野调查资料进行整理分析后，本部分将重点分析东家衣样式的服装部分，绑头带将在本章第二节论述。

东家衣上衣为右衽大襟，主体部分的色彩为深蓝色、靛青色或黑色，衣长一般为一手长，盖住臀部，衣摆左右两侧开深衩。衣服领口在领圈处装有嵌条组合，由上下各两层嵌条和连接嵌条的里外层基布组成（图 2-43），这样的处理既别致，又增强了领圈处的牢度和耐用性。同样的工艺运用在上衣其他的部位，视觉中心聚焦在领襟和袖口的撞色搭配装饰带上。嵌条颜色较衣身颜色浅，镶边的布料颜色较衣身颜色深，成为东家衣盛装的重要特色。在外衣下还需要搭配两至三件里衣，色彩多为蓝色系，由外至内逐渐从深到浅（图 2-44），穿着时层叠露出内层领袖底摆。东家衣的日常服则简朴无华，几乎不带装饰。

图 2-43　东家衣三件套实物

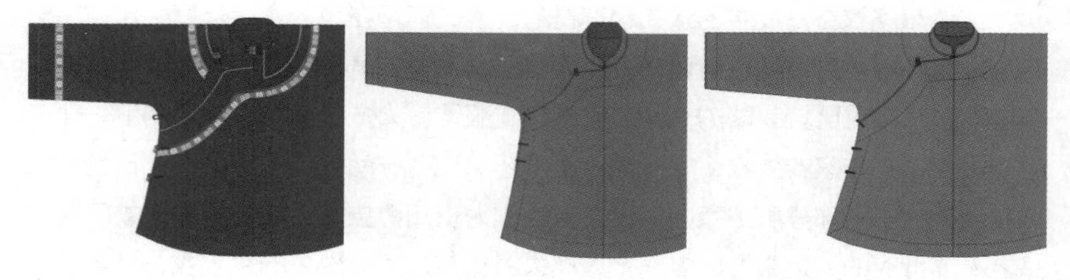

图 2-44　东家衣上衣三件套效果图

为了增添盛装的华丽感，镶边外还装饰有红底白色纹样的织带。织带上的纹样多为变化的“回”字纹和蝴蝶纹组成的二方连续图案。麻江县仙鹅村的一户畲民家中保存着一件深蓝色东家衣（图 2-45），款式和工艺同上所述，但上面织带的纹样却较特殊。例如图 2-46 有上中下三组纹样，上层为多个六边形组合成的几何连续图案，形似汉族传统图案里的“盘长”图案，中层为蝴蝶以及蝴蝶的同构图案组成的二次连续图案，下层为树苗形状的几何连续纹样。三组纹样的底色也不相同，分别为红、绿、蓝，如同彩虹点缀天空般装饰着东家衣。除此之外，东家衣上的银质搭扣设计巧妙，造型独具特色，一端为花朵，一端为莲蓬，使用时分别穿过两边的扣环达到闭合的作用。

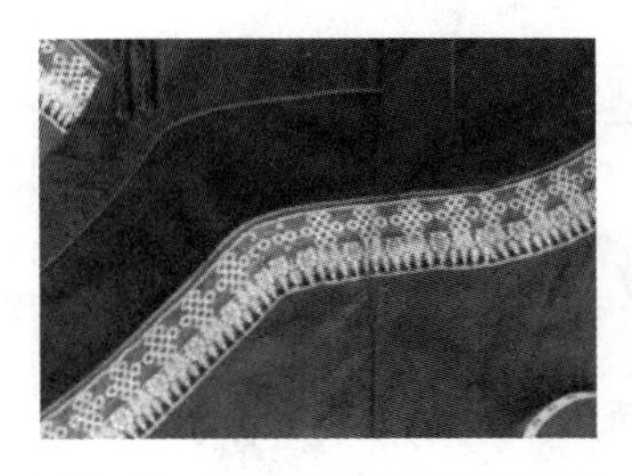
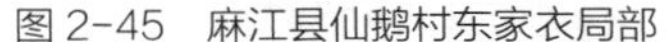
图 2-45　麻江县仙鹅村东家衣局部

图 2-46　麻江县仙鹅村东家衣织带纹样效果图

拦腰根据佩戴方式的不同，分为挂脖式和挂钩式（表 2-3）。与朴素简单的上衣相比，拦腰的装饰性更强，综合运用了多种刺绣、银牌挂饰、镶嵌工艺等。拦腰的造型大致相同，都是上方中心呈圆弧状凸起，下摆呈扇形散开，在前中心的胸前均有浅色底彩绣装饰，绣以花卉蝴蝶等动植物纹样。挂脖式拦腰常与盛装搭配，多以银饰挂链作为挂脖物，也有用织带来替代的。挂脖式用腰带或腰链固定腰部。腰带由腰头和腰身两部分组成：腰头为分裁的宝剑头，中心处用平绣的方式绣了一个五彩蝴蝶图形，边缘处用堆绣的方式绣出锯齿形边饰，在靠近宝剑头近 15 厘米的腰身部分用十字绣方式绣以宫灯图案。挂钩式拦腰多与日常服装搭配穿戴，挂钩穿入领口处的上下两个扣之间以达到固定的作用，腰部同样可以用腰带或腰链固定。若用腰带固定，腰带上绗缝以三角纹和波浪纹的组合纹样，既能起到固定的作用，又有着一定的美观性。

表 2-3　两种拦腰样式

佩戴方式	穿戴照	拦腰效果图
挂脖式		
挂钩式		

注：模特为吴莹洁。

下装的裤子与传统样式的裤子在款式上无差别，仍为大裆裤（图 2-47），色彩基本为靛青色或是黑色，但裤脚边没有栏杆装饰，非常简单质朴，在裤腰处用腰带进行固定。

图 2-47　凯里市角冲村大裆裤实物及效果图

东家衣样式中同样搭配了单鼻绣花鞋，其构成与前文花袖衣样式中所述的绣花鞋一致，在此就不再赘述。这种鞋在图案设计上同样富有族群特色及创造性，如凯里市角冲村一户畲民家中收藏的一双单鼻绣花鞋（图 2-48），黑底上绣着藤脉相连的枝叶。与花袖衣样式的绣花鞋不同的是，东家衣样式的几乎不使用凤凰纹样。

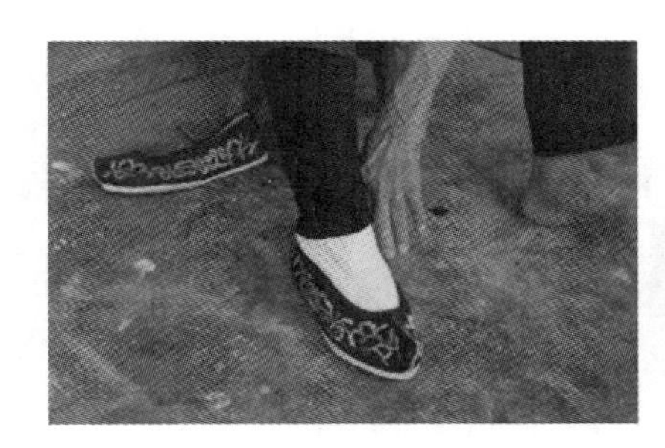

图 2-48　凯里市角冲村单鼻绣花鞋实物及效果图

4）东家衣样式体现出的消极族群认同

基于东家衣样式的服饰特征，我们发现它的出现在贵州畲族服饰发展进程中显得有些突兀，因为它既不与花袖衣相似，又不与凤凰衣相近，在款式及装饰风格上存在着显著差异。但结合该族群的族群认同发展就可以了解到东家衣样式的出现在情理之中，因为它的产生是在该族群发展的低谷且危难之际，它是在消极族群认同的引导下被创造出来的。处于消极族群认同下的族人为了生存要避免身份的暴露，采取了许多不得已之举，如通过修改族谱与改编族源等以寻得庇佑。作为最明显身份标志的族群服饰也在改变之列，改变的方向是朝着汉族靠近，有些人甚至直接改穿汉族服饰。东家衣样式的基本款式造型立领大襟右衽与当时的汉族服饰几乎一样，袖口、领襟处的多层镶边工艺有着很明显的汉族特色，而与畲族服饰传统样式已相差甚远。①

在那个特殊时期的消极族群认同影响下，贵州畲族为了生存而放弃了族群历史与文化标记，如在东家衣样式上已找不到该族群的凤凰图腾崇拜的印记，不见任何形式的凤凰图案（图 2-49）。东家人的消极族群认同是一个矛盾的结合体，一方面他们为了生存而放弃了诸多族群要素，但另一方面他们也在尽可能保存族群文化以让族群延续下去。凤鸟纹样的核心主体地位逐渐被蝴蝶纹样（图 2-50）

① 徐雯琦，吴莹洁，赵伟楠，陈敬玉．族群认同影响下的贵州畲族服饰发展变迁．服装学报，2020（6）：523.

取代。或许是由于聚居地相近，这些蝴蝶纹样在题材、构成与形式上与贵州苗族的服饰图案产生了一定程度上的趋同。同时，蝴蝶种类繁多、繁殖快速，又是苗族图腾传说中的族群之母，体现了一种生命力旺盛的生殖崇拜。当时的东家人因战争导致人口锐减，这种象征超强繁殖能力的纹样可能正是在族群间的交往中逐渐被东家人接受、喜爱并最终广泛运用于服饰装饰纹样中的。

图 2-49　东家衣织带纹样效果图

图 2-50　拦腰上蝴蝶组合纹样效果图

（3）族群复兴时期的凤凰衣

1）产生历史背景

原东家人一方面因历史上被称为“东苗”而被一直误认为是苗族的一支，另一方面是有关东家人的史料记载及民间资料都非常稀少，且人口数量也非常不具优势，所以在很长的一段时间里他们的民族身份都是悬而未定的。直至 20 世纪 80 年代后期，在国家政策的推动下、地方政府的支持下，以及族群本身的全体努力下，东家人终于在 1996 年完成民族识别工作，正式被确认为畲族。此后，贵州畲族逐渐接受了自己的新身份，并或多或少有意识地向浙闽地区的畲族靠近，寻找他们之间的共同点，同时放大这些共同点。其中最重要的一个共同点就是对凤凰的崇拜，尤其是通过服饰来体现。他们大量增加了对凤凰元素的运用，将以麻江县六堡村为文化中心发展出的畲族服饰新样式称为“凤凰衣”，并根据穿着人年龄的不同而分为少女凤凰衣、青年凤凰衣、老年凤凰衣。[①]

2）穿着使用现状

族群身份确定后，麻江县六堡村就成为贵州畲族文化的中心，同时作为畲族文化的代表向外界展示着本族群的文化异彩，其中就包括了重放异彩的族群服饰。凤凰衣样式始于 20 世纪 90 年代左右，产生于六堡村。在问卷调查中，被调查者中也仅有 35% 的人对凤凰衣样式有一定的了解。根据田野调查和问卷调查分析，

① 徐雯琦，吴莹洁，赵伟楠，陈敬玉 . 族群认同影响下的贵州畲族服饰发展变迁 . 服装学报，2020（6）：523.

就目前而言，凤凰衣主要流行于六堡村，只在重大节庆日及民俗活动中穿着。

通过整理发现，凤凰衣主要是在花袖衣样式的基础上发展而来的，所以在服装样式上相同，主要包括包头巾、花袖衣、腰带或拦腰、栏杆裤、单鼻绣花鞋。其中少女梳简单的独辫垂在脑后，青年装色彩艳丽（图 2-51），老年装整体色彩沉稳，仅在服装边口采用撞色花边装饰（图 2-52），青年及老年女性都使用绑头带缠绕额头处，与东家衣样式相同，此处不再进行描述。在田野调查期间，项目组拜访了贵州畲族凤凰衣制作技艺的非遗传承人王正元老人，通过她收集了较详细的相关资料，包括实物资料、访谈资料等等。整理分析后，项目组对贵州畲族的凤凰衣有了一个较为全面整体的印象，也认识到一点：贵州畲族凤凰衣虽然与浙闽地区的畲族凤凰衣同族、同名，但在服饰形制、装饰特征、整体形象等各个方面均存在较大差异。

图 2-51 青年凤凰衣

（图片来源：贵州省非物质文化遗产保护中心）

图 2-52 老年凤凰衣

（图片来源：贵州省非物质文化遗产保护中心）

3）样式特征

不同年龄的人穿着的凤凰衣上衣色彩不一样，少女装是绿色（图 2-53），青年装为蓝色（图 2-54），款式上与传统样式的花袖衣基本一样，袖口也同样有着华丽的装饰，除了蜡染段和刺绣段，还增加了一段刺绣段以增强“多”的视觉效果。领襟处的装饰也有刺绣图案，有时还会装饰有红色嵌条。比之花袖衣，凤凰衣更加显得华丽和艳丽。上衣搭配蓝色或红色腰带，两端接绣有蝴蝶图案的红色宝剑头，中间贴有近 1 米长的刺绣带，上绣有花朵枝叶。凤凰衣的下装是传统的栏杆裤，年龄不同用色不同，年轻女子喜穿大红色栏杆裤，老年则一般使用与上衣同色面料，裤子的脚口处有条状装饰。搭配的单鼻鞋色彩主要有黑色和红色两种，上面的绣花以五色线绣蝴蝶或是蝴蝶与凤凰、花枝的组合图案，色彩丰富，图案鲜艳。

图 2-53　麻江县六堡村凤凰衣少女装

图 2-54　麻江县六堡村凤凰衣青年装

在款式上，凤凰衣更加具有包容性，既有如同花袖衣一样的斜襟，也有着东家衣一样的大襟。在服饰色彩上更是丰富多彩。实际情况要比所描述的更加丰富，主要是在少女装的色彩应用上更加无拘束，可以是青葱般的绿色，也可以是浅浅的湖蓝色。除此之外，青年装和老年装仍是以不同纯度的蓝色为主。在线条造型上，凤凰衣在腰部进行了少量的收腰设计，更加讲究曲线美。因为贵州畲族人生活水平的提高，加上如今已无人自制土布，所以服装面料以细棉布为主。

与传统样式的花袖衣一样，凤凰衣的袖口同样有着华丽的装饰，不仅在袖口处，领襟处也会装饰整圈的刺绣长条，或窄或宽，或一条或两条，总而言之更加艳丽多姿（图 2-55）。袖口饰以多条彩色绣片，层次叠加，五彩缤纷。如今蜡染技术在贵州畲族凤凰衣中几乎已不再使用，而是以带有黑白图案的织带或花边替代原有的蜡染装饰，与花袖衣的蜡染段相比，虽然在视觉效果上有一定相似性，但失去了蜡染所具备的手工感和乡土韵味，因而略带现代气息。此外，由于织带图案机器生产的工业特性，其图案失去了个性化表达，采用织带成品图案，特色性和鲜活性有所下降。从上述介绍可见，凤凰衣与花袖衣在款式上无甚区别，只是凤凰衣色彩更加丰富鲜艳，装饰也更加密集繁复。

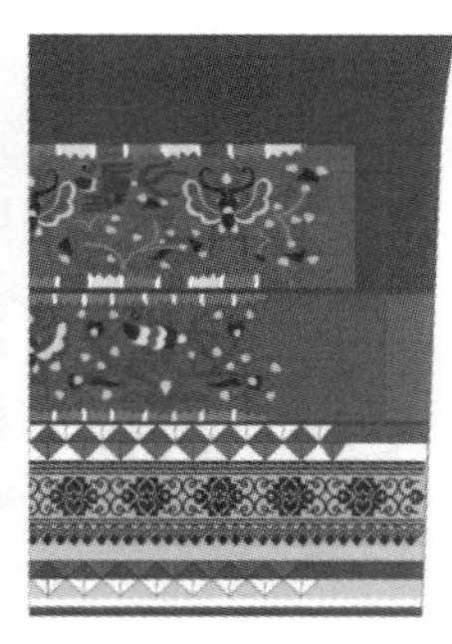

图 2-55　凤凰衣青年装平面效果图及袖口细节

同花袖衣一样，凤凰衣上衣也会搭配腰带，不同颜色的凤凰衣搭配不同色彩的腰带，靛青色老年装（图 2-56）搭配蓝色长腰带（图 2-57），绿色少年装和蓝色青年装搭配红色腰带。图 2-57 的腰带两端接绣有蝴蝶图案的红色宝剑头，中间贴有近 1 米长的刺绣带，上绣有花朵枝叶。除了腰带，凤凰衣还会搭配使用“凸”字形拦腰（图 2-58），与东家衣样式中的挂脖式拦腰款式基本一样，此处不再重复叙述。不同之处在于凤凰衣对织带的应用更加频繁，在拦腰的周围也装饰上了织带。对于装饰织带的纹样较多采用花朵与蝴蝶的组合纹样。

图 2-56　凤凰衣老年装
（图片来源：网络）

图 2-57　凤凰衣老年装腰带效果图

图 2-58　“凸”字形拦腰
（图片来源：网络）

凤凰衣样式的下装采用的仍是畲族传统的栏杆裤。图 2-59 所示应为少女或青年女子栏杆裤，主体为大红色，裤脚的栏杆装饰宽约 13 厘米，由两道花织带或绣花布组成，绣花布上绣着枝叶果实的纹样。

图 2-59　凤凰衣栏杆裤实物及效果图

凤凰衣搭配的单鼻绣花鞋一般采用黑、红或蓝色作为鞋面的底布，在上面以满地花的形式绣以彩色图案，图案题材以龙凤、牡丹等动物、花卉为主。配色艳丽、构图饱满。鞋子的造型以船形为主，有的有横襻带扣加以固定（图 2-60）。

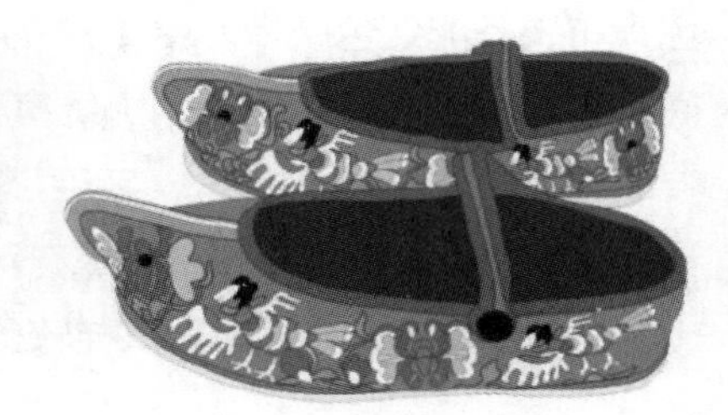

图 2-60　麻江县六堡村单鼻绣花鞋实物及效果图

综上所述，在新生的凤凰衣上可以看见很多传统样式花袖衣的影子，两者上衣的基本款式高度相似，但是在色彩上凤凰衣比花袖衣更加丰富，与传统的蓝色底色相比，其服装底色更加鲜艳花哨，装饰也更加艳丽繁复。

4）凤凰衣样式体现出的双重身份认同

凤凰衣样式是基于传统样式花袖衣发展而来的，同样的右衽斜襟，袖口层层叠叠的装饰，以及搭配具有特色的栏杆裤和单鼻绣花鞋。凤凰衣的出现就如贵州畲族服饰发展中的一个"返祖"现象，出现这种现象与贵州畲族人双重身份认同中对东家人这一原生身份的认同是有着必然的相关性的。在图案的应用上，凤凰衣样式大多采用回头凤凰的纹样（图 2-61），表达出了对祖先的怀念与崇敬。另外蝴蝶图案也是必不可少的元素，遍布整套服饰。在继消极族群认同影响下隐藏族群标志后，贵州畲族可以再一次毫不避讳地在自己的族群服饰上表达族群文化、信仰、精神与情感。不仅如此，在包容性更大的双重身份认同的影响下，凤凰衣样式相比传统样式在服饰色彩的使用和搭配上更加丰富，袖口的装饰不仅繁多也更加艳丽，这些无不是贵州畲族双重身份认同中原生身份认同复苏在服饰上的体现。

图 2-61　凤凰衣袖口回头凤凰纹样效果图

贵州畲族的双重身份认同中对新身份畲族的认同在凤凰衣样式上主要体现为族群服饰名称改变和凤凰图案的应用。在有关贵州畲族族群服饰的历史记载中有花袖衣、东家衣这样的名称，却没有凤凰衣这样的名称。凤凰衣这一名称出现在1996年民族身份认定之后，即东家人被确认为畲族大家庭的一员之后。后有人发现，在他们传统的族群服饰上有类似凤凰的图案纹样，反映族群传说中有关凤凰的传说，与浙闽地区的凤凰衣相呼应。因此为了更进一步拉近与浙闽地区畲族的联系，贵州畲族将本族群服饰直接称为"凤凰衣"。这不仅只是称呼上的改变，而是有更深层次的族群认同层面的意义，意味着贵州畲族开始以凤凰意象作为本族群服饰的内涵解读：头饰为凤凰头，袖口层层的装饰为凤凰多彩的羽毛，腰后垂下的腰带是凤凰的尾巴……整体像一只亭亭玉立的凤凰。[①] 相较于花袖衣样式，凤凰衣样式上凤凰图案的应用可谓达到了极致，不仅在袖口和领口上以组合纹样的形式循环出现，在独具特色的单鼻绣花鞋上也同样绣着展翅的凤凰。

4. 江西样式

江西也是畲族人口比较集中的省份。根据文献记载，早在7世纪初畲族人民就已经在这片土地上繁衍生息，他们最早居住在赣南一带，后分布至赣东北的铅山、贵溪等地。江西畲族的传统服饰颜色多为青色或蓝色，清代以来的服饰相对较为多样化，部分装饰五色花纹并带有原始图腾崇拜意味。项目组从日常服饰与礼仪服饰两个方面对文献记载中的江西畲族历史服饰样式特征进行了梳理。

从服饰外观来看，除了浙江、福建和贵州的畲族服饰比较具有代表特征外，

① 曾祥慧．贵州畲族"凤凰衣"的文化考察．原生态民族文化学刊，2012（4）：97.

其他地区的畲族服饰大多在这几种样式的基础上发展，甚至有些地区的乡镇文化馆现在直接从浙江景宁、福建罗源等地购入新制作的畲族服饰作为民族服饰进行陈列。田野调查中，项目组在江西畲族聚居区所见大多为新畲服，偶有个别祭祀用服饰较为古老。江西畲族男子穿无领青布短衫，无腰直筒裤；女子服装一般以自织的夏布为面料，袖口和门襟处镶黑色花边。明末清初，发饰改梳高头，盘髻于顶，以尺许绣边蓝色巾覆之。《贵溪县志》记载："女子既嫁必冠笄，其笄以青色布为之，大如掌，用麦秆数十，茎著其中，而彩线绣花鸟于顶，又结蚌珠缀四檐。"[①] 据记载，畲族男子服饰开襟处和袖口镶有白色边条，钉缝"毛楂结"的工艺，女子袖口与右襟多装饰花边，内衣多为月白色、蓝色，男女均下穿无腰偏裆裤。[②]

自清代以来，服饰开始由单一的青、蓝色麻布衫朝着多样化方向发展。《江西文史资料选辑（第七辑）》中的《江西畲族略史》记载了江西畲族男子日常服饰为大襟无领青布短衫，无腰直筒裤，袖口、裤管宽大，不巾不帽；女子穿家织青蓝色麻布衣服，袖口右襟多花边。[③] 有些地区女子不分季节都穿短裤短裙，裹绑腿。头发在脑后梳成螺式，已婚妇女后脑发间装有长约 6 厘米的螺垂形竹筒，少女扎红色绒线独辫。劳动时，男女腰间都围独幅青蓝色腰裙，打赤脚或穿草鞋。[④]《畲族服饰文化变迁及传承》中提到，雷相金先生自述儿时见过传统畲族服饰，20 岁时下地干活也是着长及小腿的拦腰。这种拦腰用料 1 米，完全没有边角料剩余，利用率可达到 100%。[⑤]

畲族传统盛装较日常服装颜色鲜艳，不同地区的畲族盛装样式不尽相同。男子服装主要在襟边、袖口缀花边装饰，女子穿绣花衫裙，以各种各样的花鸟纹、万字纹、云头纹为图案装点，图案多用彩绣且色泽艳丽，并喜插银制或白铜头钗。[⑥] 婚服为畲族最主要的礼仪服饰，新郎婚服为红顶黑缎官帽，青色长衫，襟和胸前有一方绣花龙纹，黑色布靴；新娘着五色衣裙、绣花鞋，冠以华美头饰。文献记载中的江西畲族传统服饰的特征可整理为表 2-4。

---

① 杨长杰 . 贵溪县志（卷十四），清同治十年刊本。
② 陈国华 . 江西畲族百年实录 . 南昌：江西人民出版社，2011：273.
③ 中国人民政治协商会议江西省委员会文史资料研究委员会 . 江西文史资料选辑（第七辑）. 南昌：江西人民出版社，1988：97.
④ 周沐照 . 江西畲族略史 // 施联朱 . 畲族研究论文集 . 北京：民族出版社，1987：281.
⑤ 闫晶，陈良雨 . 畲族服饰文化变迁及传承 . 北京：中国纺织出版社，2017：105-106.
⑥ 陈国华 . 江西畲族百年实录 . 南昌：江西人民出版社，2011：273.

表 2-4 江西畲族传统服饰特征

材质	色彩	款式	头饰	足饰
麻布	青、蓝	男：无领对襟上衣，无腰偏裆裤 女：斜襟立领花边上衣，月白色或蓝色内衣，无腰偏裆裤	男：平时不着巾帽，新郎戴红顶黑缎官帽 女：少女扎红绒独辫，妇女梳螺式头，饰竹筒。新娘戴冠插簪，冠顶彩绣花鸟，四周装饰蚌珠	平时赤脚或穿草鞋，婚礼时新郎着黑色布靴，新娘穿绣花鞋

项目组对江西畲民分布较多的铅山、贵溪、乐安、资溪、永丰五地展开了调查，对调查过程中所收集的日常服饰和礼仪服饰进行分析，进而总结出畲族传统服饰的收藏情况、保护方式、形制特征和工艺特征。经调查得知，20 世纪 50 年代以来，铅山县太源畲族乡畲民的服饰、建筑等方面已与汉族基本相同，民族传统服饰在经济、文化大融合的过程中逐渐消亡，当地畲族传统服饰存在原始遗存匮乏、传统工艺濒危失传的困境。田野调查所见，当地多为现代新制的表演服饰，其中只有少数服饰的样式符合文献记载，而大量新制服饰中加入了一些新颖的图腾纹样和装饰元素。表 2-5 为根据实地调查统计得出的江西畲族服饰的收藏情况，从数量来看，这些服饰以政府机构收藏为主，民间收藏的数量极少。

表 2-5 调查到的江西畲族服饰收藏情况

畲族乡	政府机构收藏数量 / 件	畲民收藏数量 / 件
铅山县太源畲族乡	12	0
铅山县篁碧畲族乡	14	1
贵溪市樟坪畲族乡	20	3
乐安县金竹畲族乡	26	0
资溪县新月畲族村	9	2
永丰县龙冈畲族乡	11	0

总体来说，江西畲族服饰平日装束较为朴素，男女婚礼服饰较为精美华丽。从收集到的服饰资料来看，江西畲族的婚礼服饰在不断的改进与发展中，其形制出现了新旧元素杂糅的现象，与文献记载中的形制区别越来越大。图 2-62 为项目组从资溪县新月畲族村拍摄到的婚礼服饰。在形制结构上，上衣由右衽大襟转变为后开口式，衣袖连裁结构转变为装袖结构，云肩元素与衣服连接在了一起；裙子原来的缠绕式结构被现代的桶状结构所取代，拦腰则直接缝制在裙子上。在

服装材质上，原来的自织手工苎麻布被现代的绸缎、纱制面料所代替。在服装工艺上，现代机绣工艺和机织提花带工艺逐渐取代了传统手工刺绣。

图 2-62　江西畲族婚礼服饰

祭祀服饰在畲族服饰文化中具有非常重要的作用，它是畲族服饰与祭祀文化的结合。根据田野调查，资溪县新月畲族村收藏的祭祀服饰保存得较为完好。图 2-63 展示了该村一件圆领、宽衣、博袖的金丝龙纹袍及平面款式图，领口处系带，面料为绸缎类，颇具代表性。服装前、后片和袖子上的龙纹图案刺绣为该款式的独特之处。该祭祀服工艺手法精致，图案生动形象。

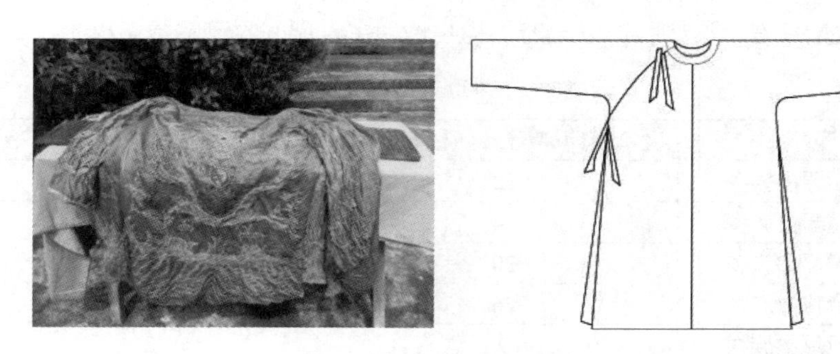

图 2-63　金丝龙纹袍及平面款式图

三、工艺探微

绚丽多彩的畲族传统服饰是建立在精湛的服饰制作工艺基础上的。这些畲族服饰的传统制作工艺以手工操作为主，近现代以来缝纫机替代了手工缝制，机器绣花替代了传统的手工绣花，并以花边半成品作为重要的装饰手段，进行花边衫的花边装饰。在传统服饰的创作过程中，制作工艺是至关重要的环节，它凝聚了畲族人民的勤劳和智慧。其中最具代表性的是捆只颜镶绲工艺、平面裁剪结构，以及缝制工艺和各类彩绣装饰工艺。历经千年的民族迁徙和族群发展，通过与周边民族的相互交流和学习，畲族服饰最终形成了现在独具特色的工艺。

1. 捆只颜与花边衫

畲族服饰经过千年历史沉淀和迁徙融合演化，形成了独特的形制特征和装饰风貌，其中以花边衫为代表的女装是畲族民族形象的典型代表。畲族以凤凰装称呼自己民族的传统服饰，带有一定的女性始祖崇拜情节。[①] 凤凰装承载了畲族人民对祖先的纪念和追思，不同地区的凤凰装样式略有不同，但有一个共同之处即以青蓝色为底色，搭配五彩斑斓的花边作为装饰，因而这种衣服也被称为“花边衫”。唐代诗人刘禹锡《蛮子歌》“蛮语钩辀音，蛮衣斑斓布”[②] 描绘的正是畲族花边衫的绚丽多彩。这种花边衫的五彩边缘装饰工艺是构成凤凰装的核心装饰元素。花边衫中最有代表性的装饰制作手法为镶嵌和镶绲工艺，其中尤以盛行于福建罗源县的捆只颜工艺最具民族代表性，也是形成花边衫的“花边”的重要手法。

我国传统缝制与装饰工艺以刺绣、盘结、镶、嵌、补、绘为典型。[③] 镶是我国传统服饰工艺中运用频率较高的一种工艺手法，分为条镶和块镶两种。条镶，即用条状的装饰物作为镶边材料来装饰衣物的一种装饰工艺方法。条镶按照装饰材料的种类可分为布条镶和花边条镶；按照装饰布条的多少又可分为单条镶和多条镶。块镶，主要是指用长方形、方形、圆形、三角形、多边形的镶饰物来进行镶饰的工艺手段。[④] 镶绲和镶拼工艺分属条镶和块镶，在畲族服装中较为常见。镶拼的面积较大一些，以带状形式出现，镶绲以线性方式出现，面积小但起到勾勒的视觉作用，主要运用在大襟、领口线及领座等部位，镶拼与镶绲常以结合的方式出现。图 2-64 为镶拼和镶绲工艺结合在畲族传统服饰花边衫大襟处的应用。镶拼工艺可以依据载体形状的变化而变化，从而形成不同的形态效果，其在畲族传统服饰中表现为上衣中门襟的形态（图 2-65）。

畲族传统服饰由于“衣尚青蓝”，故在采用镶拼和镶绲工艺的时候，对色彩的选取一般选用与服装青蓝色主料明度形成对比的色彩，起到装饰美化的作用。镶拼工艺在畲族传统服饰中的运用主要体现在领口、袖口以及门襟等部位，所体现出的工艺要素特征主要有包边工艺和暗缲工艺等手法。镶拼工艺运用于畲族

---

① 吴剑梅 . 论畲族女性崇拜与女性服饰 . 装饰，2007（5）：84-85.

② 刘禹锡 . 刘禹锡诗集 . 上海：上海人民出版社，1975：239.

③ 马淑燕，酆蔚 . 在高级定制中传承民族服饰工艺 . 设计，2015（3）：88-89.

④ 周莹 . 中国少数民族服饰手工艺 . 北京：中国纺织出版社，2014：179.

传统女上衣大襟中的工艺手法为：先将裁好的镶边 1 与门襟对齐，沿门襟边缘固定，再将镶边止口扣光与衣片缝合；再将裁剪好的布条 2、3、4 分别缝合于镶边周围；最后进行门襟止口包边，将准备好的包边条 5 缝合于门襟止口处。

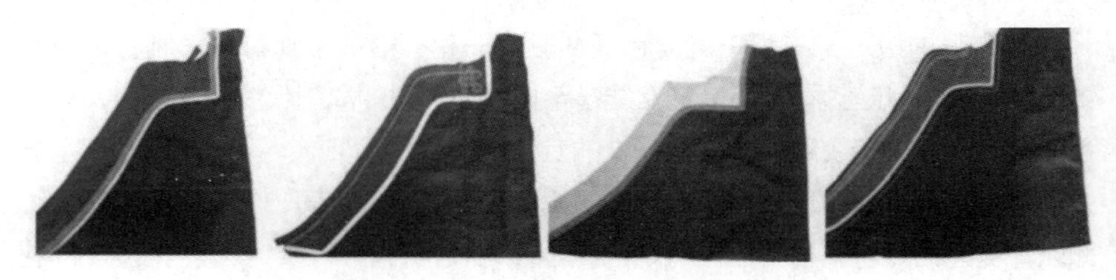

图 2-64 镶拼（绲）工艺在花边衫大襟处的应用

（项目组制作）

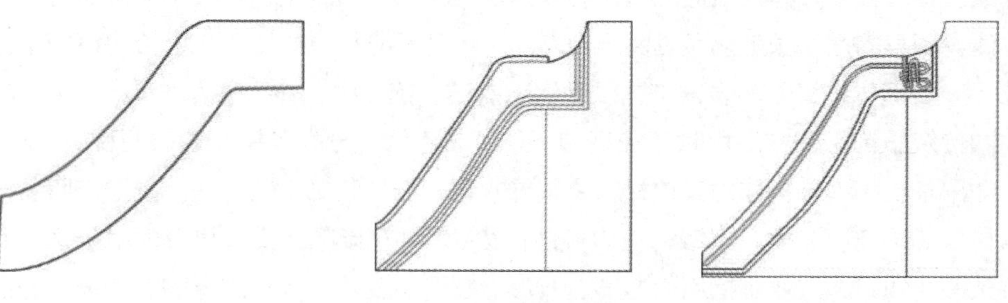

图 2-65 门襟形态元素

捆只颜正是基于镶嵌技术的一种民族服饰工艺，是镶绲工艺的一种特殊表现，以撞色（主要是红白）相间的布条层层堆砌，辅以花边镶嵌和刺绣装饰（图 2-66），形成精巧华丽的视觉效果。其工艺原理虽极简，装饰性却极强，使得整套服装绚丽夺目。结合捆只颜工艺的条状装饰特征推断，该工艺属于镶绲工艺中的多条镶，是镶绲工艺中的一种特殊类型，主要运用于畲族传统花边衫的领口、大襟、袖口、拦腰裙面等部位，起到装饰和加固的作用。该工艺虽然手法比较简单，但对制作者工艺水平要求较高，每条嵌条的宽窄须保持一致。该工艺精美且具有强烈的视觉冲击力，搭配层层花边和刺绣工艺可以更加凸显出该工艺的层叠性，因此运用在畲族传统服饰当中除了起到加固定型的作用之外，还具有一定的装饰作用。

图 2-66　捆只颜在畲族服饰中的运用

作为畲族特有的用于装饰服装边缘的工艺，捆只颜将红白或蓝白撞色嵌条等距离层层排列，与花边、刺绣等元素搭配，车缝在服装边缘以及止口的装饰上。捆只颜的结构主要包括底布、嵌条、止口、拼缝四个部分（图 2-67）。底布是指衣片，对嵌条起到支撑的作用。嵌条是捆只颜的核心元素，主要由红白两色斜丝面料裁剪而成，将其对折后形成捆只颜的止口，它的走向决定着捆只颜的形态。拼缝的位置由嵌条的宽度决定，嵌条越宽，拼缝间距越大，嵌条越窄，拼缝间距越小。在畲族传统服饰中，拼缝主要是指嵌条与嵌条之间的拼缝、嵌条与花边之间的拼缝、嵌条与图案之间的拼缝。

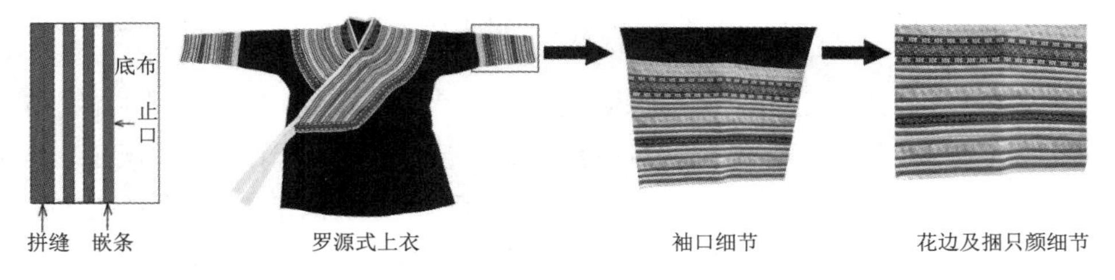

图 2-67　捆只颜结构图与实物图

捆只颜工艺的特征主要体现在结构的层叠性、形态的可塑性和色彩的视觉冲击性方面。

结构的层叠性是指将捆只颜中的嵌条按照一定的宽度相互叠加车缝在一起。层叠性主要体现在两个方面：第一是自身的层叠特性，单一的嵌条相互重叠，多条嵌条搭配形成了带状装饰，这种撞色嵌条层叠重复，形成了一定的秩序感和韵律感，凭借简单淳朴的工艺极大地丰富了服装的视觉效果，极具装饰意味；第二是多组捆只颜搭配后，在服装上可以形成层叠性的装饰效果，如图 2-67 中的畲族传统女子上衣，在领子、门襟以及袖口部位都采用了这种装饰手法，运用多组捆只颜搭配绚丽的花边，增加了门襟以及袖口等部位花样的丰富程度。

捆只颜在形态方面的可塑性主要体现在嵌条形态变化和拼缝的不确定性上。嵌条可以因载体造型的不同而形成不同的形态，比如以荷叶边为载体，在荷叶边上装饰捆只颜，其形态则随着不规则的荷叶边而改变，可以产生律动感。拼缝的种类较多，总体来讲可以分为两种：一种是直线结构的拼缝，另一种是曲线结构的拼缝。与直线结构的拼缝拼合在一起之后，捆只颜没有明显的变化；与曲线结构的拼缝拼合在一起之后，捆只颜的形态会随着拼缝的形状而变化。与传统镶绲工艺一样，捆只颜工艺也需要裁嵌条、烫嵌条、装嵌条几个步骤，其特殊之处在于嵌条的数量叠加及花边组合。从工艺结构来看，虽然结构简单，但每层的宽度都要保持一致，对工艺要求较高。捆只颜的制作过程如图 2-68 所示，装嵌条时应注意把握好嵌条的宽度，装好之后宽度要一致。

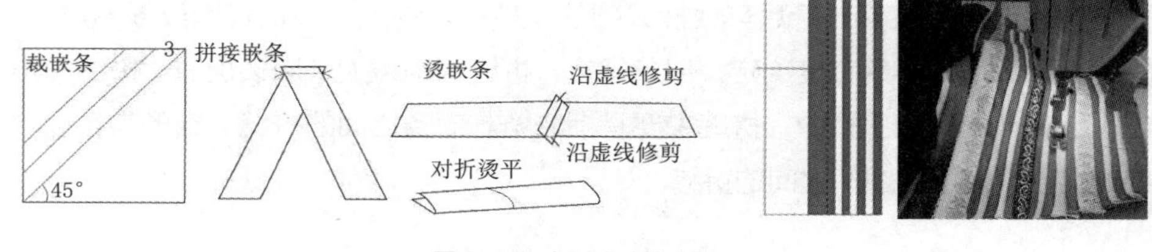

图 2-68　捆只颜制作过程

在畲族花边衫中，捆只颜主要运用于领口、大襟、袖口、拦腰等需要加固和装饰的部位，主要体现为重复性、撞色对比和节奏韵律感三个特征。单从捆只颜工艺的角度来看，该工艺原理简单，只有两种颜色的嵌条相互叠加，核心工艺就是镶绲。但是除了单独运用加固边缘外，捆只颜还通过和不同的花边、刺绣工艺相互搭配，多层重复叠加，最终形成繁复华丽的视觉效果。

捆只颜的色彩具有一定的固定搭配特性，即青年妇女使用红白两色进行搭配，老年妇女选用蓝白搭配。不论红白还是蓝白搭配，均能形成鲜明的对比并产生强烈的视觉冲击。捆只颜按组排列，间隔花边或者刺绣装饰带，每组捆只颜有七条左右，有序排列运用于服装的领口、袖口和大襟等各个部位，每组间隔一定数量的花边形成秩序感，在一些块面较大的装饰部位如胸襟处，这种整体节奏感和韵律感更鲜明。

作为畲族传统花边衫中的典型工艺，捆只颜工艺同时具备了审美、加固、塑形三个方面的作用。该工艺以红白或蓝白撞色搭配，给人强烈的视觉冲击；搭配畲族传统花边和刺绣工艺，更加具备层次感，丰富视觉效果。用于易磨损的服饰边缘部位，兼具美观和实用的功能。畲族族群历史上历经迁徙，以山地耕猎为生，因此生活条件比较艰苦。畲民经常外出劳作，对服装的牢固度要求比较高，而服装的领口、袖口等部位容易破损，捆只颜层层叠加之后会产生一定的厚度，可以提高服装的耐磨性，起到加固的作用。除此之外，由于畲族传统服饰采用传统十字裁剪结构，属于平面裁剪，无更多的结构线塑形，借助捆只颜工艺的厚度可以对服装的外轮廓起到定型的作用。整套服装穿着于人体之上显得更加挺括，与没有装饰捆只颜的服装形成鲜明的对比（图 2-69）。

图 2-69　畲族传统服装着装对比（左图未加捆只颜，右图加了捆只颜）

（模特：巩玉倩）

通过前文分析可知，各地花边衫虽然在款式上有很多细节变化，但它们有一个共同点：都运用了镶绲工艺提升了服装的立体度，同时增加了服装的细节。各地花边衫在运用镶绲工艺的同时对镶嵌工艺进行了细节上的变化，如：增加嵌条数量，改变嵌条宽度，提高嵌条立体度，与刺绣搭配，与花边搭配，与布条搭配。其中，景宁式花边衫在传统镶绲工艺的基础上增加了花边装饰，用花边代替了部分嵌条。罗源式花边衫选取了镶绲工艺中的条镶方式进行了创新，以红白二色嵌条进行叠加，分组穿插搭配不同类型的花边体现服装的层次感。福安式花边衫同样选取了镶绲工艺重点的条镶方式，以极细的镶边装饰于大襟处，同时搭配刺绣和三角形红色拼布作为装饰。霞浦式花边衫同样运用了镶绲工艺中的条镶方式，搭配不同类型的图案的刺绣。福鼎式花边衫的镶绲方式与捆只颜工艺非常相似，即花边衫在运用条镶方式的同时在不同颜色的嵌条下面分别搭配一条白色嵌条，再与不同类型图案的刺绣搭配。麻江大襟右衽式花边衫在大襟的位置运用了传统镶绲工艺，在袖子的接袖处采用了不同的花边进行装饰。由此可见，各地花边衫都体现了镶绲工艺的延伸。

由于捆只颜工艺是镶绲工艺中的一种特殊类型，而花边衫都运用到了镶绲工艺，因此，捆只颜工艺间接地体现在了各地花边衫当中。通过对前文所述各地畲族花边衫的装饰工艺手法与捆只颜工艺的对比分析可知：福鼎式花边衫的镶绲方式与捆只颜工艺相似度最高，采用的都是条镶的方式，而且都采用了一条彩色嵌条间隔一条白色嵌条的方式，不同之处在于嵌条的颜色；景宁式花边衫则精简了嵌条的数量，以花边替代；福安式花边衫在捆只颜嵌条宽度的基础上将嵌条的宽度变窄了；霞浦式花边衫和麻江右衽大襟式花边衫都减少了嵌条的数量。在现代服装设计中捆只颜工艺同样可以通过增加或减少嵌条的数量、改变嵌条的宽度、增强嵌条的立体度、改变嵌条的材质进行运用。

综上所述，捆只颜记载了各地花边衫的演变，见证了畲族传统服饰的发展，丰富了畲族传统服饰的文化内涵。[①] 结合畲族的族群发展历史来看，捆只颜工艺和各地花边衫之间的关系从侧面体现和印证了畲族的迁徙历史。从工艺制作的角度来看，各地花边衫的装饰方式都是捆只颜工艺的延伸，通过改变镶嵌方式形成了各地区不同类型的花边衫。因此，作为各地花边衫之间的“纽带”，捆只颜有较高的服饰文化价值，改变其造型、宽窄、材质、运用方式，可赋予它较高的创新应用价值。

畲族男子在民俗活动中的服装也采用镶边装饰，为对襟镶边短衫。项目组在江西省铅山县太源畲族乡拍摄到的男子传统服装（图 2-70）在形制及色彩上与史料记载中的服装样式基本相同。其样式为立领对襟衫，材质为藏青色棉布。门襟处的镶边宽 4—5 厘米，自左片开始绕过后领窝至右片，在镶边旁边采用传统花色哔叽面料进行装饰，宽度为 1 厘米。袖口装饰 2 厘米宽的浅色镶边和两条宽的花边。领子上口装饰 1—2 厘米宽的浅色镶边，镶边以下是两条 1 厘米宽的花边。门襟及领口处采用传统盘扣，下摆开衩。通袖长为 152 厘米，衣长为 68 厘米，袖口宽为 17 厘米，横开领宽 13 厘米。

---

① 吴剑梅．论畲族女性崇拜与女性服饰．装饰，2007（5）：85.

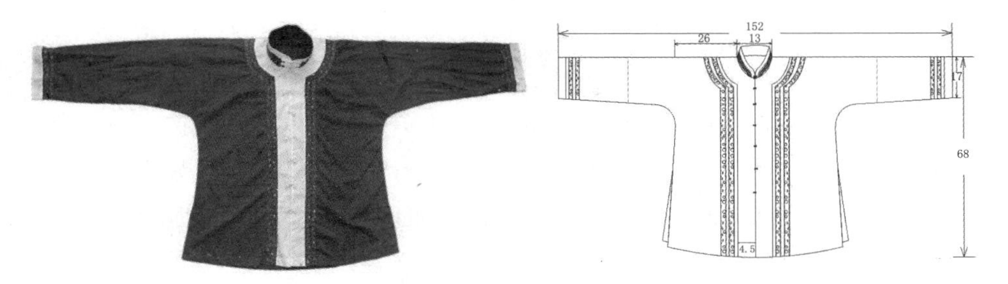

图 2-70　江西畲族男子上衣实物及平面款式图

江西畲族男子大多身着无领青布衫，并且服饰开襟和袖口处镶有白色边条。从历史文献资料来看，这种传统衣着的特色在于其镶拼多用于边缘部位，宽度较窄并且采用撞色的方式，这种镶拼装饰除了加固边缘还有重要的装饰作用。从调查收集到的服饰资料来看，江西畲族男子服饰的款式特点为领口、门襟止口和袖口等边缘处的撞色镶拼装饰，镶拼宽度较窄，约 2 厘米，色彩明度高，与衣身形成鲜明对比。图 2-71 为江西畲族男子上衣袖口工艺细节及工艺流程。

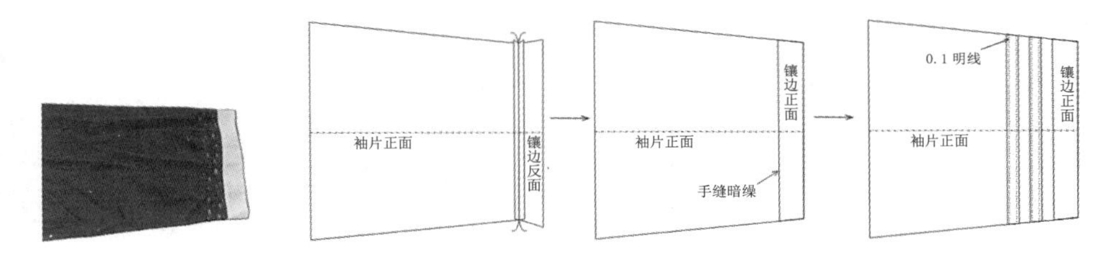

图 2-71　江西畲族男子上衣袖口工艺细节及工艺流程

2. 裁剪与结构

畲族传统服饰为平面十字裁剪结构，造型比较宽松。推断畲族采用这种简单的裁剪方式与其传统劳作的生活方式有关。传统平面裁剪没有多余的结构线，确定好前后衣长和袖长，然后将袖子和衣身的形状裁剪出来，这样的裁剪方式做出来的服饰比较宽松，更加适合田间劳作。

（1）畲族传统服饰结构对比分析

浙江花边衫的装饰主要集中在大襟处，其中最具代表性的花边衫当属景宁式花边衫。景宁畲族服饰仍然保留着衣尚青蓝的传统，以镶绲工艺为主，通过运用不同色彩的镶绲面料产生视觉上的冲击力。服饰结构为传统十字裁剪结构，由于传统织布方式对于幅宽的局限性，袖子无法以幅宽取长，因此产生了袖口处的接袖结构；前后衣长取布幅的长度方向，大襟单独裁剪，这种十字裁剪结构的优点是直接在布料上画出领圈，定出袖子和衣片的形状即可裁剪。如图 2-72 左上图所示的中国畲族博物馆藏景宁式花边衫实物，采用的就是这种十字裁剪结构：左前片前后领宽取 6.5 厘米，前领深 9 厘米，后领深 2.5 厘米，画出领口弧线，前后衣长等长，取 66 厘米，袖长（去除接袖部分 25 厘米）50 厘米，底摆宽 27 厘米，画出衣片的形状并裁剪；右前片的前衣长比左前片短 10 厘米，其他的裁剪方法相同；左前片大襟单独裁剪，服斗宽取 7 厘米，底摆宽 27 厘米。

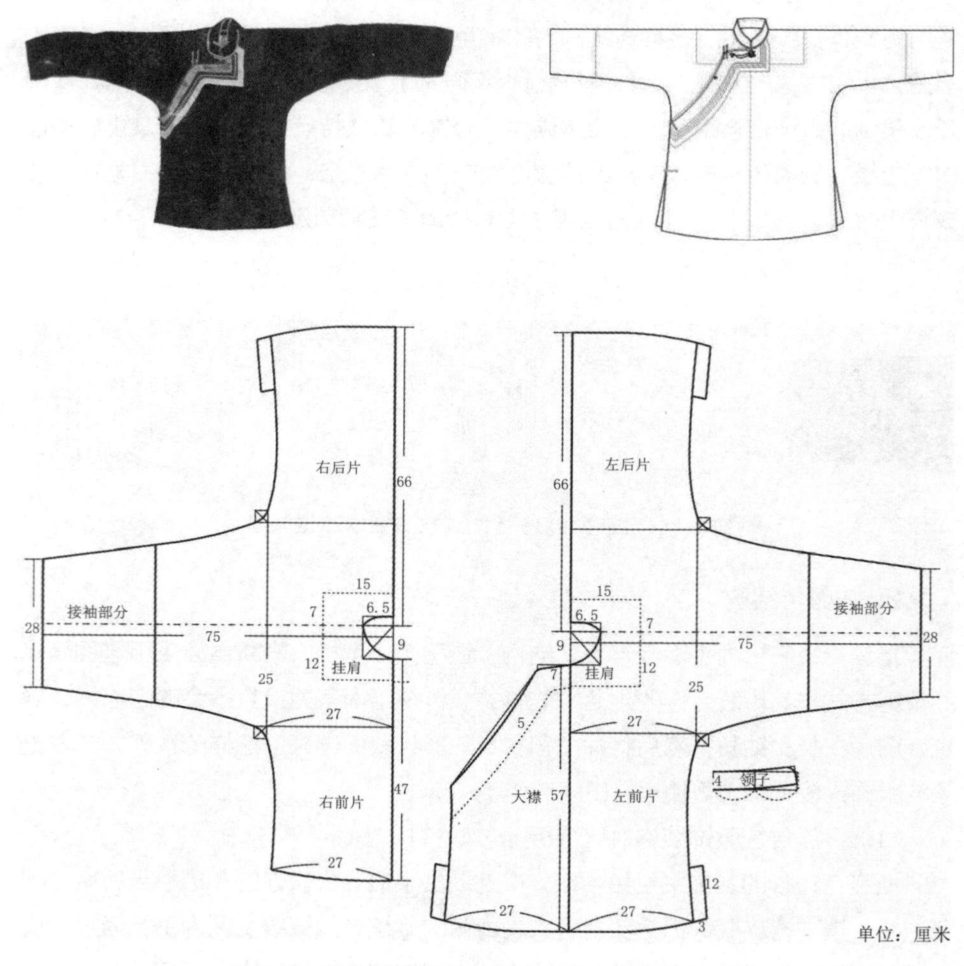

图 2-72　景宁式花边衫的实物图、平面款式图及裁剪图

福安式花边衫最显著的特色是其门襟处的极细绲边装饰和三角形红色镶拼装饰（图 2-73）。这种款式同样采用了传统十字裁剪结构，不同之处是服斗宽度比景宁式要宽，大襟的斜襟要短一些，其他结构与景宁式相同。

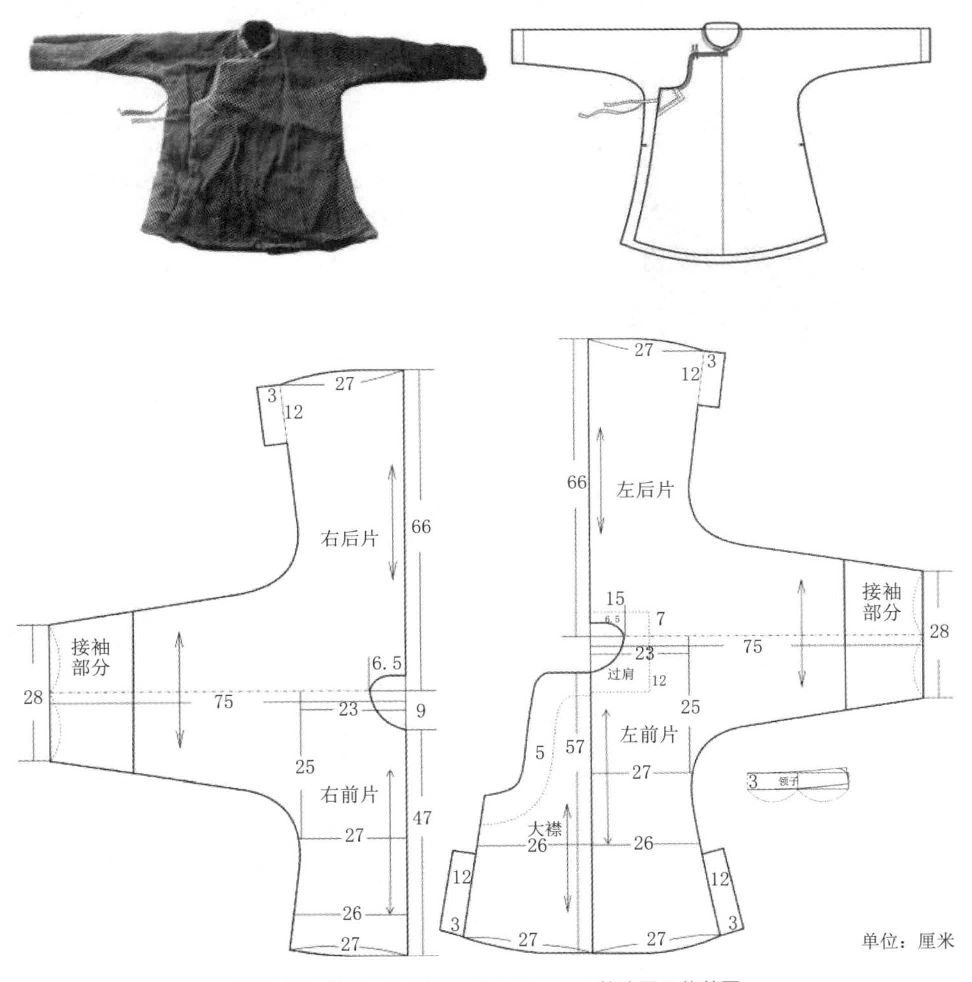

图 2-73 福安式花边衫的实物图、平面款式图及裁剪图

罗源式花边衫最显著的特征是大襟、肩部、袖口、领口以及拦腰裙面处的捆只颜装饰，间隔层层花边，整体效果绚丽多彩（图 2-74）。该款式同样采用了十字裁剪结构，但有一点值得注意的是领子的结构与其他款式不同：以前片为例，确定好领圈造型之后，在后领深处最低点向上量取 3 厘米作为领子的高度，确定

为点 A，后领宽处右侧点向右量取 3 厘米作为领子的宽度，确定为点 B，AB 两点连线之后再与前领深处最低点相连作为领上口弧线，然后从前领深处向下做领上口弧线的垂线，长度为 3 厘米，再与后领宽处边缘相连得到领下口弧线。用这种方法取出领片，并在领面上进行刺绣，然后将领片与衣身缝合，产生连裁领子的效果。其他结构与景宁式相同。

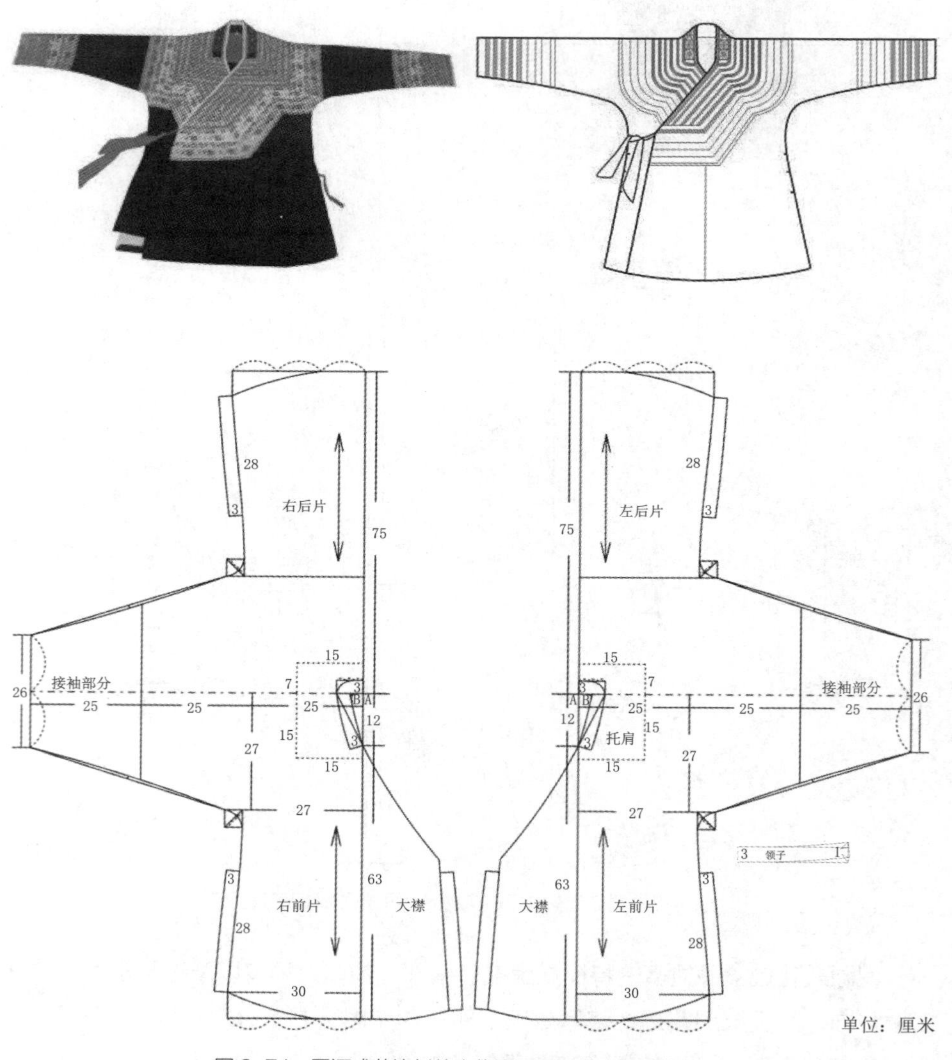

图 2-74　罗源式花边衫的实物图、平面款式图及裁剪图

霞浦式花边衫外形与福安式大致相似，不同之处在于大襟的造型和装饰，这也是其独具特色之处（图 2-75）。霞浦式在结构上也采用了十字裁剪结构，与其他款式的不同之处是大襟处的服斗不往上抬高，反而是沿着领口位置斜向下挖，直至腋下固定。其他结构与景宁式相同。

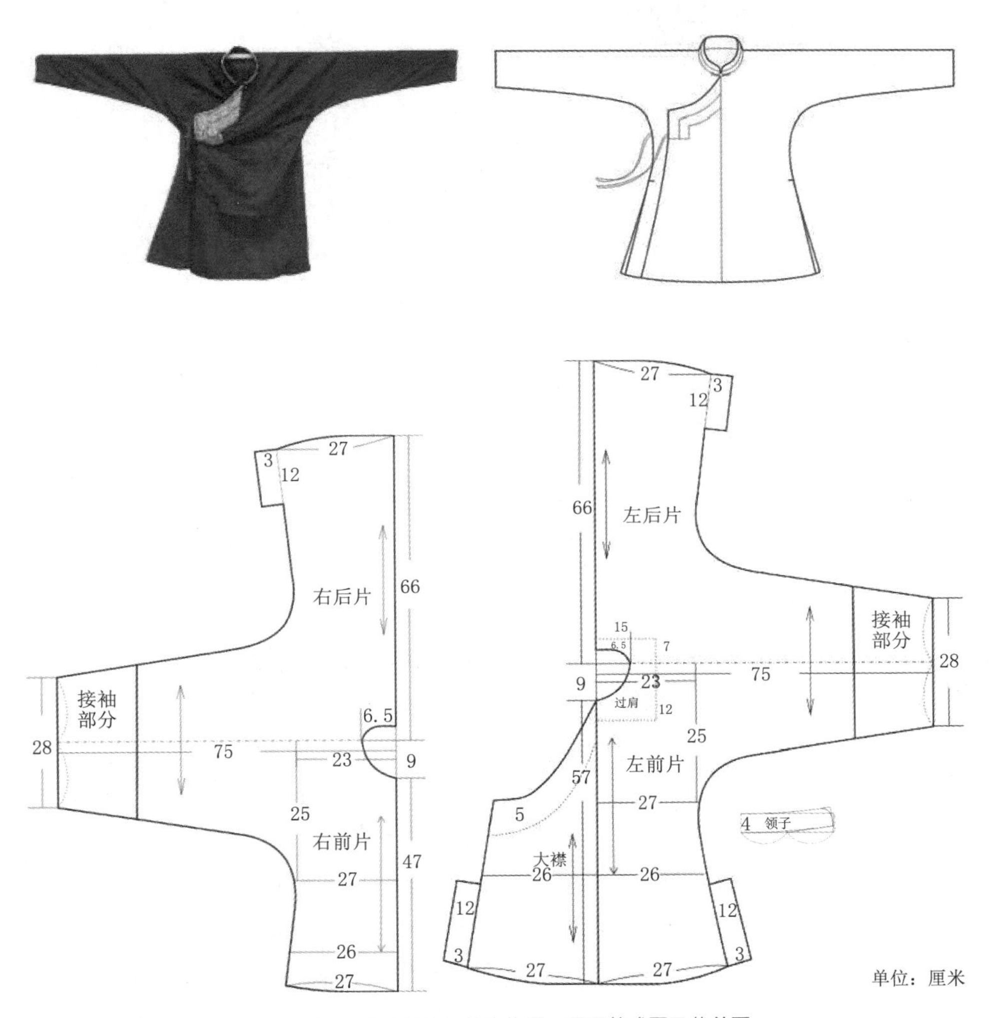

图 2-75　霞浦式花边衫的实物图、平面款式图及裁剪图

福鼎式花边衫最大的特征是其领口处的两颗红色（有的是红绿相间）的绒线球、领口和胸口处的装饰（图 2-76 第一图）。该款式大襟处用刺绣工艺进行装饰，其他结构基本与景宁式相同。

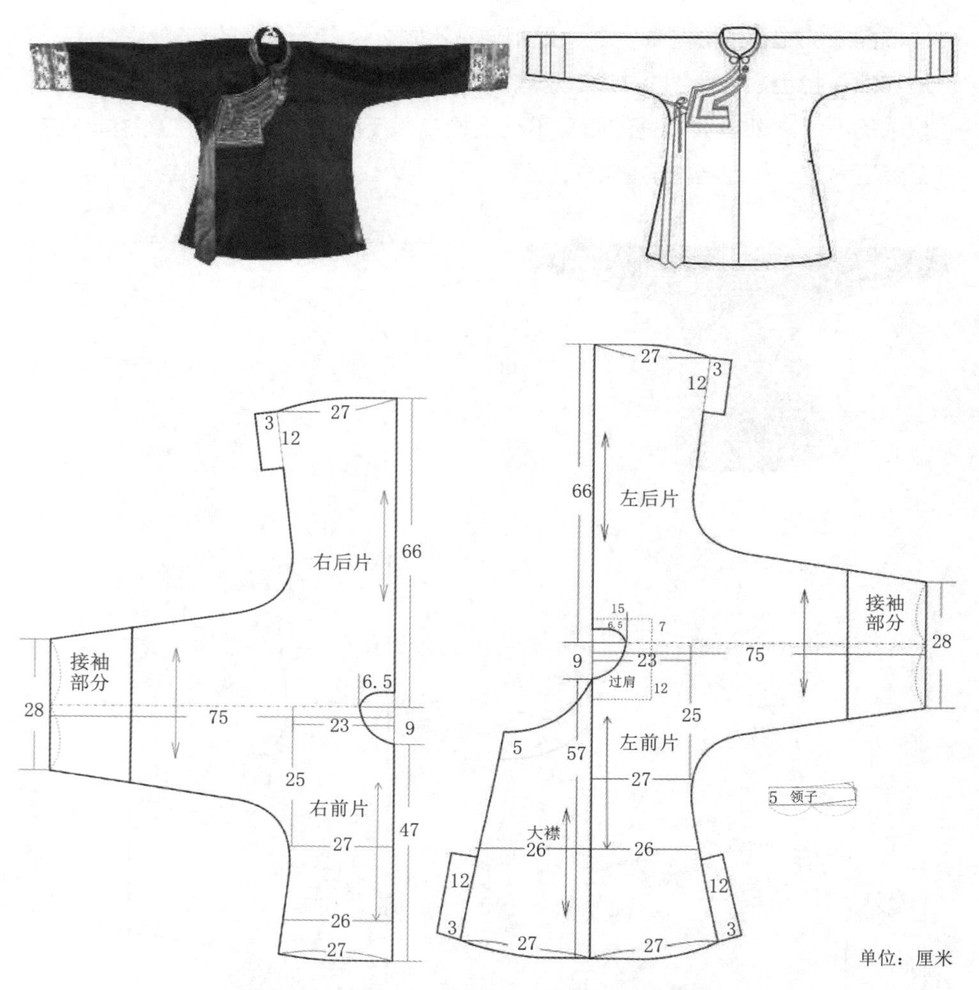

图 2-76　福鼎式花边衫实物图、平面款式图与剪裁图

贵州花边衫的结构与景宁式有较多相似之处，不同之处是服斗宽度略宽，大襟造型较平缓。大襟处用花边代替了纯色面料，工艺手法不变。服装的胸围、袖肥等尺寸比景宁式略大一些，整体较为宽松一些（如图 2-77 为贵州花边衫中较为典型的一款，即麻江式）。

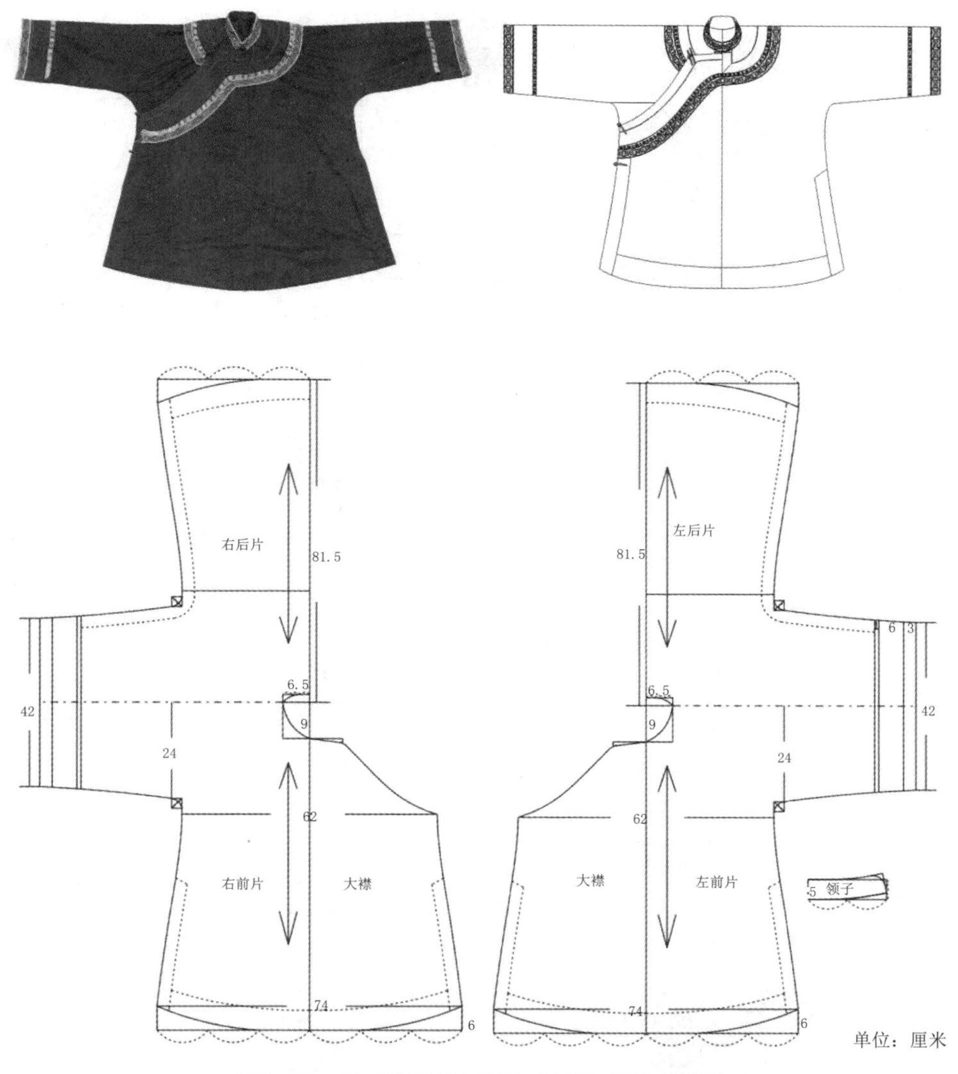

图 2-77　麻江式花边衫实物图、平面款式图与裁剪图

以上几种典型的畲族传统服饰都是平面十字裁剪结构，因地域和历史发展不同，发展成了不同的样式，除了色彩、装饰手法等方面的不同，在结构上也有细微的差别（表 2-6）。

表 2-6 畲族传统服饰结构对比分析

样式	实物图	大襟结构	领子结构	裁片数量
景宁式		厂字形右衽大襟结构，服斗宽度 7 厘米	传统立领结构，合体度较高，领子边缘和领圈处采用镶绲工艺进行装饰	左片1片、右片1片、大襟1片、接袖2片、领子 2 片
福安式		厂字形右衽大襟结构，在侧缝处以三角布拼接	传统立领结构，合体度较高，领面采用刺绣装饰	左片1片、右片1片、大襟1片、接袖2片、领子 2 片
罗源式		交领式大襟结构	领子不单独裁剪，直接在交领结构靠近颈部的位置挖出领子的造型，用黑色刺绣裁片替代	左片1片、右片1片、大襟2片、接袖2片、领子 2 片
霞浦式		右衽大襟（斜襟）结构，在厂字形大襟结构的基础上舍去了服斗部分，直接从领口处连接到侧缝的位置	传统立领结构，合体度较高，领面采用刺绣装饰	左片1片、右片1片、大襟1片、接袖2片、领子 2 片
福鼎式		右衽大襟（斜襟）结构，服斗处采用刺绣装饰	传统立领结构，合体度较高，领面采用刺绣装饰	左片1片、右片1片、大襟1片、接袖2片、领子 2 片
麻江式		右衽大襟结构，服斗处采用镶绲工艺和花边进行装饰，服斗处略宽	传统立领结构，合体度较高，领面采用刺绣装饰	左片1片、右片1片、大襟1片、接袖2片、领子 2 片

注：罗源式实物图图片来源为艾比布拉. 五彩霓裳：中央民族大学民族博物馆馆藏民族服饰集粹. 北京：中央民族大学出版社，2006：111.

（2）畲族传统服饰的裁剪

通过上述分析可知，畲族传统服饰结构为平面十字裁剪结构，不同地区款式之间的差异皆存在于细节方面。因此下面以景宁式畲族传统服饰为例分析畲族传统服饰的裁剪原理。由于畲族传统服饰所用面料都是传统手工织机织的布，布幅宽度较窄，不能完全满足袖长的需要，因此袖口处大约存在 20—30 厘米的拼接（即接袖）需要单独裁剪。由于该款式无过多的结构线，因此可以将面料对折后按照衣身的形状逐片剪出（如图 2-78）。

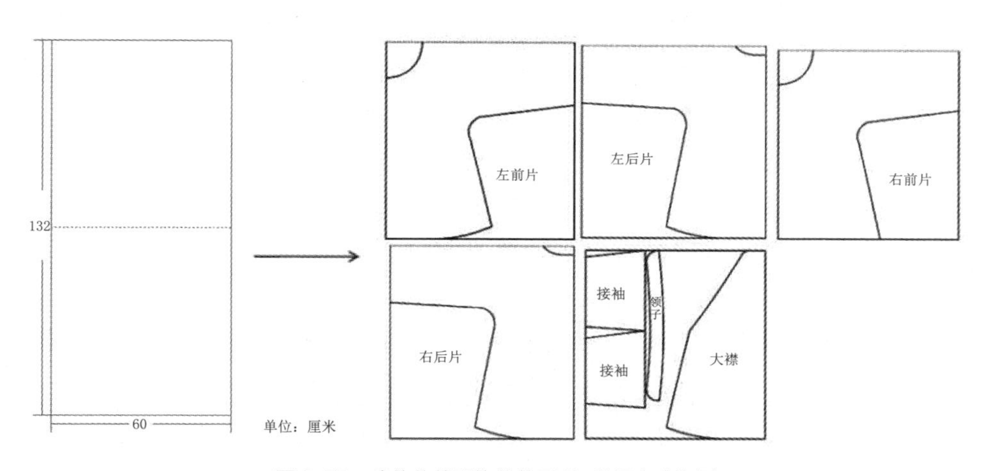

图 2-78 畲族传统服饰裁剪原理：以景宁式为例

综上所述，畲族传统服饰是在融合汉族传统服饰结构的基础上进行了二次创新，特别是领子和门襟的设计。如罗源式畲族传统女上衣的领子采用的是在衣片上面下挖一个领子的造型，然后用黑色刺绣裁片替代被挖掉的那一部分。霞浦式上衣从服斗处下挖，从领口处直接在斜襟至腋下系带，并在此位置绣花装饰。

3. 彩带与刺绣

（1）彩带

畲族彩带工艺精美，用途广泛，是畲族特有的手工艺品，无论是工艺技术还是审美都具有非常高的研究价值。彩带又叫“拦腰带”“合手巾带”“带子”“字带”等，是畲族历史悠久、流传广泛的传统服饰手工艺品，既是服装的装饰物，还可作为腰带、背兜带等生活实用品，同时也是畲族青年男女定情的信物、定亲回礼以及驱邪祝福的吉祥物。彩带传说始于畲族女始祖三公主上天时留给畲族小妹的报晓鸡，寄托了对畲族后代婚姻美满、生活幸福的美好祝愿，从此畲族妇女代代相传织起了彩带，开始了该民族中一个延续千年的“人文接力”。畲族彩带编织技艺已被列入浙江省第二批非物质文化遗产名录。20世纪初民族学研究在我国兴起后，作为畲族服饰文化的重要组成部分，彩带随着畲族服饰一起进入了民族学研究的视野。何子星第一次对浙江畲民自织的彩带进行了正式图文记载，称其为“畲客带”。① 近年来随着我国民族艺术及非遗研究的深入开展，畲族彩带研究成果颇丰，主要集中在纹饰特征、染织技术、保护传承等方面，从技术和文化层面对彩带进行了考证，将彩带织纹分为假借汉字、会意和几何抽象三大类，通过彩带纹样可以了解畲族的文化体系，其纹样具有功利性和装饰性的象征功能；并将彩带工艺分为准备、提综和织带三个阶段。在此基础上有学者分析了福建畲族彩带的构成、色彩和组织形式，提出应营造民俗氛围、手工和机器并举发展彩带工艺并将其运用于服饰中。② 项目组在田野调查时发现，掌握彩带工艺的基本是50岁以上的畲族老人，彩带工艺传承堪忧。这些研究成果和观点构成了畲族彩带要素特征解读和保护现状研究的重要基础，但缺乏对彩带要素特征及其在当代社会的嬗变与保护的系统分析。

本书所做的畲族彩带考证研究是在对各畲族聚居地历史性方志文献梳理及相关论著汇总的基础上，根据多次田野调查收集的实物、图片资料和传承人访谈记录开展的。其中田野调查以浙江、福建、江西、广东四省十余个畲族聚居地为范围，对各地文博单位馆陈彩带展品及民间彩带实物进行拍摄记录，在与畲族彩带（编织技艺）浙江省级非遗传承人蓝延兰、蓝咏梅访谈的基础上，对畲民织带过程进行了记录和观摩学习。其中，对畲族彩带工艺技术的解读资料是项目组在浙江景宁畲族自治县的中国畲族博物馆以及畲民家中拍摄的，主要过程图片来源于景宁黄山头村雷家。畲族彩带的要素特征中对于纹饰符号整理的资料来源于对蓝延兰的资料的收集整理，并结合中国畲族博物馆、宁德市博物馆、罗源博物馆的资料和相关文献的整理。用于分析的实物由蓝延兰和蓝咏梅提供。

1）畲族彩带的工艺技术解读

①编织工具

由于畲族历史上是刀耕火种的游耕民族，有“食尽一山即他徙”的传统，存在较频繁的迁徙历史，这种生活状态决定了彩带的编织工具体量不可过大，且需要易于移动以便迁徙。畲族彩带编织工具以竹制为主，样式简单，可以通过小型

① 何子星．畲民问题．东方杂志，1933（13）：13.

② 陈栩，陈东生．福建畲族彩带工艺研究．福建论坛（人文社会科学版），2011（4）：72.

木制织机来制作，也可以一端固定在门框或窗框上，另一端固定在自己腰间，利用四块竹制的工具和纱线即可开始织造（图 2-79）。整经与织带的工具称为“耕带竹”和“耕带摆”。耕带竹为手指粗的光滑小竹竿，用于固定纱线。耕带摆是一头呈三角状的削尖竹片，起到打纬刀作用，引导纬纱穿过经纱，通过经纬线的色彩变化形成织纹组织变化。彩带编织工具轻便简单，占地空间小，适应畲族历史上频繁迁徙、以射猎为生的流徙生活以及自给自足的家庭手工操作的生产方式。旧时畲族女子人人会织，世代流传。

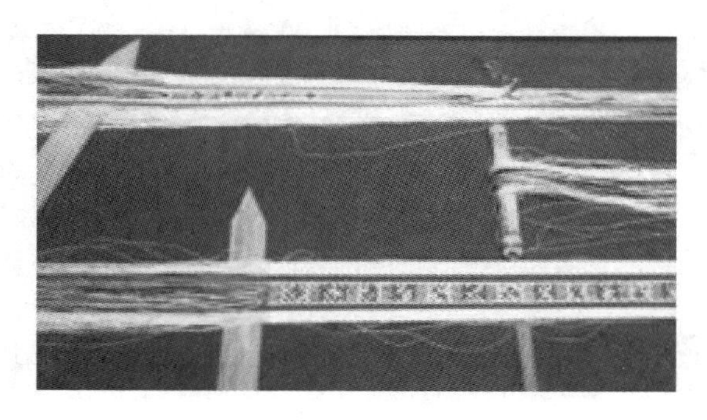

图 2-79　彩带编织工具

② 编织工艺流程

a. 备纱

传统畲族彩带以一种纱线织成，多采用麻线、棉线或丝线。早期畲族妇女都是采用自种自捻自染的麻线，由于畲民历史上善于种菁，且衣尚青蓝，故多以靛蓝纱线与白色纱线交织形成彩带图案。随着经济的发展和时代的变迁，也有用化纤纱线和毛线编织，或者多种纱线混合编织的。项目组田野调查所见的彩带以采购的棉线为主，颜色以黑、白、红、蓝、黄、绿色居多。纱线的选择决定了彩带成型后的材质手感和质地，纱线粗则组织疏松，纱线细则组织紧致。同时备纱环节也初步决定了彩带的基本色彩。

b. 整经

准备一块长 60—80 厘米、两头钉有钉子的木板，纱线一头在钉子处固定，中央用重物压住竹片和竹棒，起到固定作用。将需要用的彩色纱线按照色彩布置的顺序排列好，纱线沿着压在重物下的竹片和竹棒，依次按照“一上一下一绕圈”的顺序进行整纱。这种错位即形成提综的开口，然后以竹棒固定经线（图 2-80）。

整经时一般两边外侧为白色纱线，中间图案带的两边用彩色线点缀，带芯以黑线和白线交织形成图案。织纹部位纱线的数量根据织纹（带宽）大小来确定，其纱线排列如图 2-81 所示。对经纱颜色和排列的选择决定了彩带最终成型后的基本色彩基调。整经环节结束后，彩带已具雏形。

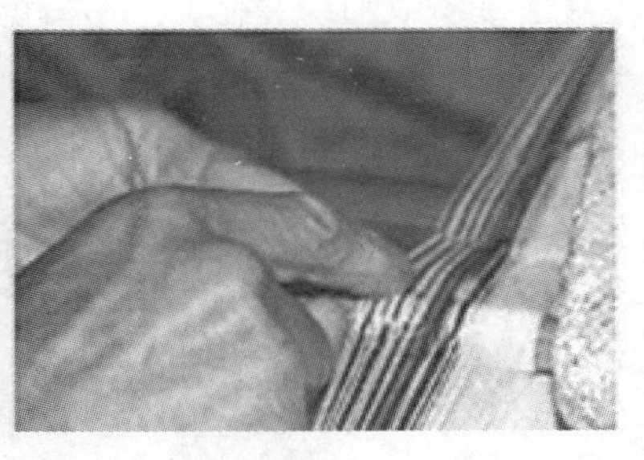

图 2-80　整经

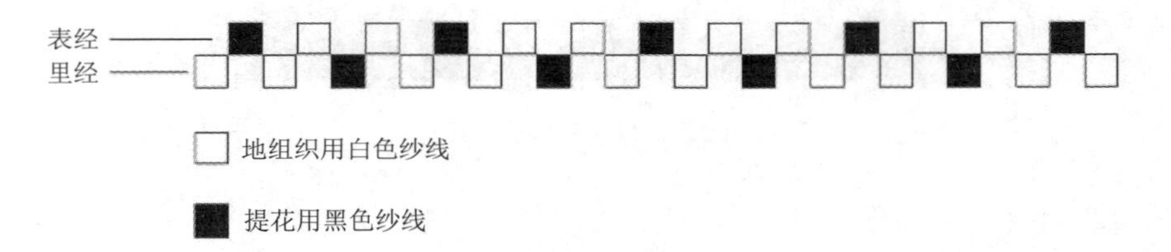

图 2-81　织纹部位纱线排列

c. 提综

综是指织布器械上带着经线上下分开形成梭口的装置。提综即将此装置提起，使经纱形成上下两组，中间开口的空隙供纬纱穿过，形成织纹组织，是织带的重要操作步骤。畲族彩带提综可以依靠小型织机完成，或者直接将经纱的一头打结固定在窗台上，另一头系在腰间进行。小竹棒引导一根纱线以一上一下的方式横向穿过整好的经线，将经线分为表层经线和里层经线，形成开口，完成提综。

d. 织纹

织纹（图 2-82）是彩带编织过程中最重要的步骤。整经完毕的白线和彩色线为经线，以白色纱线为纬线，削尖的竹片为打纬刀（即“耕带摆”）。打纬刀在经线中按照图案需要穿插后立起形成开口，起到引纬功能。纬线从此穿过，并用打纬刀压紧固定，在白色边条部分形成平纹组织，在中间花纹部分通过纬线在经线上的上下变化形成提花图案，如此按照一定的规律循环反复，构成彩带中心的织纹图案。这种织纹图案是一种简单的提花组织，由于是由经线色织而成，亦被称为“经锦”。纹样在穿经走纬的过程中逐步形成，同时由于经锦的提花组织结构，彩带字符型织纹形成了均为 45 度斜向排列的特征。

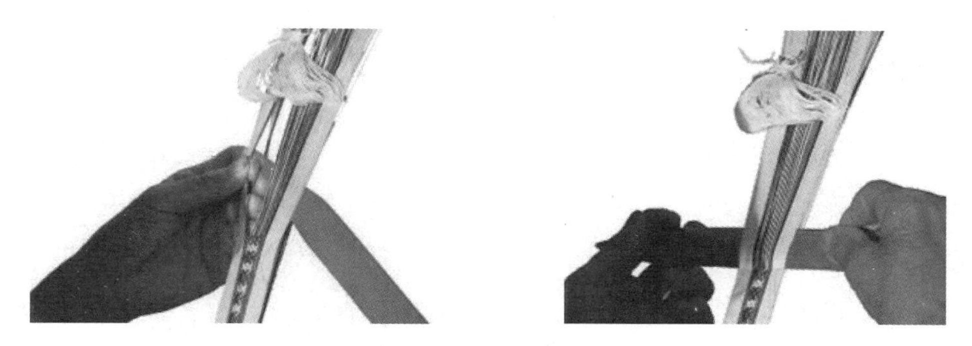

图 2-82　织纹

e. 收口

收口是彩带编织的最后一步。整条彩带编织完成后，在经锦提花织纹尾部继续织一段平纹组织，再在尾端留出一定长度的纱线不进行编织，从中间剪断即形成流苏，然后将经纬纱打成穗子防止脱散，完成收口（图 2-83）。平纹长度及尾端流苏长度一般与起始位置预留的平纹和纱线长度对应，形成两端对称的收口与流苏。由于彩带纱线细致，组织紧密，不易脱散，很多民间自用的彩带简单打结，留足流苏长度，剪短纱线即可。

图 2-83　彩带收口部分

（蓝咏梅编织作品）

2）畲族彩带的要素特征

① 经锦式的组织结构

从现代纺织技术来看，畲族彩带织纹部位为经锦式的组织结构，通过表里交换的双层组织以经线提花。图 2-84 的第一图为具有典型代表性的景宁彩带实物，白线为底，黑线提花，蓝红黄三色形成带芯的边框，带芯内为白底黑色提花的字符形图案。对其组织结构进行分析并绘制结构图，以数字 1—28 代表地组织经线，英文字母 A—M 代表提花用黑色经纱，横行代表纬纱，☒代表平纹组织组织点，■代表提花组织组织点。经分析可知：样品彩带基础组织为平纹组织，组织循环数 4，飞数 1，黑白经线比例为 2 : 1，提花部分以一个完整的花纹为一个组织循环。

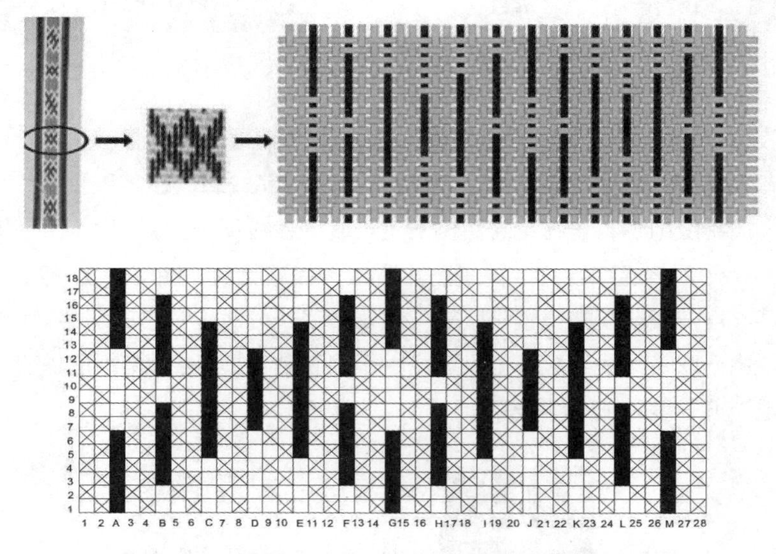

图 2-84　彩带实物、纹样细节图、交织示意图和织物组织图

② 表意的字符图案

彩带的传统图案主要有简单的象形图案和字符图案两种，以字符图案为主。象形图案主要是简单的鸟纹，字符图案则带有一定的寓意，主要是天气、作物等与农耕生产生活相关的内容。字符图案是畲族彩带最具代表性的特征，通过各种 45 度交叉的折线来表现，形成简单的几何纹样。

项目组在田野调查中采访到的当地畲民表示，彩带的图案形式是祖祖辈辈流传下来的。通过对蓝延兰的访谈及文献资料的收集，项目组整理了 60 余种字符图案形象及其寓意，对其含义进行了分类，大致可以分为描述畲族自然环境和动植物的自然类图案（表 2-7），与日常生活息息相关的生活类图案（表 2-8），以及表达祖先祭祀和美好愿景信仰的祝愿类图案（表 2-9）。由于畲族没有文字，广大畲族妇女在编织彩带的时候通过织纹图案描述日常生产生活场景，表达她们对美好生活的向往。

表 2-7　自然类彩带图案及寓意

图案	实物	寓意	图案	实物	寓意	图案	实物	寓意
		日			云彩			雷
		水源			树果			缺月之时
		鱼			田			连山
		蜘蛛（网）			麦穗			禽
	暂缺	丘陵		暂缺	动物		暂缺	风
	暂缺	老鼠牙		暂缺	广野		暂缺	土

表 2-8　生活类彩带图案及寓意

图案	实物	寓意	图案	实物	寓意	图案	实物	寓意
		狩猎			男性			合居
		日间工作			民族移动			曲折
		继业			威望高者			收获
		相邻			爪、收入			女性
		埯			主家骨			怀孕
		父			成匹			母
	暂缺	开始		暂缺	交流		暂缺	邻舍
	暂缺	聚会		暂缺	匀		暂缺	世业
	暂缺	往来		暂缺	亚		暂缺	亲戚
	暂缺	收支		暂缺	编织			

表 2-9 祝愿类彩带图案及寓意

图案	实物	寓意	图案	实物	寓意	图案	实物	寓意
		诚心			敬龙			融合
		敬日			伟貌			创大业
		平顺			顺理			民族繁荣
		祭礼		暂缺	尊敬		暂缺	天长地久
	暂缺	相对		暂缺	相配			

③丰富的民俗文化内涵

彩带的传授都是在母女（现在为师徒）之间的口手相传，小小带子细又长，背后承载的是传承千年的人文接力和丰富的文化内涵。

首先，通过彩带传递出来的是畲族历史上长期迁徙散居的生存环境下形成的族群认同与信念坚守。畲族彩带表现出畲族人民对本民族的归属感、认同感和对祖先的崇拜。服饰符号是民族文化直观和形象的表达载体，畲族历史上频繁迁徙，与周边民族杂居共处，在文化和生产生活中不断交融，相互影响，彩带的字符图案成为民族认同和文化传承固守过程中最直接的符号化表现。根据在浙江、福建、广东、江西等畲族聚居地的考察，各地的畲族传统服饰虽然在形制上呈现出多样化的外观，尤其是浙江和福建的畲族服饰在头冠、服饰用色上都存在鲜明的差异性，但其彩带图案却呈现出高度一致的工艺特征和织纹符号形式。这可以看作历史上多次族群迁徙后散居各地的畲族同胞对本民族文化符号的一种坚守。

其次，彩带是畲族人民对生产生活环境的朴素表达。畲族人自古以来生活在崇山峻岭之中，生产生活模式以农业为主，狩猎为辅，并进而催生了崇尚自然的服饰审美心理。这种耕猎特征在彩带织纹中得到了最为明显的表现，我们可以看到大量与此相关的有寓意的字符图案。例如，与自然环境相关的有广野、田、山连山、丘陵，与农垦相关的有树果、收获、麦穗、水源，土地，与狩猎相关的有狩猎、动物。

再次，彩带承载了民俗传统和婚嫁习俗，除了用于服饰的系扣、固定等实用功能外，彩带还是畲族青年男女的定情信物，在畲族婚嫁文化中占有重要的地位。按照传统习俗，畲族男女定情之时女方都会送上自己精心织成的彩带作为信物。以往畲族姑娘五六岁起就跟着母亲学习编织彩带，这是一个姑娘心灵手巧的表现，而定亲时不论男方送什么礼物，女子必回一条自织的彩带。畲歌中很多男女情歌的内容也表现了畲女织彩带定情的场景：“一条带子斑又斑，丝线拦边自己织，送给你郎缚身上，看到带子看到娘（姑娘自称）。”①

最后，彩带还是畲族民族经济特征的真实映射。畲族的经济作物中，苎麻和蓝靛占有很大比例。苎麻剖成麻丝、捻成麻绩，用于织麻布或绞麻线，自织自染自用。畲族苎布织染缝纫技艺因此被列入福建省非物质文化遗产名录。苎麻和蓝靛的种植生产能力决定了畲族传统彩带以蓝、白色的麻线为主，辅以黄栀果、枸杞和皂枥染成的黄、红、黑色纱线。② 后随着经济发展和文化交融，其他色彩鲜艳、材质多样的纱线也逐渐加入。

（2）刺绣

畲族传统服饰装饰手法丰富，刺绣工艺也是其中比较重要的装饰手法之一，主要运用于服装的领子、门襟、袖口、拦腰，以及绣花鞋等部位。畲族刺绣题材与图案构成形式丰富多样，再现了畲族人民生产生活中喜闻乐见的事物，也表达了对美好生活的祝愿和向往。畲族刺绣针法种类多样，其中服饰上运用的刺绣手法常见的有平针绣、锁针绣、盘金绣、打籽绣、锁边绣、十字绣等（如图 2-85 为摄于景宁晓琴畲族民间陈列馆的不同刺绣工艺手法制成的畲族传统云肩）。刺绣作为一种传统手工艺技能，因针法、用线和图案的不同可以体现出不同的装饰风格，在各民族服饰中均有使用，经过不同的地域民俗的孕育、历代的传承和各种文化交融下的学习和借鉴，形成了不同的地域风格和民族特征。畲族妇女喜欢在衣服的领、袖口、衣襟边缘以及拦腰的裙面上刺绣各种装饰图案，在荷包、花鞋、童帽、肚兜等相关服饰品上也用精致的刺绣进行装饰，表达对生活的美好憧憬。这些刺绣配色绚丽、题材广泛、种类繁多，是畲族人民勤劳智慧的结晶，题材大多来自自然生活、民族传说、历史神话等，图案的构成形式多样，有单独纹样、角隅纹样、二方连续等，表现内容有几何、花卉、凤鸟、人物故事四大类。和汉族服饰绣工多由家庭中的女子完成不同，畲族服饰上大量繁复的刺绣很大部分是由专门的刺绣师傅完成的，且刺绣师傅大多为男子。这和畲族的家庭结构与社会分工有关。畲族历史上就实行一夫一妻制，家庭中男女共同劳动，女性地位相对较高，在婚姻结构中可以女嫁男也可以男方到女方落户。女子常荷锄跣足而

① 施联朱．民族识别与民族研究文集．北京：中央民族大学出版社，2009：566.

② 陈栩，陈东生．福建畲族彩带工艺研究．福建论坛（人文社会科学版），2011（4）：70.

行，和男子同样进行生产劳动工作，因而在家庭和社会中男女地位比较平等。在这种劳动分工下，刺绣成为一种专业工种从家庭中分离出去，由专业人员完成服饰上的刺绣装饰。

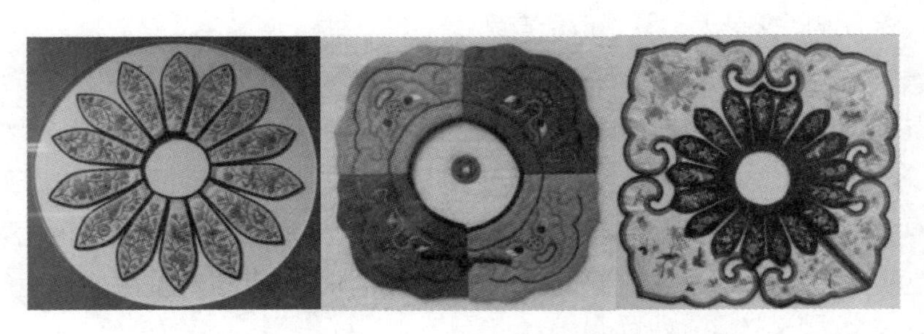

图 2-85　不同刺绣工艺手法制成的畲族传统云肩

畲族服饰上的刺绣针法多样但并不复杂，善于以简单针法表现丰富的色彩变化，以平绣、补绣居多。闽东一带衣领边缘的马牙纹就是通过最简单的针法表现领口饰边（图 2-86），这种马牙纹是畲族常用的一种几何装饰纹样，在其他畲族地区也有称为虎牙纹或犬牙纹的。畲族服饰刺绣中还喜欢通过不同针法表现相应的图案，如以长短针绣法表现色彩的渐变参差效果，以盘金绣或锁链绣表现人物及枝叶花茎的块面感，以平绣来表现图案的平滑和光泽感。

此外，补绣也是畲族服饰刺绣中常用的手法，罗源式女装拦腰中大片的云纹图案就是通过补绣来形成的，且白色底布和补绣的红色花布之间形成互为图底关系的正负形云纹效果，和图形设计中常用的图底互换手法有异曲同工之妙。补绣制作时多选用对比强烈的彩色布块，通过撞色拼接结合镶边彩绣，形成绚丽的色彩和多变的图形，装饰风格拙朴自然，别具一格（图 2-87 所示为摄于罗源博物馆的云纹补绣）。在一些童帽、围嘴和肚兜等服饰品中也常通过不同色彩、图案的补绣来表现色彩差异和较大面积的图案，尤其在虎头帽中通过红、黑、白等撞色补绣将稚拙可爱的老虎形象表现得活灵活现，虎头虎脑的畲族孩童戴上后更加显得憨态可掬。畲族服饰中十字绣所见不多，在服装上运用的尚未见，所见的几件十字绣绣品都是儿童用品，图案精美，以八角花等几何图案为主，也有表现雉鸡、花卉等题材的，针法细腻、工整，件件皆属精品。图 2-88 所示为项目组在宁德市上金贝村田野调查中所见阮晓东收藏的畲族服饰品上的刺绣，从左向右依次为用来表现服饰的块面感的盘金绣、虎头帽中的补绣和色彩艳丽光泽柔和的平绣。

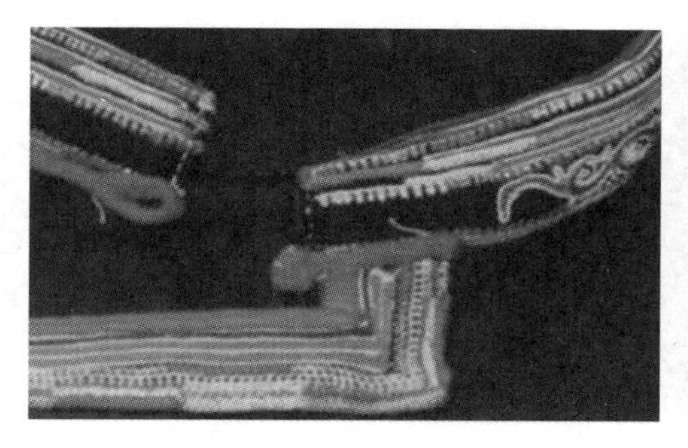

图 2-86 马牙纹刺绣

图 2-87 云纹补绣

图 2-88 畲族服饰品上的刺绣

在补绣的基础上发展而来的拼布绣也是畲族装饰附件上常见的一种工艺，尤其在枕顶和小孩的帽顶上。一般来说，采用拼布的方式形成图底互补的满花装饰，多用来展现字符主题的内容，如汉字、八卦符号等。除此之外，畲族中一些富裕的人家在荷包、桌围、床帏等装饰品上还常用夹杂金银线的彩绣增添绣品的富贵华丽感，用金银线通过盘金绣或参差绣来勾勒花卉图案的边缘，或表现花卉根茎、藤蔓类植物的茎，结合平绣展现花卉的花瓣和叶片光泽。以盘金绣勾勒的边缘清晰流畅，以参差绣描绘的边缘则光泽细碎闪烁，这种多绣种结合的方式使图案颇具生动感和立体感，同时由于金线可以在光线变化下产生闪烁的光彩，给绣品增加华丽的感觉。图 2-89 从左至右依次为阮晓东收藏的红黑拼色的“福”字拼布绣、以盘金绣勾边的花卉绣品和以参差绣描边的梅花绣品。

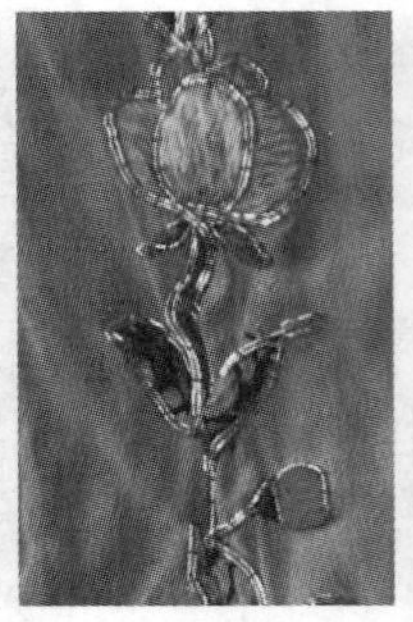

图 2-89　夹杂金线的绣品

罗源式畲族传统服饰中的刺绣工艺主要以平绣、锁绣、贴布绣为主，分别运用于领面、拦腰裙面、裙子底摆、腰带两端等进行装饰。图 2-90 为平绣在罗源式畲族传统女装中的应用，图 2-91 为锁绣在罗源式畲族传统女装中的应用，图 2-92 为贴布绣在罗源式拦腰中的应用。

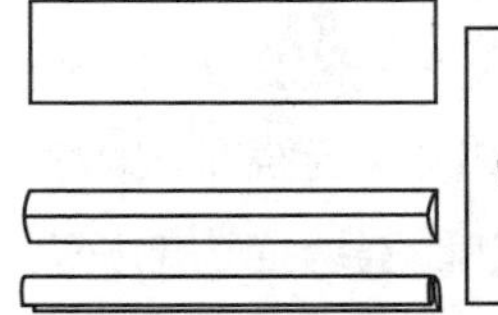
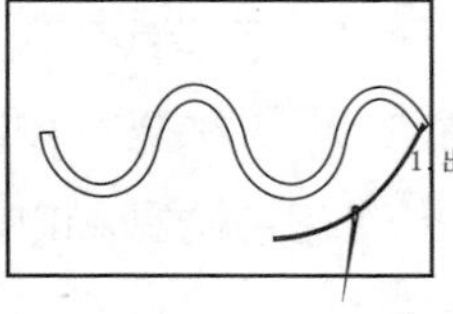

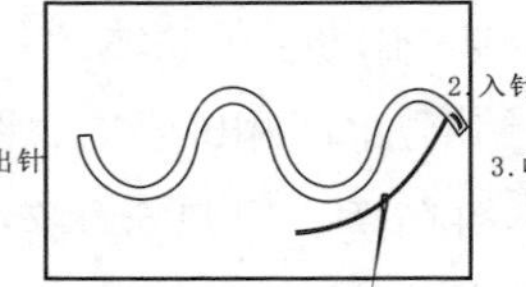

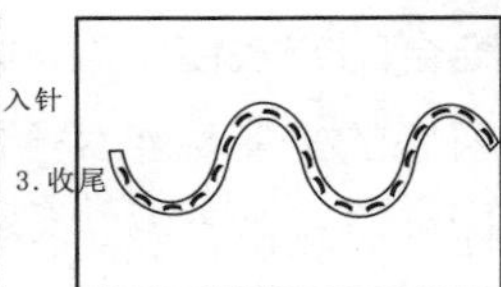

图 2-90　平绣在罗源式畲族传统女装中的应用

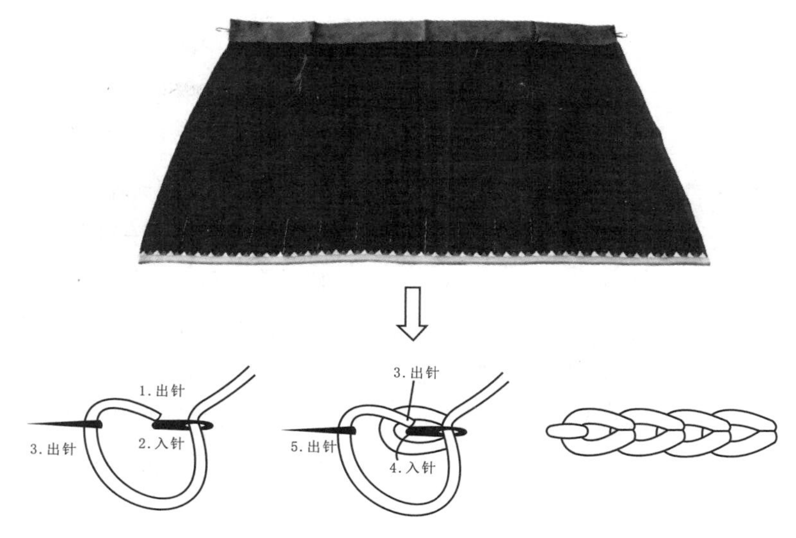

图 2-91　锁绣在罗源式畲族传统女装中的应用

图 2-92　贴布绣在罗源式拦腰中的应用（云纹部分）

畲族服饰刺绣工艺的特征主要体现在针法细腻和图像生动两个方面。首先针法细腻取决于绣线的材质，不同材质的绣线绣制的作品效果不同。畲族传统手工刺绣绣线细腻，能产生精美的视觉效果。畲族传统服饰中的刺绣多用于领口、袖口、大襟和拦腰裙面等部位。畲族传统服饰品也用刺绣工艺进行装饰，图像生动与否除了取决于绘图功底之外，配色的好坏也直接影响到图案的整体效果。在传统文化的影响下，畲族传统刺绣的配色多以原色为主，色彩艳丽。图 2-92 展示的罗源式畲族传统拦腰的刺绣，角隅纹样的刺绣配色以黑色为底色，搭配红、黄、绿、紫等纯度较高的颜色，整体效果为稳重中不失活泼。云纹补绣边缘则采用红色和绿色以锁边绣的方式进行装饰。

第二节 饰

一、概说

畲族服饰是畲族传统服装和饰品的总称，包含服和饰两大部分。饰的概念很广，所有跟装饰相关的内容都可以称为饰，主要包括畲族女子冠髻（头饰与发髻）、首饰、装饰用服装配件等。畲族男子服饰特征几乎与汉族相同，因而畲族服饰特征主要表现在女子装扮上，而畲族女子装扮的突出特征又集中于头饰发式，或曰冠髻。凤凰冠髻是畲族“凤凰冠”和“凤凰髻”的总称，是畲族整体服饰形象中极具民族代表性和辨识度的部分。处于不同地域、不同婚姻状态和不同年龄段的畲族女子在冠髻装束上呈现不同的特征，包含不同类型的凤凰冠和凤凰髻。

畲族冠髻分为“冠”与“髻”，“冠”是头冠，即畲族妇女装饰头顶的冠状装饰，是一种脱离头发单独存在的附加头饰；“髻”是头发的样式，通常指不同的盘绕手法形成的发型（盘发）的模样。畲族女子冠髻样式随着族群发展经历了漫长的演化，其中样式叫法跟随造型变化产生了不同的名称，但无论如何变化，以凤为名始终是畲族人民坚守的冠髻原则，“凤凰冠”和“凤凰髻”始终作为畲族人民对本民族妇女发髻冠饰的统一名称流传至今。

畲族在从迁徙到定居的过程中形成了小聚居、大杂居的分布格局，在不同的畲民地域中形成了样式各异的畲族女子冠髻，与不同的服装样式一起构成了多元并存的畲族分支服饰特征。浙江和福建作为现代畲民的主要聚居地，服饰样式保存较为完整多样，是探究畲族女子冠髻文化的主要窗口，也是体现畲族女子冠髻地域性差异最为集中的地区。此外，在被认定是畲族祖居地的广东潮州一带、由广东或是福建迁徙而来定居的江西一带，以及贵州一带，都发现了一些不同样式的畲族女子冠髻遗存，在极大程度上丰富了畲族女子冠髻的地域差异性，也为畲族女子冠髻文化的多样性提供了实证资料。通过对近现代历史文献的调查梳理发现，畲族女子冠髻样式在较长的历史和空间范围内基本处于比较稳定的状态，样式、装饰、材质等的变化不大。

“椎髻”是畲族女子发式的早期形态与基本发式形制，也是明清以前畲族女子发型的主要样式。明清以前，畲族发式以当时南方少数民族人民喜好的椎髻为主要代表，文献资料中亦将畲民形象描述为“椎髻跣足”。至明末清初，畲族女子发式逐渐由“椎髻”演变到“戴冠”，方志古籍中开始以“冠笄”“戴布冠”“狗头冠”等词语描述当时畲族女子的穿戴样式，这些词语的运用表明畲族女子发髻冠饰已经逐渐脱离椎髻这一基本形态，具有凤凰冠的样式雏形。此时期开始，畲族女子冠髻的地域性差异逐渐显现，但总体样式特征的差异不大。直至民国时期，不同地区的畲族女子冠髻开始逐渐分化、定型，各地域间冠髻样式的差异进一步表明，冠髻样式形制也开始呈现出多样化的地域性特征，譬如罗源等地的凤鸟髻、丽水的冠笄、贵溪一带的螺状髻等。后来，随着各地畲族冠髻样式逐渐定型，各种形制姿态不同的凤凰冠和凤凰髻逐渐成为构成各地畲族服饰分支形象的主要特征，与上衣、下装和拦腰一起成为不同地域特色畲族服饰装束的重要构成元素，展现出畲族冠髻文化的多元性与包容性。从古至今，各类文献记载中对畲族冠髻的描述从最早的“椎髻”，到“狗耳巾”“布冠”“头旁”“公主顶”等名称，不一而足，现整理罗列于表2-10。

表2–10　畲族冠髻名称演化

时期	名称	主要文献来源
唐	椎髻	《云霄县志》《请建州县表》
明	椎髻	《永乐大典・潮州府・风俗形胜》《朝阳县志》《赤雅》《平和县志》
清	髻鬃、椎髻、冠笄、高妆、布冠	《说蛮》《卍斋琐录》《贵溪县志》《畲妇》《云和县志》
民国	螺状髻、红髻、凤髻、凤鸟髻、布冠	《贵溪樟坪畲族志》《各县区苗夷民族概况》《丽水县志》
当代	龙船髻、龙髻、三把刀（又叫“三把簪”）、高头髻、狗耳巾、头旁、螺髻、凤头髻、公主顶、盘龙髻、凤尾髻、凤身髻（俗称“凤凰中”“碗匣式”或“绒帽式”）、福宁头、雄冠式、雌冠式等	《中华民族全书・中国畲族》《江西畲族百年实录》《畲族风情》《畲族服饰文化变迁及传承》《畲族文化新探》《浙西南畲族传统帽饰研究》

千百年以来，勤劳的畲族人民创造了独特的民族民间文化艺术，银饰是其中一项具有鲜明的民族风格和浓厚地方特色的民族饰品。除了头部的冠髻装束外，畲族传统银饰是极具代表性的民族饰品，例如银簪、银耳环、银手镯、胸前缀挂的银牌等。

唐末时期，畲族人已经开始使用银饰，妇女耳戴大环，脖戴银圈。至清代，随着大量畲族群众的定居，畲族银饰进入兴盛时期，先前的大耳环在闽东地区演变为纤巧玲珑的耳坠；项圈制作考究，还制作出了具有鲜明民族特色的银冠及其他银质饰品，集中表现了畲族人民不凡的审美情趣。① 民国《贵州通志》记载："衣尚浅蓝色，短不及膝，前覆后着，以花布束发。妇人衣花衣，无袖，惟两幅遮前覆后，着细褶短裙。"② 畲族先民经过多次迁徙最终形成了以福建东部和浙江南部为主的畲族聚集地，这些地区的银饰作为完整畲族服饰整体形象的重要构成要素，也具有较为突出的典型性和代表性意义。其中福建以闽东福安的银饰最为出名，《福安县志》中便记载，明宣德年间便有"三千来去客，四万打银人"③，足以说明当时福安地区造银的繁荣景象。在浙江，随着景宁畲族自治县的成立，在国家优惠政策的扶持下，中国畲族博物馆和畲银博物馆先后在景宁成立，其中收藏了大量早期传统银饰可供研究。

此外，畲族饰品还包含绣花鞋、拦腰、彩带等纺织类服饰品，考虑到服装整体形象的完整性，已在前文服装样式和工艺描述部分合并论述，此处不再赘述。

二、冠髻

民族服饰是一个民族区别于另一个民族的重要外在符号，也是民族形象的核心表现元素，冠髻顶戴等头面部装饰又是民族服饰中最具代表性的文化符号之一。由于畲族头部装饰种类较为繁杂、样式繁多，又存在显著的地域性差异，不同畲族聚居区内的女子发髻、头冠、布巾等具有不同的样式。作为畲族传统服饰头面部的装扮，冠髻是畲族服饰形象的代表性标志和象征，具有突出的识别作用和审美特征。以凤凰为名的畲族冠髻，寓意美好，传承祖源，承载着畲族人民长久以来的文化基因与情感愿景，起着辨族别异的作用。项目组通过田野调查发现，畲族冠髻名称诸多，各地不尽相同，长期以来的散杂居习俗也形成了不同地区的畲族服饰形制的不同，相应的冠髻形制也各有不同。在现代文明冲击下，各地区的商业化展演活动中，由于辨析不清导致的服饰冠髻形制混用或串用的状况屡见不鲜。故此，以冠髻为对象进行专门的分析和辨析，不仅具有重要的学术意义，同时也对指导日常设计实践具有重要的现实价值。

---

① 林琴玉．畲族银饰的文化内涵探析——以闽东福安为例．湖南税务高等专科学校学报，2013（6）：64-66.

② 任可澄，杨恩元．贵州通志（土民志）．贵阳：贵阳书局，1948：305.

③ 陆以载．福安县志．厦门：厦门大学出版社，2009.

1. 从椎髻到冠笄

经过对诸多相关古籍文献的查阅梳理，我们可以发现：古代畲族女子发式被记录为“椎髻”，在唐代的《云霄县志》一书中以“椎髻卉服”描写在漳州生活的畲民服饰样式[①]，而《永乐大典·潮州府·风俗形胜》这样描述明代女子盛行的发式——“妇女往来城市者，皆好高髻，与中州异，或以为椎髻之遗风”[②]。翻阅诸多文物和古画可见椎髻这一发式的身影，反映了椎髻在我国早期封建社会时期女子日常发式中的主要地位，是我国传统的女子发式之一，亦是早期畲族女子最为流行的发式。《中国古代生活辞典》对“椎髻”的释义为“梳时，往后梳，尾部盘绕，打成结成银锭状，也有加假发为饰的。因施于肩背间作垂式，故曰垂云髻”[③]。《古今汉语成语词典》中对椎髻的解释为：“椎：音 chui（垂），捶击具。椎髻：锥形发髻。”[④] 将头发盘成形似扁锥状就是椎髻，最早在中原地区的华夏先民中形成风尚，而后往南传播，在南方的诸多民族中也开始盛行，例如在明代四川的都掌蛮族人遗留的珙县悬棺岩画中可见僚人梳着椎髻发式的刻画像（图 2-93），《中国文物大辞典》记录了战国时期梳着椎髻的铜俑人像（图 2-94），《龙凤图集》也描绘了湖南长沙陈家大山楚墓帛画中梳着椎髻发式的妇女形象，隐约可见发髻中以横竖交错的带子稳固发式（图 2-95）。这些画像和文献记载了早期的椎髻发式形制。

图 2-93　珙县悬棺岩画椎髻人物

（图片来源：《都掌蛮——一个消亡民族的历史与文化》）

图 2-94　战国梳椎髻的铜俑

（图片来源：《中国文物大辞典（上册）》）

图 2-95　帛画中梳椎髻的楚国妇女

（图片来源：《龙凤图集》）[⑤]

---

① 转引自：蒋炳钊．畲族史稿．厦门：厦门大学出版社，1988：325.

② 转引自：施联朱，雷文先．畲族历史与文化．北京：中央民族大学出版社，1995：269.

③ 何本方，李树权，胡晓昆．中国古代生活辞典．沈阳：沈阳出版社，2003：737.

④ 《古今汉语成语词典》编写组．古今汉语成语词典．太原：山西人民出版社，1985：734.

⑤ 屈川．都掌蛮——一个消亡民族的历史与文化．成都：四川人民出版社，2004；中国文物学会专家委员会．中国文物大辞典（上册）．北京：中央编译出版社，2008；宋成林，宋名辉．龙凤图集．海口：南方出版社，1998.

早期畲族女子冠髻样式简单，主要是将头发盘结成类似锥形（椎髻），该发式也延续了较长的一段时间。唐代陈元光在《请建州县表》当中写道："左衽居椎髻之半。"[①] 在明清时期的一些著作如《赤雅》《天下郡国利病书》《和平县志》中也有关于"椎髻跣足"的概述。随着朝代的更迭与社会的发展，畲族女子冠髻逐渐出现了戴冠配珠串等装饰，椎髻的样式也开始呈现出区域性差异。畲族在明末清初这段时期发生了较为频繁的族群迁徙，女子冠髻样式也开始出现由简至繁、由单一到多样的变化趋势，特别是到了清代，女子冠髻也逐渐丰富，变得更加多样化，开始用珠串、冠笄、蓝布匹等缀在椎髻上，为凤凰冠的形成奠定了基础。清代《卍斋琐录》记载："妇女高髻垂缨，头戴竹冠蒙布，饰璎珞状。"[②]《皇清职贡图》一书中记录了古田畲民"以蓝布裹发，或戴冠"[③] 的习俗。所以清代的畲族女子以椎髻为基本发式，出现了"以布裹发""戴竹冠"与"饰珠串"等发髻装饰。地区之间装饰发髻的习俗不一，福安、闽西南地区喜好"高髻蒙布加饰，如璎珞状"[④]，先将椎髻梳好，用裹缠的方式覆盖在头发上，再加一些珠串点缀在布上面。在广东北部、福建古田、浙江西南部等地区，冠髻样式为椎髻垂璎，佩戴竹冠，然后用蓝布覆盖在上面，同时用些许珠串点缀。

也有些地区在以上样式的基础上结合当地的民族习俗形成了颇具地域特色的装扮习俗：日常梳高头，发髻外覆以蓝色布，在女子出嫁之日，都要戴上由麦秆制作而成的冠笄，而后以青布包起，外缀细小米珠串，此风俗在江西贵溪一带畲族中流行。除此之外还有一种特殊的冠髻样式，与前面几种冠髻的样式有较大的地域性差异，以贵州为代表。或许是畲族在迁徙过程中距离远、耗时长，于是在少数畲民抵达贵州的时候，其原本的风俗习惯保留较少；又或许是贵州地形复杂，有许多不同民族杂居在一起，通过长期的交往发展，畲族服饰文化与之相互影响，发生了改变。清代古籍里对贵州的畲族女子冠髻有如下描述："女则椎髻……长簪大环……"[⑤] 从这一点可以看出，贵州畲族女子冠髻除了保留了椎髻发式的形态特点之外，与其他地区的畲族女子冠髻样式有很大的区别。

通过文献资料梳理可知，椎髻（图 2-96）是古代畲族女子最为典型的发式，沿用时间最长。此后，在椎髻的基础上逐渐发展出戴冠笄、以布裹髻、珠串缀

① 转引自：叶大兵．叶大兵民俗学论集．上海：上海文艺出版社，2007：393.

② 转引自：施联朱．施联朱民族研究文集．北京：民族出版社，2003：321.

③ 转引自：段梅．东方霓裳：解读中国少数民族服饰．北京：民族出版社，2004：306.

④ 转引自：中国地方志集成·福建府县志辑．上海：上海书店出版社，2000：818.

⑤ 尤中．尤中文集（第 3 卷）．昆明：云南大学出版社，2009：743.

饰这三种样式特征，不断丰富畲族妇女头饰的样式，到最后演变为“梳椎髻、蒙布、饰珠串”（图 2-97）和“梳椎髻、戴冠笄、蒙布、饰珠串”（图 2-98）两种重要发式。在这个阶段，畲族女子冠髻开始出现地域化差异。

图 2-96　清末潮汕畲族妇女
（图片来源:《潮汕古俗》）

图 2-97　清末潮汕畲族妇女
（图片来源:《皇清职贡图》）

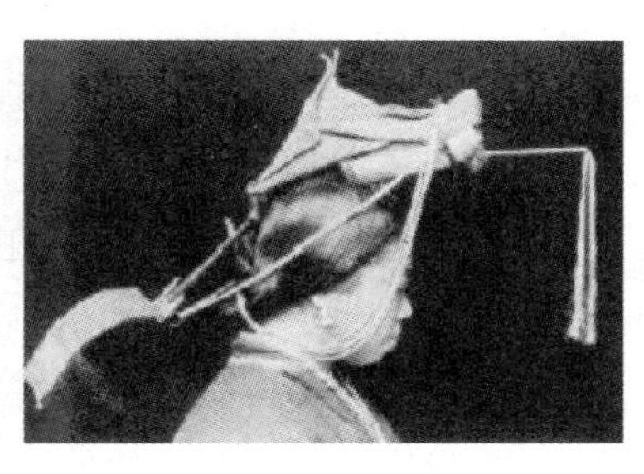

图 2-98　清末潮汕畲族妇女
（图片来源: *The Yangtze Valley and Beyond*）①

民国之前畲族女子冠髻在全国范围内基本相同，民国成立以后地域性差异增大，许多地区的畲族女子冠髻叫法和样式都开始有明显的区别，各地不断形成具有地域性特色的冠髻形制，一些相近、相邻地区的冠髻也开始呈现出各自的特色，如福州与相近的连江、罗源、宁德等地的冠髻样式开始有所区分并逐渐定型。凤凰冠（图 2-99）和凤凰髻的叫法在这一时期开始见诸文献记载和影像资料中，在名称和形制上逐渐稳定下来。

图 2-99　佩戴传统凤凰冠的景宁畲族妇女
（图片来源:《浙江畲族调查》）

① 林凯龙．潮汕古俗．桂林：广西师范大学出版社，2010；Bishop, J. F. *The Yangtze Valley and Beyond*. London: John Murray, 1900.

民国时期，文献中开始以凤鸟髻（或凤髻）一词描述当时的畲族妇女发髻冠式。《各县区苗夷民族概况》所载的官方调查报告中概述了 1936 年福建畲族妇女的头饰情况，其中罗源畲族女子“梳凤鸟髻”，而连江畲族妇女“发梳凤髻，覆于额前”[①]，由此可以推测凤凰髻与凤凰冠的发式名称是基于凤鸟髻（或凤髻）发展而来的。报告中除了上述地区的发式创新，有些地区的发式变化微小，大多延续了明清时期的发式特征，如福州的冠髻样式被记述为“女人则头戴竹管，长约九寸，缠以红布”；南平为“头系红髻，束带”，是明清畲族以布裹髻这种传统发式的遗风；有的地区在保留传统椎髻冠髻样式特征的基础上融入了当地喜好，“妇女发髻束以红布……发间特以三簪，用红布围箍”，以新的装束发簪加在头发上，形成独特的样式。[②] 除此之外，报告中最具特色的是福建顺昌的冠髻样式：“发上盖以铜簪一百零八条，簪下箍以布圈，已婚者于簪上加红布数片。”[③] 这种发式形制首次出现在文献中，其样式特征与明清时期的冠髻大不相同，是当今顺昌女子发式“头旁”的前身，和民国时期宁德的发式形制相似，却复杂了许多。

综上，民国时期福建畲族女子冠髻总体上较明清时期有所发展，其他省份也是如此，浙西南一带较福建来说冠髻形制变化更加微小，大多延续了明清的发式形制，在头饰的装饰细节上有所变化，但女子发式总体特征仍是“戴布冠，缀石珠”。贵州的冠髻样式仍保持着独特性，与其他畲族地区的形制特征有很大的区别，但基本上还是沿用了明清时期“盘发髻”“冠长簪”的风格。江西贵溪的畲族女子则在元素不动的情况下改变了发式的整体形态，头发从之前的“高头”变成了往后梳的螺状髻，再装上长约 6 厘米的角状罗垂型的竹筒。民国后期，因受到各种因素的影响，畲族妇女改穿汉族服饰，通常和汉族村民一起住在寨子里的畲民会加一条蓝头巾裹头。此外，作为畲族发祥地和祖居地的广东潮州一带，有用发式样式来区别女子年龄的习惯，在《广东省志·少数民族志》中有“女子未嫁则作髻一叠，中妇二叠，大妇三叠”[④] 的记述，总体还是保持梳椎髻的习惯，但是对于不同年龄的女子来说，需对应梳不同大小和数量的发髻。

新中国成立后，畲族女子冠髻发展不断丰富，导致畲族女子冠髻地域性差

---

① 陈永成 . 福建畲族档案资料选编 . 福州：海峡文艺出版社，2003：7-10.

② 宁德师范学院，宁德市文化广电新闻出版局，宁德市民族与宗教事务局 . 畲族文化新探 . 福州：福建人民出版社，2012：248.

③ 宁德师范学院，宁德市文化广电新闻出版局，宁德市民族与宗教事务局 . 畲族文化新探 . 福州：福建人民出版社，2012：344.

④ 广东省地方史志编纂委员会 . 广东省志·少数民族志 . 广州：广东人民出版社，2000：289.

异变大，甚至在同一个地区存在不同形制和名称的冠髻样式。上文提及的凤鸟髻在此时期完成了“凤凰髻”“凤凰冠”等样式名称的演变，还分化成了“凤头髻”“凤身髻”“凤尾髻”等新的样式，每个地区冠髻的样式特征都有所差异，但都与其崇凤的民族意识形态密不可分。福建，尤其是闽东一带，较为完整地继承了凤凰髻，而浙西南、皖南、闽东北等地区则沿用了冠笄（凤凰冠）。在长期的变迁中，每个地方的冠笄即使名称相似，其形制特征也存在较大差异，譬如浙江景宁地区的凤凰冠与福建霞浦一带的凤凰冠大不相同。此外还出现了一些别样名称和样式的冠髻，其中有福建西南部的“龙船髻”和“凉笠”、江西东北部的“狗耳巾”、浙江西南部的“头毛把”等，以上样式也许在民国时期或是更早的明清时期已经存在，由于对头饰的研究比较零散，多分布在各地方志记载中，直到近些年才引起更多研究者的关注并加以记录。

2. 几种样式

（1）凤凰冠

“凤凰冠”一词最早出现于20世纪50年代关于福建宁德“南山片”的调查文字中[①]，此前借用了汉族婚俗文化中的“凤冠”一词，是畲族婚嫁礼俗活动中佩戴的头饰。凤凰冠在畲族本族语言中被称为“gie”，是畲族人民追思祖先和凤凰崇拜的集中表现，如今畲族典型的冠髻样式凤凰冠主要集中于闽东北和浙西南地区。作为畲族女子传统装束中最具有民族代表性的服饰部件，凤凰冠是畲族向世界展示本族文化和形象的活化石，是本族人民中极具民族认同感的服饰符号，也是婚丧礼俗中不可或缺的重要服饰装束部件。随着时间的流逝、族群的迁徙和社会的不断发展，有些地区的凤凰冠不可避免地发生了外观形制上的变化，有些地区的凤凰冠对传统形制则保持得比较完整。不论怎样，凤凰冠从形制到装饰富含了畲族人民对民族文化、族群审美和祖先传说的承袭与延续，呈现了畲民对凤凰的崇拜意识以及民族的向心力。现在浙江和福建两地畲族聚居地中的凤凰冠保存得相对完整，其中浙西南地区主要以景宁的“雄冠式”与云和的“雌冠式”为典型，闽东北一带以福安的“凤凰冠”、霞浦的“公主顶”和罗源的“狗头冠”最具典型性。

1）冠髻一体的浙皖“雄冠”和“雌冠”

浙西南地区传承延续至今的凤凰冠主要为景宁一带的雄冠式和云和一带的

---

① 宁德师范学院，宁德市文化广电新闻出版局，宁德市民族与宗教事务局．畲族文化新探．福州：福建人民出版社，2012：250.

雌冠式。而安徽宁国市云梯畲族乡是安徽唯一的畲族乡，安徽的凤凰冠形制主要承自景宁。雄冠式和雌冠式这两种凤凰冠的形态和制作工艺上存在一定的相似之处：整体外观造型呈三角形，使用竹木、土布、银器等材质进行构造，是对凤凰姿态的抽象模拟。雄冠式的外形较雌冠式更加高耸，点缀的装饰细节也更加繁复。对于雄冠和雌冠这两种凤凰冠样式的记载见诸史料较多，尤其自民国以降，越来越多的中外学术界、政界人士都开始关注这一典型的民族服饰特征，并展开了相关的调查和研究，有的认为这种差异最先源自不同姓氏之间的头饰区别。下面通过梳理和对比国内外研究学者的记述与描绘，对雄冠、雌冠两者的样式特征展开具体的考证。

景宁雄冠式凤凰冠是畲族传统头饰中具有突出代表性的样式。对于这一样式的记载最早出现在清代，《景宁县志》中描述道："断竹为冠，裹以布，布斑斑，饰以珠，珠累累"[①]，由此可见清代景宁凤凰冠的基本样式特征是椎髻之上戴竹冠、裹青布、缀珠串。虽然文字记载相对简略，但不难看出此时期的凤凰冠样式和现代景宁一带的雄冠式凤凰冠相似度较高，可以推测，景宁雄冠式是清代凤凰冠遗存至今保存相对完整的样式。

德国学者史图博与中国研究者李化民《浙江景宁敕木山畲民调查记》一文对民国时期景宁畲族服饰风俗进行了详尽的描述和记载，其中包含对凤凰冠的文字表述、当时佩戴凤凰冠的畲族女子及冠笄外形等的实证图像，还将畲族女子冠髻形象与冠笄外形清晰地绘制了出来，为之后的研究者提供了珍贵且详细的研究资料。[②] 据该文记载，畲民的头饰必须按照自古流传下来的方式制作，因此虽历经时代变迁，景宁畲族凤凰冠在外观形制上比较遵从祖制，变化较小。同时文中还记录了当时不同姓氏的畲族人在头饰样式上存在些微区别，如居住在敕木山一带蓝姓畲族的凤凰冠构成要素主要是黑布、银制品和玻璃珠，云和一带的钟姓畲族人的头饰大多由鲜艳的红布、钢制品和较少的银制品构成，形式更加简朴，这一差异对应的即为景宁畲族盛行佩戴的雄冠和云和畲族盛行佩戴的雌冠。除此之外，该文中对民国时期景宁雄冠的描述显示，该凤凰冠的木制支架高约 10 厘米，以黑布、红布、银片、玻璃珠链等装饰为主，资料中对头饰上各类装饰物的使用方法及表面图案都附有详细、清晰的记录与说明，是考证民国时期及之前畲族凤

① 转引自：宁德师范学院，宁德市文化广电新闻出版局，宁德市民族与宗教事务局．畲族文化新探．福州：福建人民出版社，2012：246.

② 转引自：钟炳文．浙江畲族调查．宁波：宁波出版社，2014：76-168.

凰冠的重要文献资料（图 2-100、图 2-101）。

图 2-100 《浙江景宁敕木山畲民调查记》中的畲族头饰照片

（图片来源：《浙江畲族调查》）

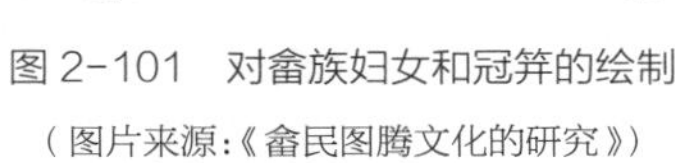

图 2-101　对畲族妇女和冠笄的绘制

（图片来源：《畲民图腾文化的研究》）

景宁畲族雄冠样式的特征为冠笄外形总体呈现三角状，如引颈高歌的凤凰，材料上采用木架、银制品（银片、银牌、银针等）、红布、红白两色石珠串等装饰物（图 2-102）。其佩戴步骤如下：首先将头发梳成一个发髻，并以网纱覆之；接下来用黑纱布绕头两圈缠好后在头侧系结；然后将头冠的主体部分居中放置在前额之上，两侧红色长珠串和长笄上的白色珠串纽绕合股，在脑后呈圆形，并套于头冠前端，以银针簪发加固，最后将头冠前的珠链一分为二，分别穿过红白色长珠串并挂于耳前；最后用打结后剩下的黑纱布末端裹住发髻，将带着长长珠链的冠笄插入右侧发髻以固定，完成佩戴。

图 2-102　1990 年戴凤凰冠的景宁畲族妇女

（图片来源：《民族影志田野集录》）[1]

① 杨光海．民族影志田野集录．昆明：云南教育出版社，2009.

云和一带畲族女子的头冠为较低矮的雌冠式凤凰冠。云和与景宁两地虽然间隔不远，但相较于景宁高耸昂立的雄冠，云和的凤凰冠冠身显得更为低垂，冠上的装饰也更为简洁，以裹布取代细碎的珠串，与景宁的雄冠相对应，略显朴素。清末时期两地的凤凰冠样式尚未有明显不同，同治《云和县志》和光绪《处州府志》载，当时那里的畲族妇女“花布裹头，巾为竹冠，缀以石珠”[①]，与同时期景宁凤凰冠的描述基本一致。但自民国以来两地史料中对凤凰冠样式的记载逐渐开始出现差异。1924 年，沈作乾所作的《括苍畲民调查记》记载：“凡已成年的女子及妇人，用直径寸余，长约二寸的竹筒一个，斜截其两端，作菱形，外包以红布，覆在头顶的前面，下围以发。压发的簪，宽寸余，长约四寸，突出于脑后的右边，其前端有红色丝条二组，垂于耳旁。”[②] 可见这一时期畲族妇女仍“戴冠裹布”为饰，但头冠上的珠串装饰开始被红色丝条取而代之，现代红绒布凤凰冠的雏形初见端倪。

20 世纪 50 年代以后，传统女子冠髻样式进一步简化，一些学术文章中也提及自 50 年代后期起，年轻妇女中已经不兴佩戴这种传统头冠，她们的穿着与汉族妇女基本相同。记录了 1953 年到 1958 年间多个调查的《畲族社会历史调查》提到了一种名为“毛把头”的样式：将头发梳于后脑，结成螺旋式的发髻，其间扎以红色绒线，外部罩上青色网纱，并且插上颜色各异的银簪数支。[③]

凌纯声《畲民图腾文化的研究》中所示的头冠（图 2-103）显然顶部冠笄较为矮小，形状与等腰三角形类似，且耳前侧两边并没有缀珠垂挂，耳右侧后方插有一根带缀饰的发簪装饰，整体造型更加简洁，应为丽水的凤凰冠。[④] 云和畲族妇女的冠笄头饰与景宁凤凰冠的整体相似度较高，缀珠串于耳前，仅装饰上稍简，冠身以红布覆之。图 2-104 所示为云和雌冠，左图是云和县少数民族发展促进会副会长蓝文鑫曾祖母的老照片，右图为现代云和畲族姑娘的凤凰冠，可见样式较为一致，都是头顶覆布，顶上戴三角形红布制成的冠，琉璃珠串绕之，垂于两耳。综上，云和雌冠样式总体在外形上呈三角形，冠体较低，覆于额顶，仿若卧凤俯头；材料上选用珠串、银片（牌）、竹架、红布等。佩戴步骤为：先将头发分梳为上下两部分，上半部分的头发扎于偏左侧脑后，与剩下的下半部分头发盘成扁平

---

① 处州府志 . 影印本 . 台北：成文出版社，1970：900；云和县志 . 影印本 . 台北：成文出版社，1970：850.

② 转引自：钟炳文 . 浙江畲族调查 . 宁波：宁波出版社，2014：59.

③ 《中国少数民族社会历史调查资料丛刊》福建省编辑组 . 畲族社会历史调查 . 福州：福建人民出版社，1986.

④ 凌纯声 . 畲民图腾文化的研究 // 国立中央研究院历史语言研究所集刊（第十六本）. 上海：商务印书馆，1947：127-172.

的发髻；完成发髻后戴竹冠于前额正中，再以红布或红丝帕裹缠，继而用两侧珠串装饰物缠绕固定后将剩余部分垂于两耳前，还可以加上发簪固定发髻，稳定造型。由于结构造型与雄冠的相似性，雌冠的佩戴方式与雄冠也基本一致。

安徽曾经流行的畲族凤凰冠也属于雌冠样式，但史料记载和传世遗存较少。从图片资料可知，在制作材料和造型样式上宁国凤凰冠与丽水凤凰冠较为相似，特征大致为：冠笄低矮，红帕包裹冠身，额前点缀数条料珠串并延伸至两耳后方固定，耳侧装饰红璎珞发簪，脑后垂红色巾帕为饰（图 2-105）。

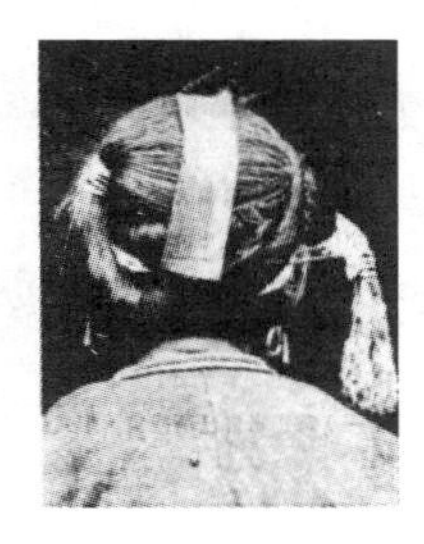
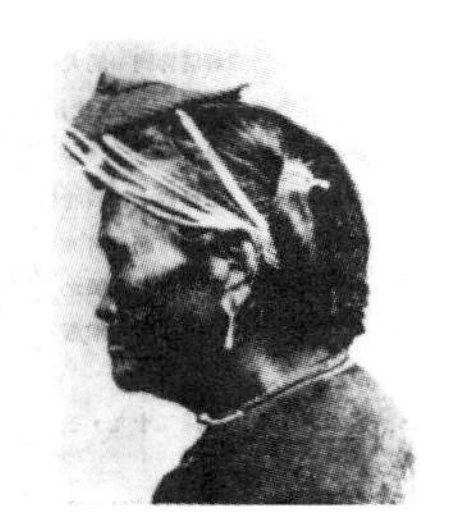

图 2-103　丽水畲族妇女所戴头冠的正、背、侧面

（图片来源:《畲民图腾文化的研究》）

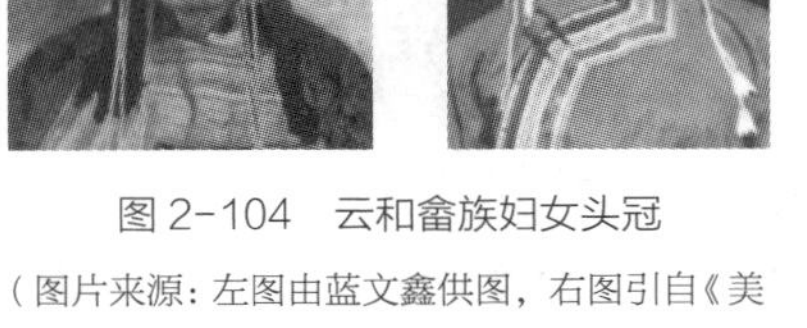

图 2-104　云和畲族妇女头冠

（图片来源：左图由蓝文鑫供图，右图引自《美丽的传承：畲族传统服饰文化的开发运用》）

图 2-105　宁国畲族妇女头冠

（图片来源:《中国少数民族头饰文化》）①

2）婚丧仪式上佩戴的福建凤凰冠

福建的畲族女子在新婚之日佩戴凤凰冠，死后亦佩戴凤凰冠入殓，平日则梳凤凰髻。依照凤凰冠的样式不同大体可以分为罗源式、霞浦式、福安式、福鼎式和顺昌式。

① 陈怡，裘海索．美丽的传承：畲族传统服饰文化的开发运用．杭州：中国美术学院出版社，2009；祁春英．中国少数民族头饰文化．北京：宗教文化出版社，1996.

罗源式凤凰冠包含罗源、连江和福州一带的畲族女子凤凰冠样式（图 2-106），以竹筒（片）、红巾帕、苎麻布为主要材质，饰以银片、银簪、银链、琉璃珠等，前后插有装饰物以表现凤头与凤尾造型。前文提到民国时期福州一带畲族女子戴竹冠、裹红布，近现代以来的福州畲族女子结婚时“头戴凤冠，凤冠系一根细小精致的竹管，外包红布，下悬一条一尺长、一寸宽的红绫，绚丽多彩。冠上饰有一块圆银牌，牌上悬着三块小银牌，悬垂在额前，畲民称它为龙髻，认为就是三公主戴的凤冠，冠上还插以银簪”[①]。该样式的凤凰冠冠身由一根近 20 厘米长、下部开弧形缺口的竹筒制成，筒身裹以红布，镶嵌雕刻花纹的银片，尾部向外伸出，饰以银簪、银链，两侧自额前向脑后装饰两条蓝色珠串。佩戴时先在头部盘好发髻，再将冠身置于发髻顶部，两侧自耳部向下垂坠琉璃珠装饰，最后将凤尾插入发髻后端，象征凤头的缀红璎珞银笄插入冠顶。

图 2-106 罗源、连江和福州一带的凤凰冠

（图片来源：《畲族风俗志》《中国少数民族绘本》）[②]

霞浦一带畲族妇女佩戴的凤凰冠又被称作“公主顶”（图 2-107）。历史上对于公主顶凤凰冠的记载较少，依畲族传统，这类凤凰冠仅在女子婚嫁和殡葬时佩戴。从外形上看，霞浦凤凰冠更类似于冠帽，以穿戴形式佩戴于头顶。这种佩戴方式类似于汉族婚嫁中的新娘凤冠。该种凤凰冠以竹笋壳缝制主体部分，外蒙黑布，用竹篾编织为顶并覆以棉布，冠身正中偏上部位佩挂银框小方镜，冠身两侧与顶部后侧缀挂蝶形银片，再吊挂五串形状各异的小银片，两端装饰琉璃珠串，冠身正前方底部缀饰银片装饰的“线须”遮挡面部，顶部呈金字塔形并装饰缀有

① 施联朱．畲族风俗志．北京：中央民族学院出版社，1989：38.

② 林平．中国少数民族绘本．昆明：云南人民出版社，2015.

红璎珞的牡丹纹三角银片，三边饰以红布并贴三块方形银片。佩戴时先盘发为髻，戴冠于顶，再横插髻针于髻上以保持戴冠稳定。

图 2-107　霞浦凤凰冠

（图片来源：《中国少数民族文物图典》《宁德文物》）[①]

记载福安凤凰冠（图 2-108）的相关史料较为稀少，根据田野调查所见，福安凤凰冠形制外观和装饰风格与霞浦凤凰冠相似，以银片连缀的挂串遮挡面部，构成材料有竹壳、红巾布、线须（同霞浦凤凰冠）、银框玻璃镜、五色料珠、银片、银饰等。不同于霞浦式的高尖造型，福安式的形态为平顶长尾向后延展，尾部缀饰银牌。凤凰冠冠身以竹壳搭建框架，外包红巾，冠身正前方中间位置装饰有一面银框玻璃镜，前额以下用银帘遮面，冠身两侧有五色珠串装饰。佩戴时盘结发髻，戴冠于顶，横插髻以保持冠体稳定。

图 2-108　福安凤凰冠

（图片来源：左图引自《中国少数民族头饰文化》，右图由项目组拍摄于宁德上金贝村阮晓东家）

① 中国民族博物馆．中国少数民族文物图典．沈阳：辽宁民族出版社，2016；周杰．宁德文物．福州：海风出版社，2000.

福鼎凤凰冠（图 2-109）与霞浦凤凰冠类似，在其基础上化繁为简，去除了顶部，简化了冠身周围的装饰挂饰。制作材料采用了笋壳、黑布、红布、长方形银片、细飘带、木簪、料珠、银片等；冠体由笋壳编织而成，外蒙黑巾布，冠体正前方镶有两片雕刻乳钉纹样和花卉纹样的长方形银片。冠身上再蒙罩一块红色巾帕，两侧制成立耳状，后部成一脊，尾部垂上两条细飘带，同时尾部还吊挂一支木质发簪，并装饰有各种各样的料珠以及银片。佩戴时同样盘发结髻，戴冠于顶，髻上横插髻针以保持冠体稳定。

图 2-109　福鼎凤凰冠

（图片来源：福鼎市民族与宗教事务局）

顺昌地区的凤凰冠形似扇状，别具一格，被称作“头旁”或“扇形帽”。整体外形上与主流凤凰冠相去甚远，仅能从扇形的冠帽中看到类似于凤尾开屏的意象表达。最早可于民国时期的政府报告中见到关于头旁的记载：“发上盖以铜簪一百零八条，簪下箍以布圈，已婚者于簪上加红布数片。”[①] 可见，顺昌头旁自民国起就已在当地的畲族妇女中流行起来，不过那时头旁的样式是一种发髻类型而非冠帽，被研究者称为“扇形髻”，应为头旁的前身。如今顺昌地区的畲族妇女已将其简化成便于佩戴的冠帽样式，在节庆日佩戴。因此我们将顺昌头旁以及由此发展简化而来的扇形髻归于头饰凤凰冠之列。顺昌头旁选丝瓜瓤（或厚纸壳）、黑布、铜簪、料珠、银器、璎珞等为料，以丝瓜瓤（或厚纸壳）制成帽圈，外蒙黑布，后有黑带相连，帽圈上几十根铜簪依次排列成扇形，似凤尾开屏，每根簪子长约 17 厘米，一端为椭圆形，另一端呈细长状，簪子末端以红绳互相连接。已婚妇女还在簪饰外披上头巾以银耳耙固定，并在冠体尾部装饰各色珠饰，侧面

① 丽水学院畲族文化研究所，浙江省畲族文化研究会．畲族文化研究论丛．北京：中央民族大学出版社，2007：60.

垂挂红璎珞。图 2-110 中的左图为顺昌畲族女子佩戴头旁的绘画，右图为项目组田野调查时拍摄的顺昌畲族女子佩戴头旁的图片，这些图中所呈现的顺昌头旁与文献记载中的基本相符。

图 2-110　顺昌头旁

（图片来源：左图引自《中国少数民族分布图集》，右图由项目组拍摄）①

（2）凤凰髻

畲族女子以凤凰寄托了对女始祖三公主的追思，她们的头面部装饰均以凤凰为名。凤凰髻是畲族妇女发髻的统称，与通过各种外在装饰品装饰头部的凤凰冠不同，凤凰髻是畲民经过长期文化积淀和审美传承，在劳动生活中探索创制而成的民族特色发饰。凤凰髻和凤凰冠在畲族女子头饰冠髻体系中具有同等的重要性，因地域不同，有些地方以凤凰冠为主，如浙江景宁地区的已婚畲族女子；有些地方以凤凰髻为日常头部装饰，在婚丧等重要人生仪式上方才佩戴凤凰冠，如福建的大部分地区。有些地区的凤凰髻是以发辫和发冠缠绕后共同形成的，如福建罗源地区的畲族少女凤凰髻，因其与发辫结合，在本书中归入发髻类。以凤凰髻为日常发式的福建畲族主要分布于闽东与闽东北一带，从外部形态方面大体可以划分为凤头髻、凤身髻和凤尾髻三种。凤凰髻从简单的椎髻发展到复杂多变的以“凤头”“凤身”和“凤尾”为名的不同发式，体现了畲族人民通过象征凤凰崇拜的发髻在生活中生动表达其淳朴的祖先崇拜之情。凤凰髻和凤凰冠密不可分、相辅相成，共同构成了畲族女子典型形象的可视化符号。

1）凤头髻

凤头髻常见于福建罗源、连江和福州一带的畲族女子发髻，整体外观形似凤凰高昂翘起的头部，故被称为“凤头髻”。民国时期《各县区苗夷民族概况》中可

① 郝时远．中国少数民族分布图集．北京：中国地图出版社，2002.

见名为“凤鸟髻”的记载，指罗源、连江一带的畲族女子日常发式，[①] 是目前文献中最早有关畲族凤凰髻的记载，凤头髻应由此类发式演变而来。

民国之前，有关畲族服饰的文献记载较为简要，对冠髻形制特征的分析更是一笔带过，对福建罗源等地的发式也只是简单描述为凤鸟髻或凤髻。随着人类学研究在我国的兴起，尤其是近现代以来，越来越多的学者开始关注到这种具有民族文化特征的发髻样式，并对此展开深入研究，进行详细介绍。例如《畲族凤凰意蕴的妇女发式和服饰之缘起》中这样介绍了民国时期的凤鸟髻样式：“将头发分成头顶和头后两部分，后部的头发用红色绒线扎成棒状（内套若干段小竹节），然后将这可弯曲的棒子折向头顶，与所留的头发合并，在前额顶上盘旋成螺旋状，再辅扎红绒线加固，这就是‘凤鸟髻’，状如凤凰的头颈。”[②] 还有研究者对这种发式绘图记录，给后人的研究提供了生动的资料（图 2-111）。

新中国成立后，这些地区畲族女子的发髻盘结方式等较之前变化不大，仅在发髻的名称和细节上略有发展丰富，罗源畲族妇女的发式（图 2-112）基本和前文所述记载的凤鸟髻一致。在梳理文献和图片资料的基础上，笔者认为凤头髻的特征为：外观宛若凤首，前额发髻借助绒绳塑形且高耸于顶；以竹木、铁丝、绒线等为材料，混合头发盘结发髻。盘结时首先拢发于脑后，前后分为两部分，再分别按逆时针方向卷扭成股，然后将股状的头发缠绕于准备好的 U 形发饰并固定在头顶。中老年人多用蓝色或黑色绒线发饰，且年龄越大，毛线缠绕的发髻越矮、弧度越小，逐渐呈现出扁螺状。

图 2-111　罗源凤头髻线稿

（图片来源：《畲族风俗志》）

图 2-112　福建罗源畲族妇女凤头髻背、侧面

（图片来源：《中国少数民族头饰文化》）

① 陈永成．福建畲族档案资料选编．福州：海峡文艺出版社，2003：7-10.

② 林校生．畲族凤凰意蕴的妇女发式和服饰之缘起 // 宁德师范学院，宁德市文化广电新闻出版局，宁德市民族与宗教事务局．畲族文化新探．福州：福建人民出版社，2012：248.

2）凤身髻

凤身髻是指现福建福安与宁德地区的畲族女子日常发髻，从侧面看仿佛是凤凰中间的身体部分，因而又被称为“凤凰中”。当地畲族妇女为了使发髻造型更加饱满美观，在梳发编髻的过程中掺入了大量的假发，因此整个发髻看起来十分宽大饱满，远看如头戴帽冠，因而又称“碗匣式”或“绒帽式”（图 2-113）。凤身髻早在民国时期的文献中就可见端倪，几乎与罗源等地的凤头髻同时被提及。虽然当时并未明确记录凤身髻的名称，但明确指出宁德一带（即现今福州、福安一带）的畲族妇女用红布围箍发髻，并插以三根银簪，此描述与现在的凤身髻特征相吻合，从另一个侧面证明了凤身髻的存在（图 2-114）。凤身髻的总体特征可总结如下：发髻外观整体呈直筒形，形似碗匣，正看如缎帽，侧看如凤身；以红绒绳、假发、银簪、发卡等为材料。发髻梳理过程如下：先将头发向后梳顺并分为前后两个发区，再将后片发区头发梳扎成型后向头顶盖拢，然后将前后发区头发合并，从前额顺时针沿头部绕一圈，形成筒形发髻，此时可在梳发时掺入假发以使整体发髻更加宽大厚重，发髻高度可与面部长度相等；再以绒绳贴合头部缠绕发髻，用来加固宽大的发髻，最后在发髻顶部插上三根银簪点缀。为使整体发髻更加规整成型，还会使用发卡塑型。

图 2-113　福安的凤身髻侧面示意图

（图片来源：《畲族风俗志》）

图 2-114　宁德的凤身髻照片

（图片来源：《中国少数民族头饰文化》）

3）凤尾髻

福建霞浦、福鼎地区的已婚畲族妇女发髻样式被称为“凤尾髻”。凤尾髻在盘结的过程中不加入假发或支撑物来支撑发髻，风格简洁大气。霞浦与福鼎两地的发髻虽然在形制和结发方式上存在一些差别，但由于整体造型上都呈现出发髻尾部宽大扁平的特征，故均以“凤尾髻”称之。霞浦地区女子还有一种被称为“盘龙髻”的发髻样式，造型类似于罗源等地的凤头髻，推测其成因为在民族迁徙的过程中罗源凤头髻样式流传至霞浦一带，逐渐演变成凤尾髻样式的过渡样式。闫晶等在《畲族服饰文化变迁及传承》一书中对这种古典式盘龙髻的介绍为：“用竹箨卷成筒，红绒线和大量假发夹杂扎成盘龙状高髻，大银笄横贯发顶中央，发式犹如苍龙盘卧，昂扬屈曲，独具一格。”[①] 雷弯山在《畲族风情》中介绍道：“将头发分为前后两部分，后部分约占三分之一，将裹黑纱布的竹笋筒扎在后股头发中间，使头发膨松往后往下突出，呈坠状，再与中央的发束汇合，然后把前面的头发分成左右两部分，旋成小股，从左往右绕过头顶扎于前面的发辫上，接着把整股头发从左往右绕于头顶，并不断加入一绺假发，用发夹固定并插上银簪。这三股发束旋绕的发式，便形成高髻昂扬状。”[②] 最后，通过文字资料的查阅与图像资料的对比分析，我们发现霞浦一带畲族妇女发髻演变历程大体分为三个阶段，在演化过程中原本高耸的盘龙髻逐渐变得低矮，继而贴合头部向后延展，发髻也由前部高大后部窄小变为前部窄小后部宽大的凤尾髻样式，如图 2-115 所示。

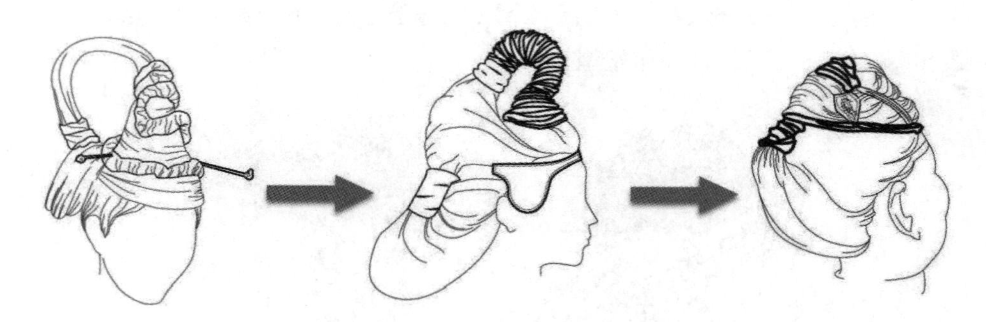

图 2-115　霞浦凤尾髻演化示意图

综上，凤尾髻的外观特征为发髻前端隆起于发顶，发髻后部宽大下坠宛如凤尾，侧面看如起伏的山脊（图 2-116）。梳发过程中除了自己的头发外，主要依靠红绒绳和发夹束发造型。梳发时首先将头发分梳为前后两个发区，将前部发区的头发收拢偏置于头部左侧，并用红绳扎紧固定于耳侧，然后将头发后片区分成三份，分别用红绳扎紧，再将扎紧的三束头发编结并以红绳固定，自左向右盘在头顶，最后用黑色绳圈固定发髻。

① 闫晶，陈良雨．畲族服饰文化变迁及传承．北京：中国纺织出版社，2017：76.

② 雷弯山．畲族风情．福州：福建人民出版社，2002：76.

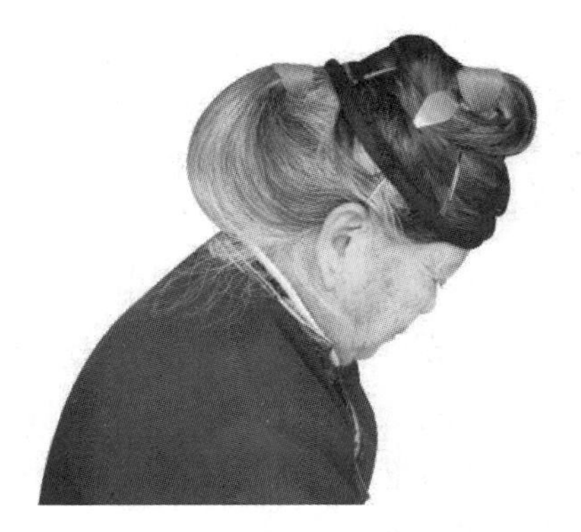

图 2-116　霞浦畲族妇女凤尾髻的侧面

图 2-117　民国时期梳“三把刀”发式的畲族妇女

（图片来源：福州新闻网）

4）“三把刀”

有一种名为“三把刀”的发式曾留存于江西东固和福建福州一带的畲族妇女中。“三把刀”又叫“三把簪”，当地畲族妇女用三把形似短剑、两面带锋、长 20 多厘米的金属簪，如菱叶般地披饰在头顶发髻上，左右二簪，后脑一簪，髻团则绾结于三簪的会合处。这据说是明末福建南平畲族妇女发明的武器。在战乱时代，为防御敌人的污辱，她们便将三把“短剑”插在头上，危急时刻，可随手取下进行抵抗。“三把刀”发式后于民国时期流行于赣中和闽东福州一带，[①] 后由于民国时期福建当地多次因“三把刀”为“蛮俗”或“有碍观瞻”而下令禁止，“三把刀”的发髻样式终于渐渐淡出大众视野，现今很难寻找到该样式的存世实物。图 2-117 为福州梳“三把刀”发式的畲族妇女照片，由于暂未找到江西的相关图像资料，便以此作为该发式形象的参考。

（3）包头巾

1）贵州麻江的包头巾样式

包头巾是贵州麻江畲族妇女的样式，一般在重大节日时搭配盛装穿戴。历史上关于贵州畲族妇女的头饰多以“椎髻”“长簪”简要描述，近现代以后越来越多的研究者对此展开了更为详尽的描述。贵州畲族包头巾样式依服装样式不同而有所差异，主要分搭配花袖衣样式的包头巾和东家衣样式的绑头带。

花袖衣样式中的包头巾多为蜡染花布所制，染以花卉、几何、蝴蝶变形纹等组合纹样，形状为长矩形。未婚女子盘独辫于顶，已婚女子盘髻于顶，并以布巾

① 陈国华 . 江西畲族百年实录 . 南昌：江西人民出版社，2011：273-274.

包头。以枫香寨中的包头布巾为例，规格为长约180厘米，全宽约40厘米，对折成五层后形成宽度约为8厘米的长巾，并将两端部分封死，留出中间50—60厘米的活动部分。更加精美的包头巾会在正中贯以串珠装饰或是银饰吊坠，两端镶以蓝、红两道布作为边饰，同时缀以长10—15厘米的穿绿珠的红缨须。包缠时将对折的中段打开覆于头顶，然后两边分别从额前缠绕至脑后，完成后尾端的红缨珠须垂于耳后随着女子的行动摇曳摆动，若隐若现，灵动万分。其步骤可以分解为6步（图2-118）。第一步：将包头巾中部覆盖于头顶；第二步：垂下的两边交叉分置两侧；第三步：右边部分从前额绕至脑后；第四步：左边部分从前额绕至脑后；第五步：两边绕至后脑处将绑带打结固定；第六步：整理完成。

与浙闽地区畲民喜欢通过银饰、串珠来进行头冠装饰不同，贵州畲民更多采用几何纹样与花卉纹样结合进行装饰，包头巾上的装饰图案内容基本为几何和花卉的组合纹样，类似蝴蝶形状的图案组合其中，变化多样而美丽。此外还会采用色织等多样化的手法来表现图案内容，但图案的组合方式和基本风格相对较为固定，主体部分为黑白（或靛蓝加白）装饰的花卉与几何纹样。图2-119是黔东南州民族博物馆中展出的包头巾穿戴状态的侧面和正面图。

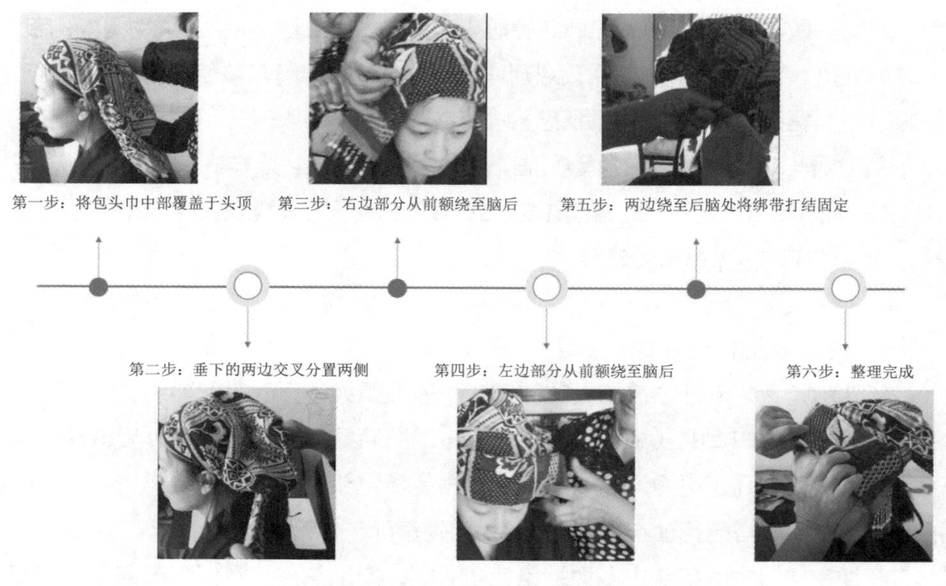

图2-118　花袖衣样式包头巾穿戴步骤示意图

（模特：吴莹洁）

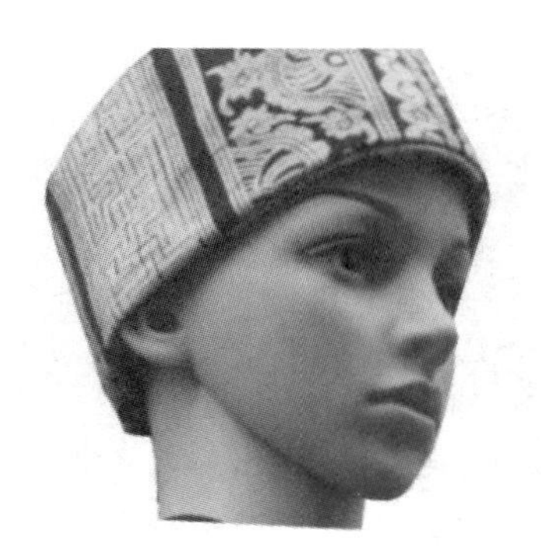

图 2-119　包头巾穿戴状态（侧面、正面）

项目组对麻江县枫香寨的包头巾进行了测量，并根据测量数据和实物图案、组织形式等进行了绘图（图 2-120）。从平面效果图可以看出，枫香寨畲民家中的包头巾上的图案是花卉结合几何的纹样，同时还有类似飞蛾或蝴蝶的变化图案。图 2-121 是包头巾穿戴完成后，搭配当地畲族女子服饰的全套着装效果，头顶的黑白图案包头巾和服饰整体形成了完整的着装形象，同时侧面的红蓝间隔和流苏在色彩上与服饰的红色底色的袖口装饰及蓝色腰带形成色彩呼应，整体服饰形象完整、统一。

图 2-120　枫香寨包头巾及效果图

搭配东家衣样式的绑头带由畲民自织自染的靛青色棉布所制，长约 3 米，总宽约 33 厘米，使用时需对折成近 9 厘米宽，一端留有长须，须长近 10 厘米。面料纹理有平纹、斜纹、花椒眼纹，实用且简单。其中最具特色的是花椒眼纹（图 2-122），这也是运用较多的面料纹理。除了美观的因素外，还可能是因为其纹理的防滑和耐用特点。使用时先将头发扎为一束，再将绑头带从没有须的一端开始绕于头围处，缠绕时束发藏于内，最后到末端长须时，捋开长须分别塞进盘绕的层与层之间，以达到固定的作用。另外还可以用银制别针来固定以防止散开，别针的造型如同长满果实的藤枝，既蕴含吉祥富足的寓意，又美观实用。

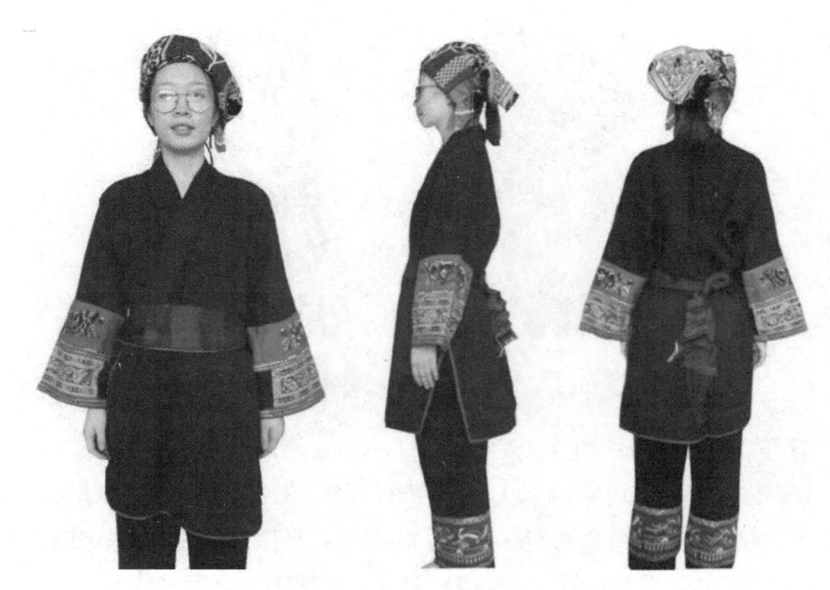

图 2-121　枫香寨包头巾和整体服饰搭配情况

（模特：吴莹洁）

图 2-122　花椒眼纹绑头带线描图及花椒眼纹

东家衣样式绑头带的穿戴可以分解为 5 步（图 2-123）。第一步：将绑头带卷起，留出一端没有须的一头；第二步：将没有须的一端裹住前额，剩下的部分从脑后穿过；第三步：剩下的部分开始围绕头顶缠绕；第四步：绕至末端时，将长须拨开，上下部分分别塞进绑头带内；第五步：整理完成。

2）江西东北地区的“狗耳巾”

新中国成立后的一段时期内，江西东北地区的畲族人不论男女都扎“狗耳巾”（即花边巾）作头饰（图 2-124）。最晚到 1990 年左右，当地畲族人的头饰仍主要是花边巾，头巾上的图案运用了铅山一带最为有名的石灰防染工艺，在两侧耳边的头巾角上各钉铜钱一枚，使巾角垂于两耳侧。狗耳巾的记载最早见于明末清初，“改梳高头……以尺许绣边蓝色巾覆之”①，后来民国时期因政治因素影响，“覆巾帕”变得越来越常见。

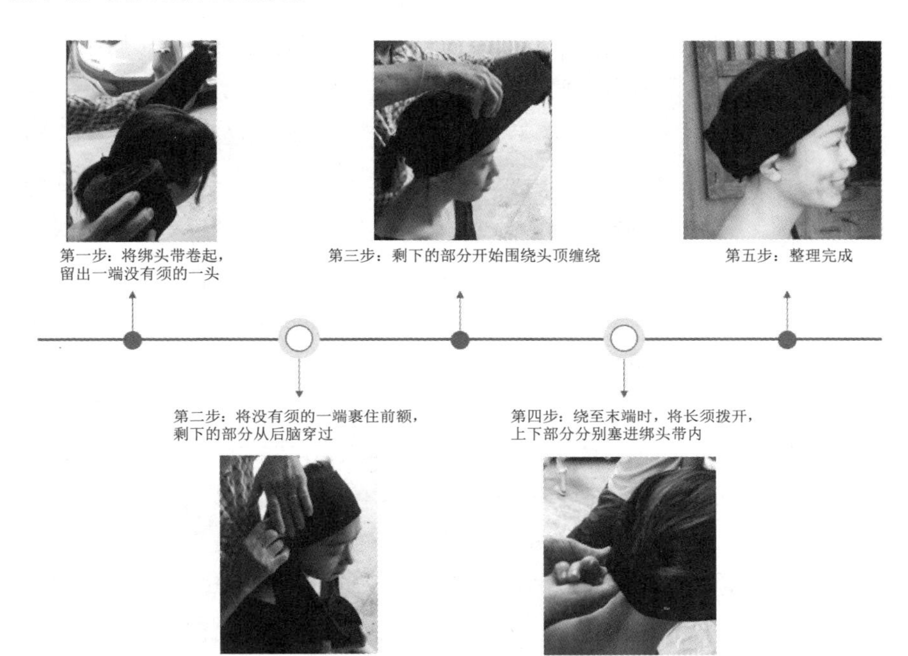

图 2-123　东家衣样式绑头带穿戴步骤示意图

（模特：吴莹洁）

图 2-124　20 世纪 80 年代扎狗耳巾的江西畲族男女

（图片来源：《江西畲族百年实录》第 357 页）

① 转引自：闫晶，陈良雨．畲族服饰文化变迁及传承．北京：中国纺织出版社，2017：97.

3. 畲族冠髻中凤凰母题的解读和衍生

畲族历史久远，族群发展历经迁徙，服饰随着族群的迁徙也发展出了诸多分支，在冠髻上的表现尤甚。畲族女子冠髻在其发展变迁的历史长河中，衍生出了各种各样的名称。即使是福建福安地区的发髻，也同时有“凤身髻”“凤凰中”“碗匣式”和“绒帽式”等各种不同的名称。但不论有多少种名称，现在畲族女子冠髻发式中被保留得较为完整全面的样式均与凤凰有关，由此可见，在畲族人民的思想观念中，凤凰情结根深蒂固，凤凰具有独特的象征意义，是重要的装饰母题。

畲族女子冠髻多以凤凰为名，单以发髻论就有“凤头髻”“凤身髻”和“凤尾髻”三种名称，但明清以前的史籍文献记载中几乎未见凤凰冠饰记载，常见的冠式名称是“狗头冠”。畲族人民以犬头人身的神话形象为男始祖，称其为忠勇王，以高辛帝三公主为女始祖。但是，由于受到传统的“犬辱文化”和东夷凤鸟崇拜的影响，在漫长的族群发展和各民族交流中，畲民逐渐将盘瓠龙神化，并以凤凰形象指代女始祖，这也是畲族文化中“崇凤意识”的萌生和表现。这种意识转变开始让畲民有意识地给自己的民族形象注入凤凰意象，并将其高度抽象化，再结合自己民族原有的椎髻样式，衍生出一系列带有凤凰意蕴的冠髻，与椎髻这一发式相辅相成，成为畲族冠髻沿革脉络中极为关键和重要的部分。

在各民族的文化中，婚礼是重要的人生分水岭，男女采用一种普遍认可的冠髻形制来表明自己的婚姻状况和角色身份，畲族人民亦保留了这一习俗并一直延承到现代，在漫长的族群发展中逐渐形成了冠髻一体和冠髻分离的不同佩戴习俗。福建畲族的凤凰冠只在婚嫁和殡葬之日使用，平时则盘结带有凤凰形制特色的发髻来取代影响劳作的凤凰冠头饰，但浙皖一带的畲民却将佩戴凤凰冠这一传统习俗保持得很好，从婚嫁后就一直佩戴这种头冠直到入殓，这可能与史图博所提到的这一带畲民固守传统的心态有关。

三、银饰

1. 分类与特征

（1）冠饰

冠饰一般指古代的帽子，在畲族配饰中指的是婚嫁时佩戴的凤凰冠。前文所述畲族凤凰冠中运用了大量的银饰进行装饰，这些银饰具有一些特定的装饰手法和装饰工艺，是畲族凤凰冠的主要装饰物，在畲族冠饰中起到了重要的作用。畲族凤凰冠中的银饰又可分为银片和银链两种形式。银链主要有十字链、龙骨链和8字链三种（图2-125）。十字链是由圆形银圈依次交叉连接的十字形银链；龙骨链又称麦穗链，呈银线绕成的立体四面雨滴形状，通过头尾环环相连而组成似龙骨又似麦穗状的银链；8字链是将银线绕一圈“8”字，在中间相交处缠绕三圈固定而成。十字链与龙骨链常出现于景宁凤凰冠中，其工艺与8字链相比更加精细，需要用焊料焊接而成，而8字链则无须焊接直接缠绕银线即可。银链子常出现于凤凰冠的正面或侧面，有时还与银挖耳勺、银牙签一同串成链悬挂于凤凰冠侧面。

薄银片、银链子和银簪笄等饰品是畲族凤凰冠必不可少的组成部分，具有錾刻纹样的薄银片是畲族凤凰冠最主要的装饰。凤凰冠中的每一片银片都会刻上相应的錾刻纹样，不存在空白无纹样装饰的银片，其大小根据装饰的位置不同也随之改变。当作为冠身主体装饰时，多采用较大面积的矩形银片包裹冠身正面位置；当作为辅助装饰时，则采用大小不一的小银片或用银线和绒线连接作为悬挂装饰，或直接用绒线缝制于冠帽上（图2-126）。表2-11展示了景宁、福安和霞浦三个地区凤凰冠上所呈现的辅助装饰银片造型，三个地方主体装饰的银片都运用到了矩形，而辅助装饰的银片部分略显不同，内容较丰富。

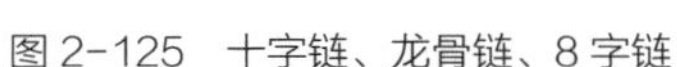
图2-125 十字链、龙骨链、8字链

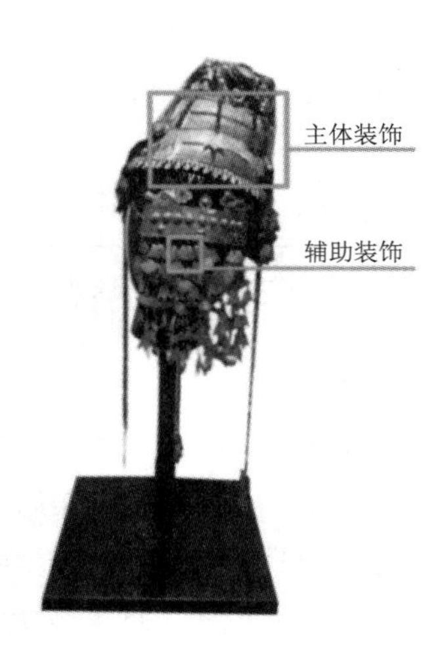

图2-126 主体、辅助银片装饰示意图

表 2-11　辅助装饰银片对比

辅助装饰银片	景宁	福安	霞浦
 莲花瓣形	√		
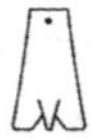 山字形 1	√		
 山字形 2		√	√
 菱形 1	√		√
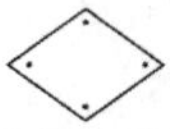 菱形 2		√	
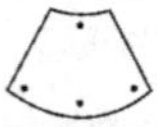 扇形		√	
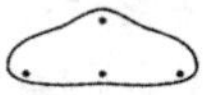 云形		√	√
 鱼形		√	√
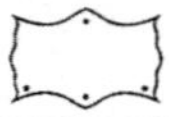 不规则形			√
 花瓣形			√
 福袋形			√

注：√代表此地区有此样式。

（2）发饰

我们将畲族妇女用于头部、用来装饰头发的各类装饰品统称为发饰。发饰的种类繁多，其中银簪是畲族主要的传统发饰。银簪在民间又叫作银板插。畲族银簪分为日常佩戴的银簪与重要场合佩戴的银簪两种，日常佩戴的银簪多为如意式，造型较为统一，其主要功能是束发，在追求功能的基础上添加装饰；重要场合佩戴的银簪需与特定的凤凰冠结合佩戴，通常讲究与凤凰冠的一致性。

如意式银簪的造型特点为中部及两侧向下弯曲似如意，两边宽、中间窄、头尾为尖角，便于畲族妇女日常盘发佩戴。如意银簪的装饰表现或是在两侧较宽位置具有同比缩小的橄榄状凸面，在外凸出部位的轮廓线上添加植物錾刻纹样；或是无凸面装饰的扁平式，沿着外轮廓向两侧中心添加錾刻纹样（图 2-127）。如意式银簪造型简约，依据银簪轮廓形状而添加装饰，具有朴实、实用的特性。

日常佩戴的银簪与重要场合佩戴的银簪具有较大的区别，前者样式统一，方便束发，而后者造型多变，根据凤凰冠的装饰需求而定。某些地方的凤凰冠在重要场合会使用银簪搭配，以增强华丽感，例如景宁和顺昌的凤凰冠。但是，虽然这两种凤凰冠在佩戴时都需要添加银簪作为饰品，但银簪的外观形式相差甚大。

畲族银簪中装饰最繁多也最具特色的当属景宁凤凰冠中的银簪，它由两根粗细一致的银条通过矩形银片平行固定在末端，呈现尾部分叉的银簪造型。银簪的侧面有十字银链装饰，银链上加饰了 2—3 个末端有银片装饰的银链以及银挖耳勺和银牙签，银片上錾有点状錾刻的卷草纹和凤凰的线描纹样，使银簪整体富有层次感，形象比普通银錾更为饱满。景宁凤凰冠的银簪对于凤凰冠整体而言具有重要的加饰作用。由于景宁凤凰冠不似其他凤凰冠本身具有大量的银饰装饰，侧面仅有玻璃珠串装饰，外观简练，因此需要特制的银簪来增添装饰。

笔者 2018 年 1 月与顺昌县畲族文化研究会工作人员进行访谈，据其介绍，顺昌凤凰冠实际上是由 60—120 枚银簪按照扇形排列组合而成的，由于所需银簪数量之大，因此银簪的造型相对简易。它的装饰部分仅为几组不同动植物錾刻纹样的圆形银片，因此这种形状单一的银簪适合顺昌凤凰冠的制作需要，在简单的银簪造型下排列组合成独具特色的顺昌凤凰冠。顺昌凤凰冠配套的银簪不止一种，在凤凰冠的侧面也常用玻璃珠链子勾挂一枚银簪，玻璃珠上悬挂的银簪是带有弧度的方头圆尾平面造型。银簪的方头位置留有圆孔，用来连接玻璃珠链子，植物纹样錾刻面积约为整个银簪表面的二分之一，同样是简约精练的装饰与冠顶的银簪融为一体（图 2-128）。

图 2-127　中部凸起式、扁平式如意扁簪

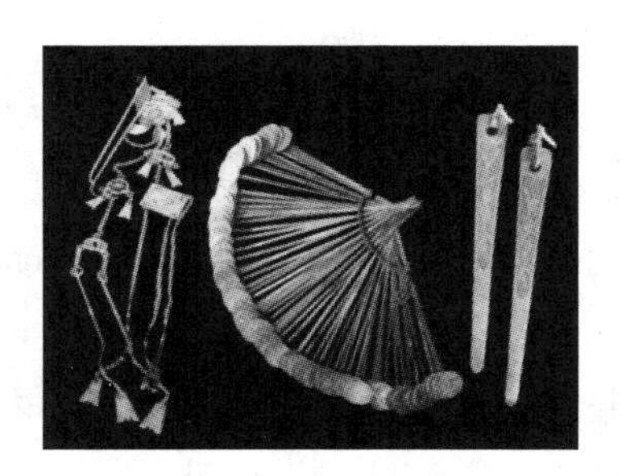

图 2-128　景宁凤凰冠银簪、顺昌凤凰冠冠顶和侧面银簪

（3）耳饰

问号形耳环是畲族较为常见的耳环，与苗族泡钉弯钩银耳环相似，都是圆环顶端带有装饰的环状耳饰，两者不同之处在于圆环前后部分的装饰不同。苗族泡钉弯钩银耳环的首端呈蘑菇状，末端呈尖头卷曲状，而畲族问号形耳环的首端为圆锥体。两者最大的区别在于耳环本身的头尾两处卷曲的方向及装饰造型不同，苗族的是末端向反方向卷曲，而畲族的是首端向反方向弯曲（图 2-129）。畲族问号形耳环分为大小两种，小型的直径为 2.5 厘米，通常由畲族少女佩戴；而大型的问号形耳环（图 2-130）如手镯般大，是小型耳环的两倍甚至更大，通常由已婚妇女佩戴。

图 2-129　闽东畲族问号形耳环

图 2-130　景宁大型问号形耳环

（4）项饰

项饰是颈部装饰品，畲族项饰与其他民族的差异较小，但是畲族的项饰可以与挂件脱离。项饰可依据外形分为项链与项圈（图 2-131、图 2-132），项链以链环相连，便于佩戴，具有灵活性；项圈是以实心或空心银条直接焊制，呈现圆环状，定型之后便不可活动。由于项圈制作工艺较为简单，工艺成本低，因此早期佩戴项圈更为普遍。

项饰常与长命锁或者花篮牌（图 2-133）结合佩戴，具有较为浓郁的地域特色，如沿海地区的长命锁上就挂有血蚶、鱼等海洋双面立体动物装饰，平原高山等地还有桃形、花形、狮子形等双面立体垂挂物装饰。

在各地畲族服饰的银饰搭配中值得一提的是贵州畲族凤凰衣样式。与其他畲族服饰样式不同，贵州畲族凤凰衣样式中使用了大量的银饰（图 2-134）。除了有银耳坠、银手镯、银戒指这些基础的饰品外，最具族群特色的是盛装时在项颈上挂有一月亮银牌，坠于胸前，银牌上雕刻有双凤抢珠图案，挂链与银牌之间点缀有多个银蝶，如蝴蝶停驻于上，栩栩如生。银牌链上同时缀有银铃铛，发出清脆悦耳的声音。项饰还包括实心挂项圈，一般以单数为一套，内小外大。这些银饰由畲家民间工匠加工制作，造型优美别致，充分体现了畲族人的聪明才智和高超技艺。① 如果说凤凰衣丰富的色彩表现出了凤凰艳丽的羽毛，给人以视觉上的惊艳，那么所搭配的华丽繁多的银饰品则不仅给整体服装增色许多，而且银饰间相互撞击的声响可以给人带来听觉上的悦耳享受。

图 2-131　项链

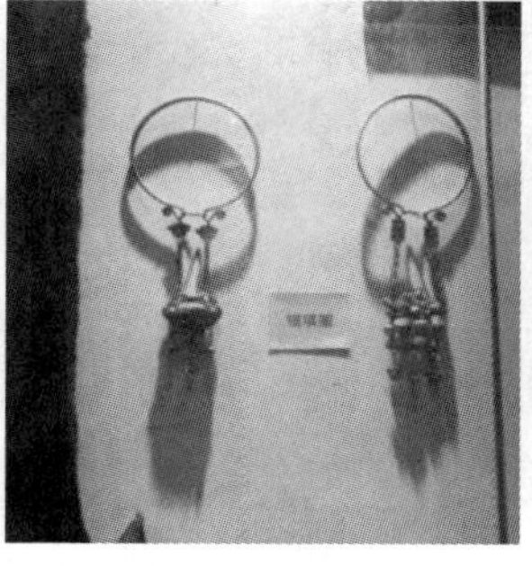

图 2-132　项圈

图 2-133　长命锁、花篮牌

（5）手饰

手饰是戴在手上的装饰品，包括银戒和银镯。畲民佩戴的传统银戒与当地其他民族的在造型与纹样上相差较小，无明显民族特征，按照畲民较常佩戴的戒指类型可分为圈戒与花戒。圈戒（图 2-135）指的是圈状环绕、表面无明显凹凸装饰的戒指；花戒指的是表面有明显凸出装饰的戒指，如拳头戒（图 2-136）、镂空戒等。

畲族妇女和小孩常常佩戴银质手镯，因为畲族人认为其能辟邪除秽。传统手镯可分为推拉式和绞花式，推拉式包括光面镯、拳头镯、八卦镯、九圈镯、十锦镯等，绞花式包括麻花镯、六瓣镯等。项目组通过田野调查得知，麻花镯、六瓣镯和九圈镯是畲族比较具有民族特色的银镯。

推拉式手镯的代表九圈镯（图 2-137）是目前市面上不太常见的一种手镯。九圈代表长长久久，九圈镯是畲族最具传统特色的银镯，它是在带有錾刻纹样的光面推拉手镯表面，套上九个可以活动的圆银闭环装饰而成。

① 参见：贵州省麻江县仙鹅村《王氏族谱》第 71 页。

佩戴畲族新年银饰头冠的女子

（头冠为蓝文鑫藏；模特：杜培研）

日常生活中佩戴银饰的福建上金贝村畲族老人

图 2-134　畲族银饰佩戴效果

图 2-135　圈戒

图 2-136　拳头戒

图 2-137　九圈镯

图 2-138　麻花镯

以麻花镯和六瓣镯为代表的绞花式手镯，是目前市面上推广情况较佳的畲族银镯。麻花镯（图 2-138）又称为扭索镯，顾名思义造型似麻花或绳索，因此具有同心协力、幸福美满的寓意。它分为两股、三股和四股，不同股数编制成的手镯在外观和制作手法上也会有差异。

（6）服饰配件

除了福安等个别地区有使用银纽扣的习俗外，浙闽等地的畲族服饰上几乎没有显著的银饰配件，并且福安地区的银纽扣配饰也很简单。但是项目组在贵州调研期间发现，贵州畲族的服装上常用银饰配件做扣合件，包头巾上也使用银别针固定。这些银饰扣合件做工精美，雕刻了细致的图案，是贵州畲族特有的装饰特征。旧时贵州畲民因为生活困顿，大多将银饰品卖出，有些甚至将拦腰上用以固定的银牌、银链当掉，所以在项目组走访期间，银饰品资料的收集成果非常少，对畲族银饰品的了解也只能透过拦腰和东家衣上的银制装饰了解一二。

如挂脖款拦腰采用银质的腰链和挂链，挂链由一个个四瓣或是五瓣花环串接而成，两端是银质蝴蝶造型的挂钩，与拦腰最上边两端固定的竹篮造型银牌挂环搭配使用（图 2-139）。挂钩款拦腰最上边固定了一银质月牌（图 2-140），连接着银链挂钩，半圆形月牌上雕刻有类似蜜蜂或是蝴蝶形象的纹样，组合了藤节枝叶和果实形象的纹样，寓意丰收美满，图案有趣且精美。

图 2-139　挂脖式拦腰的银牌及线描图

图 2-140　挂钩式拦腰的月牌及线描图

除此之外，还有东家衣上的莲蓬搭扣、拦腰上的挂饰，其造型多采用蝴蝶、花朵、花篮这些具体形象。如贵州麻江县枫香寨一位畲民家中珍藏了一枚固定绑头带的银别针（图 2-141），其造型如同藤枝缠绕，上面结满了果实花朵，奇特而美丽。

图 2-141　绑头带上的银别针及线描图

凤凰衣的华丽不仅体现在色彩和刺绣装饰上，还体现在银饰品的使用上。除了有银耳坠、银手镯、银戒指这些基础的饰品外，银质项圈、银牌等都錾刻精美，造型优美别致。畲族人善于结合日常生活所见进行创作，例如拳头戒就是他们独有的巧思设计。在领襟处的装饰除了刺绣图案，有时还会装饰有红色嵌条，以及在领襟最外沿处点缀银蝶、银铃（图 2-142、图 2-143），走动起来发出清脆动耳的声音，甚是吸引人。

图 2-142　青年装上的银蝶、银铃

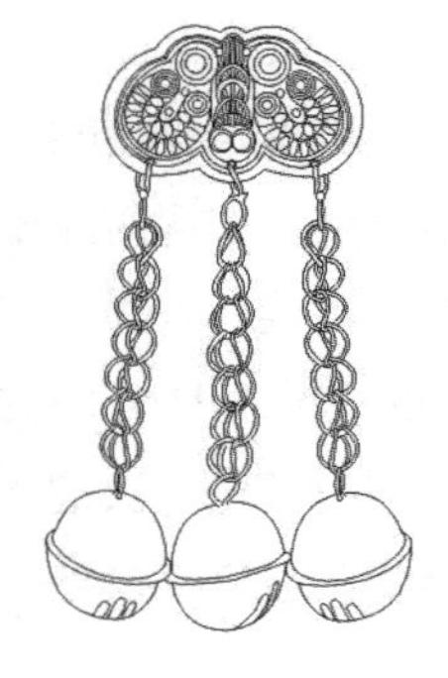

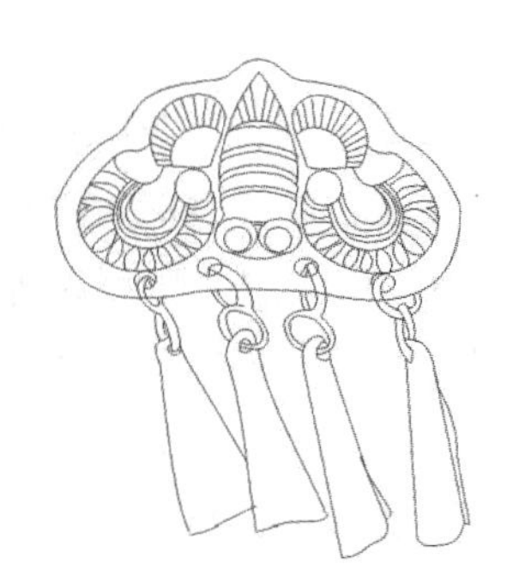

图 2-143　蝴蝶银饰线描图

2. 典型代表工艺

早期畲族银饰的含银量较低，随着生活水平、科学技术和金属冶炼技术的提高，含银量提高至 90%—99%。畲族传统银饰的制作工具与一般传统制银工具一样，都用到了喷火焊枪、焊料、锤子、钳子、剪刀、拉丝板、戒指手镯定型柱、錾头、锉刀、玛瑙刀、水砂纸和铜丝刷等工具。其中喷火焊枪、焊料、锤子、钳子、剪刀、拉丝板、戒指手镯定型柱是通过外力改变银饰基础造型的工具；錾头和锉刀是银饰纹样加工和细化的工具；玛瑙刀、水砂纸和铜丝刷是银饰清洗及抛光的工具。

与精致华丽的苗族银饰相比，两者的工艺不同之处在于：苗族银饰注重细小部件，如通过搓银丝掐图案等组合及叠加设计工艺，注重细节且银饰造型立体化；而畲族银饰工艺不如苗族繁复，注重整体块面的表达，且整体趋于扁平化特征。畲族银饰的制作工艺可按照银饰的工艺类别分为錾刻工艺、绞花工艺和套模工艺，其中錾刻工艺几乎运用于每一件畲族银饰中，绞花工艺主要运用于手镯的制作，套模工艺主要运用于立体的银饰设计中。这三种工艺是畲族银饰设计的重点，錾刻工艺的使用最为广泛，绞花工艺颇具民族特色，套模工艺不可缺少。

（1）点线结合的錾刻工艺

畲族银饰设计的主要表现手法是錾刻，錾刻技术至今已有千年的发展历史，几乎大大小小的每一件畲族银饰都用到了錾刻工艺。根据表现的艺术形式錾刻可分为点錾和线錾两种技法，点錾法适用于多种錾头，而线錾法仅适用于一字錾头，点錾和线錾的内壁也有所区别。

錾头工具是银饰錾刻纹样的必需品，畲族打银匠人所用錾头多种多样（图

2-144），畲族银饰的每一件银片装饰上都刻有相应的纹样图形，錾刻的纹样及线条造型不同，需要用到的錾头也不一样。硬朗线条对应一字錾头，曲线对应月牙形錾头，花朵图形对应花瓣錾头，方形对应矩形錾头，点对应点状錾头，弧面对应半球体錾头。除此之外各种錾头还有大小尺寸之分，具体使用情况依图形纹样的需求而选择运用（图 2-145 至图 2-150，表 2-12）。

錾头的錾刻方法是先用喷火焊枪的火焰熔化松香胶台的表面，再将银片固定于松香胶台，然后左手握錾头，右手握铁锤，在绘制好纹样的银片上依据线描稿轻轻敲打成型，最后取出银片与松香胶分离。

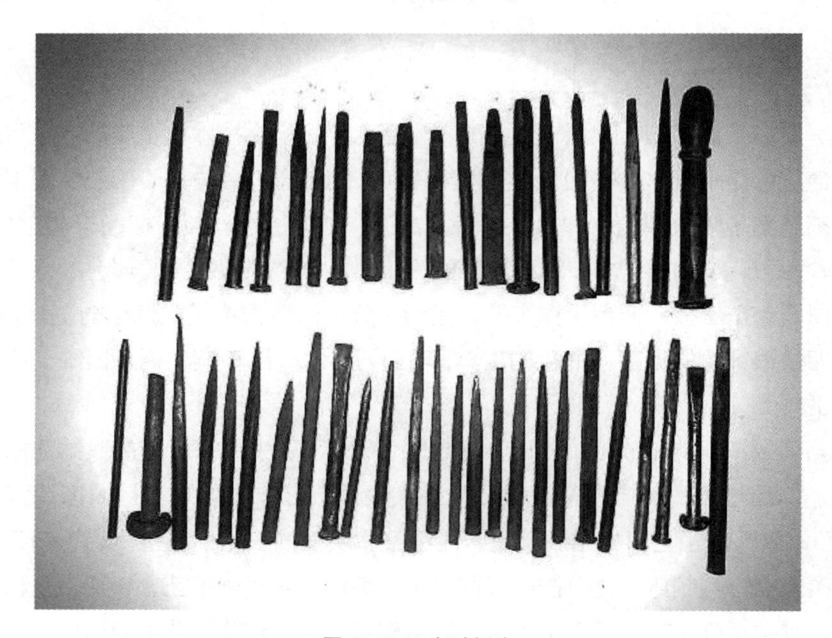

图 2-144　各种錾头

图 2-145　一字錾头

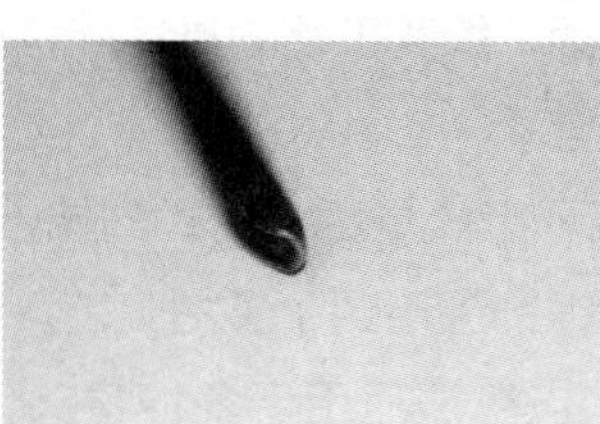

图 2-146　月牙形錾头

图 2-147　花瓣錾头

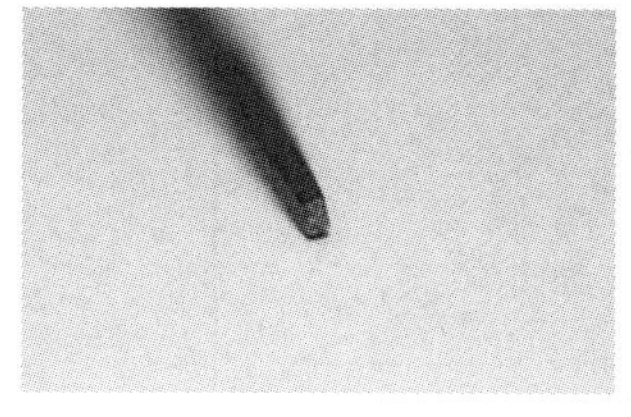

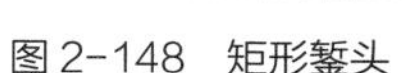

图 2-148　矩形錾头

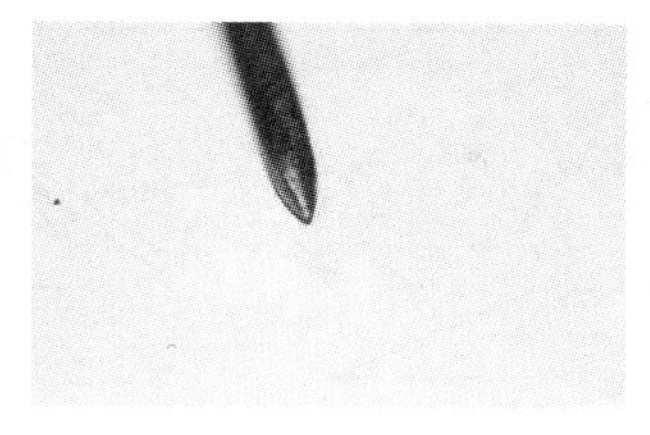

图 2-149　点状錾头

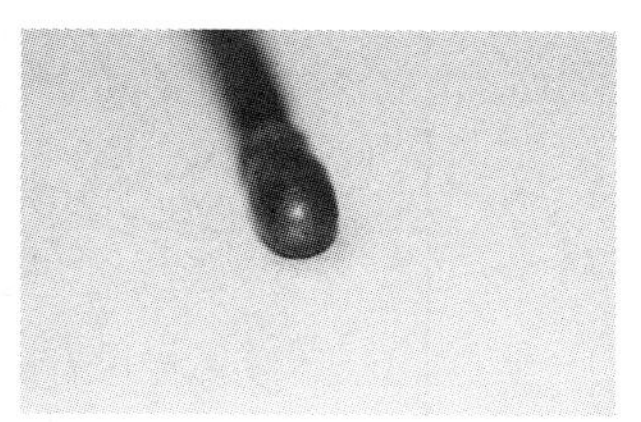

图 2-150　半球体錾头

表 2-12　錾头头部形状示意

名称	一字	正方形	长方形	点状	短线	小月牙	大月牙	花瓣	半球体
形状									

1）点錾法

点錾法分为点錾成线和点錾成面两种技法（图 2-151 至图 2-153）。点錾成线的点錾法是畲族银饰最具特色和代表性的艺术设计手法，经常运用于畲族凤凰冠的设计与制作中。点錾成线是通过无数个点连成线的錾刻技法，表现轮廓简单易懂的植物与动物的纹样，还经常用作银饰边缘的修饰。点錾成面技法是一种辅助性装饰手法，通过在银片上使用铁锤快速敲打匀速推动中的錾头，形成点状磨砂效果，通常用作凤凰冠上龙身的装饰，也经常用作长命锁的底纹处理。

图 2-151　点錾成线成品效果图

图 2-152　点錾成面成品效果图

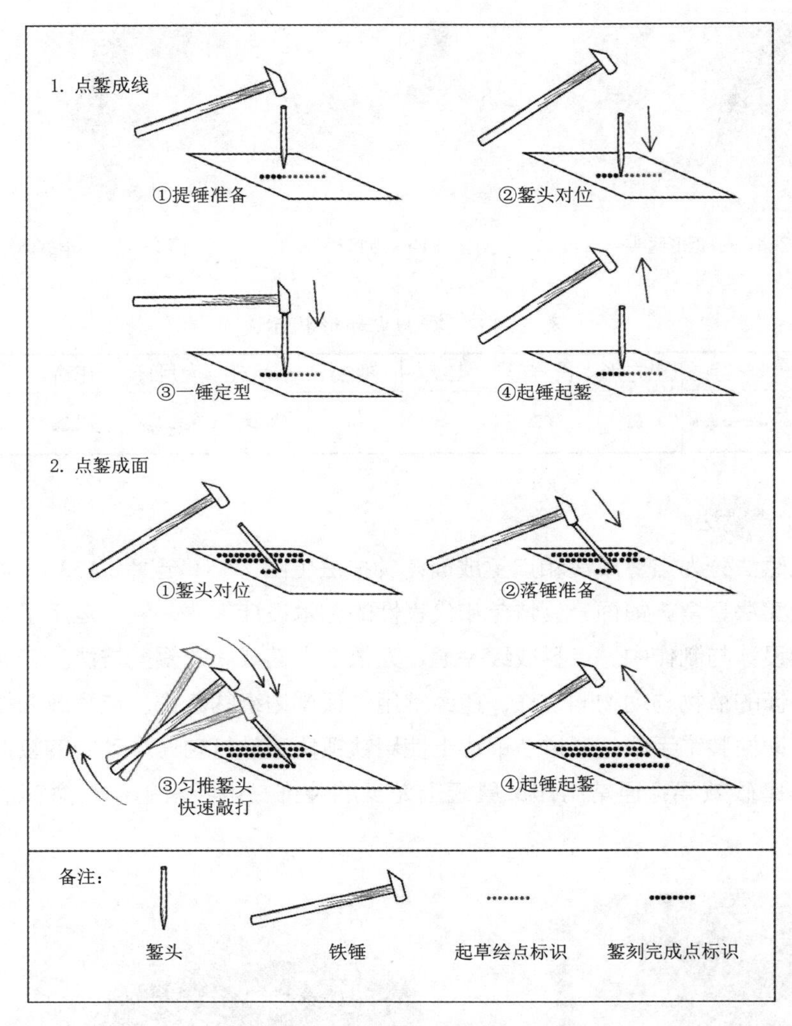

图 2-153　点錾成线、点錾成面工艺说明

2）线錾法

线錾法分为切刀法和冲刀法（图 2-154 至图 2-156）。切刀法是一种刀痕清晰的錾刻方法，先将一字錾头的刀角似正锋揳入，而后使劲旋动腕力将錾头把扶起，使刀刃全部印入银上。錾头在一起一伏的连续动作下，一个刀痕接一个刀痕地连缀而成线条清晰的纹样。切刀法形成的纹路特征是线条短且有停顿。冲刀法是使用一字錾头在银饰上一气呵成快速划刻的方法，形成的线条纹路一头粗一头细，像柳叶一样。冲刀法一刻即成，常用来表现植物的茎或者其他线条流畅、形

式较为随意的纹样，多在畲族银镯、胸牌等装饰面积较充裕的平面上呈现。实际操作中，就用刀技巧而言，切刀法比冲刀法更容易掌控，是一种较为基础的錾刻手法，而且也能够表现线条复杂的纹样，它涉及的饰品种类之多、纹样范围之广，使其成为畲族银饰中运用较普遍的设计手法。在畲族银饰中切刀法形成的图案最为常见，线条细碎、板正规矩。与之相对应的是冲刀法需要技术相当熟练才能运用自如，其线条硬朗流畅、生动自然。

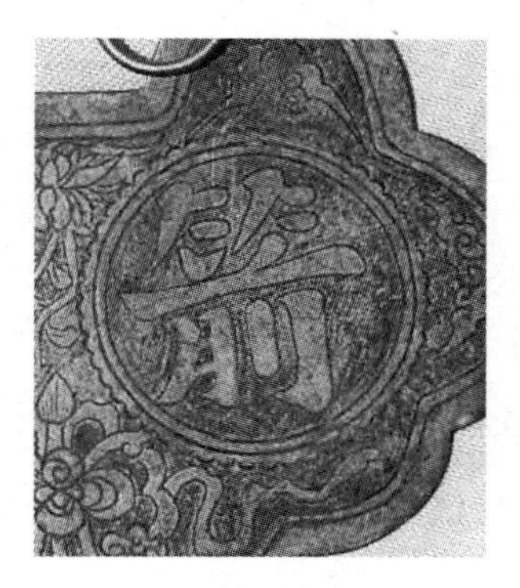

图 2-154　切刀法成品效果图

图 2-155　冲刀法成品效果图

（2）股数各异的绞花工艺

畲族银镯的设计中经常使用绞花工艺进行装饰，这种手镯也是近年来民族地区手工艺企业大力推广的一种具有畲族民族特色工艺的产品，比其他畲族银饰有更高的知名度。绞花工艺按照编织的方法可以分为合股旋转编法的麻花编和两两编织法的马尾编。

1）麻花编

麻花编通常是由两股到三股银条合并顺时针同向扭转，也就是合股旋转编法（图 2-157）。两股和三股麻花镯的制作过程大同小异，都是将银条向同个方向扭转而成，而四股麻花镯是由两条顺时针扭曲成形的绳索状银条再通过顺时针扭曲成四股，前后两次扭曲都必须为同一方向。根据首届宁德市“珍华堂”杯畲族银雕技能大赛二等奖获得者林飞先生的提示，四股麻花镯在扭曲结束前需要往反方向回转一圈，以防止扭曲的银条由于张力收缩变形。

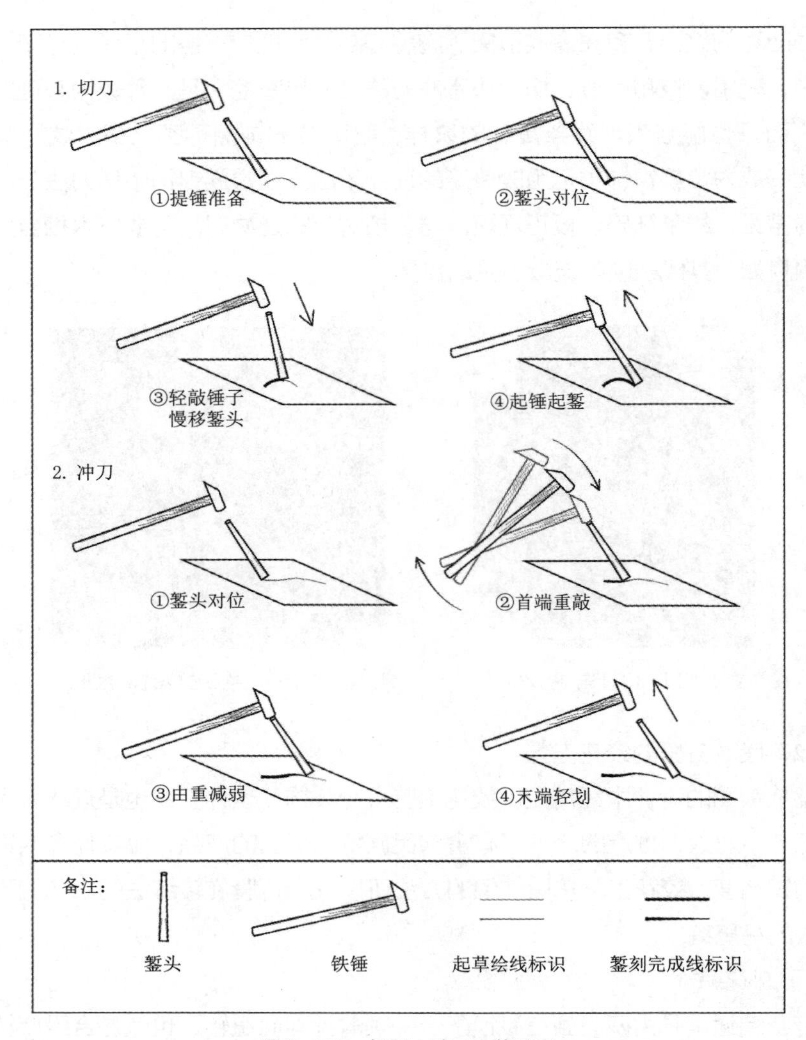

图 2-156　切刀、冲刀工艺说明

图 2-157　两股麻花镯

图 2-158　六瓣镯

2）马尾编

马尾编是由两组三股的银条状马尾辫在同一平面上相互缠绕编织，因此马尾编的方法被称为两两编织。六瓣镯（图 2-158）是马尾编的典型代表，它是由六股银条编制的扁平状手镯，具有一帆风顺、和和美美的寓意，也是目前最受欢迎的一种畲族手镯。

（3）便于重复的套模工艺

套模是使用模型（图 2-159）拓印纹样的工艺，它便于重复制作纹样相同的饰品，依据造型可以分为单面和双面两种。套模工艺虽然不是畲族银饰传统工艺的典型代表，但是用套模工艺制成的立体银饰是畲族人民经常佩戴的饰品，它是畲族人民几代人的共同记忆。

单面式套模，如凤凰冠的主体银片上的浮雕纹样，正面饰有纹样雕刻而背面为空（图 2-160），它需要通过模型器具来辅助加工制作而成。首先将银片按压在模型上，使模型与银片紧密贴合，再用喷火焊枪将其加热，使银片完全成型；其次待银片冷却过后与模型分离，再用錾头修复敲打即可。双面式套模，如双面立体长命锁（图 2-161），是利用单面套模工艺制作两片附有装饰的银片之后，将其正反两面银片分别注入蜂蜡，待其冷却过后，将两片银片的边缘焊接完成双面的立体装饰。注入蜂蜡的立体银饰可以使其外观不易变形，铃铛等小件垂挂物通常留有出气孔而不注入蜂蜡。

图 2-159　套模使用的模型

图 2-160　单面龙纹

图 2-161　双面立体长命锁

3. 畲族银饰传递的民俗观念

（1）长幼有序的观念

畲族传统银饰的五种主要品类是按照人体佩戴的部位划分的，从同品类银饰的佩戴对象的区别中可以看出畲族银饰与佩戴者的年龄具有紧密联系，体现了畲族人民浓厚的长幼有序观念。从佩戴对象上看，凤凰冠佩戴的对象为适婚年龄的姑娘，小孩一般佩戴童帽而不是凤凰冠；银簪的佩戴对象为中老年妇女，小孩不佩戴银簪；问号形耳环中，大问号耳环由年长者佩戴，小问号耳环由未婚少女佩戴；长命锁项饰由未满十八岁者佩戴，成年人一般不佩戴；有铃铛装饰的手镯由小孩佩戴，成年人佩戴的手镯无铃铛类垂挂物。

因此，畲族银饰佩戴对象的划分展现了畲族人民传统的长幼观念，这种观念从意识形态的角度出发通过银饰这一载体侧面显现，它并不是造型和装饰的模仿表现，而是一种内在精神的隐性表达。这种对长幼有序观念的隐性表达也在畲族人民的传统服饰及节日庆典等日常生活中体现，所以融会在畲族银饰中的隐性表达并不是特例，而是说明长幼有序的传统观念已经在畲民的思想中根深蒂固。

（2）重视人生礼仪

畲族人民格外重视民俗节日或者人生中具有重要仪式感的特殊日子，除了丧礼不能佩戴饰品以表达对逝者的尊重之外，不同的节日具有不同的装扮方式，如春节、“二月二”、“三月三”、婚嫁、满月、周岁、成年礼等庆典（表2-13）。婴儿满月和一周岁时通常举办家宴，将喜讯告知亲友，并且让婴儿佩戴银手镯、长命锁项链和脚镯以祝愿幼孩健康成长。畲族以年满十六岁为成年并且举行成年礼，笄礼即为家长为其成年（也叫成丁）的儿子加冠，或为其女儿扎笄并赠予项链及银镯，委以子女重任及祝福。庆祝春节、“二月二”和“三月三”等民俗节日时，畲族妇女会精心装扮自己，佩戴银簪、项链、耳环和戒指等银饰，比平时更加重视银饰的美化作用。畲族的婚嫁习俗和新娘的装扮都比较特别，新娘需要头戴凤凰冠，就如传说中的三公主一样装扮，并且尽可能佩戴较多的金属饰品，在一生中最重要的日子展现最美的一面。

表2-13 民俗节日、人生重大仪式上佩戴的银饰区分

银饰	满月、周岁	成年礼	一般民俗节日	婚嫁
凤凰冠				√
银簪			√	√
项链、银镯		√	√	√
戒指			√	√
长命锁	√			

注：√代表有此样式。

畲族传统银饰的佩戴是畲族人民注重仪式感的一个表现，主要体现在重视传统节日和人生重大仪式上，而佩戴银饰也构成了民俗文化体系的一个部分。因此，从特殊节日与银饰佩戴的关系上看，畲族人民非常重视传统习俗庆典，他们以庄重的礼仪装扮寄托对祖先的追思、对未来人生的祝愿和对生活的美好愿景。

第三章　畲族服饰的审美文化内涵

第一节　色分五彩

畲族传统服饰承载着畲族历史记忆与传统文化，是凝聚着族群历史与文化的民族艺术品。畲族传统服饰在历史文化长河中经历了多次的民族融合与交流，但仍然保持着其鲜明的服饰特色，这主要是因为其生动的服饰图案以及鲜明的服饰形制与畲族神话、传说、故事、民歌相互融合，共同传达畲族人民朴实无华的民族精神，同时向后人传述畲族的起源、历史，起到了传承历史文化的作用。实地考察过浙江、福建、江西、贵州、广东等地的畲族村寨和服饰遗存后，我们发现畲族服饰虽然因地域不同演化出诸多分支样式，但在色彩搭配上基本遵循蓝黑色衣料上彩绣、镶嵌五彩斑斓的装饰的形式，装饰色以红、白、蓝、黄、绿为主要色，或刺绣，或镶绲，或拼接，与蓝黑色底布形成鲜明的色彩对比。装饰部位一般为领口、袖口、门襟和拦腰裙面，各地服饰因装饰面积的不同而形成或华丽（如罗源式服饰）或朴素（如福安式服饰和景宁式服饰）的效果。青蓝色加五彩装饰的服装色彩搭配的形成跟畲族多年来形成的种植经济特色和祖先文化信仰的代代相传有着密不可分的关系。

畲族服饰是族群图腾、祖先信仰和始祖崇拜的一种外化表达。《后汉书》中记载有盘瓠后代“好五色衣服”“衣裳斑斓”，可谓是畲族服饰好五彩色装饰的根源。除了“五色衣服”，各类文献中提及畲族服饰时总以“衣尚青蓝”描述。各地畲族服饰皆喜用青蓝色或黑色的主料，这种习俗源自畲民善于种菁。菁即靛蓝，是一种具有三千多年历史的还原染料。战国时期荀子的千古名句“青，出于蓝而胜于蓝”就源于当时的染蓝技术。这里的“青”是指靛蓝色，“蓝”则指制取靛蓝的蓝草。[①] 明清时期开始，各畲族聚居地区不仅普及种菁制靛，而且技术上佳，量多质优，所种之菁用于染布，其色鲜艳，经久不褪，所以畲族聚居地区对自种自染的靛蓝衣料应用相当普遍。另外，由于畲民大多从事耕猎活动，日常劳作非常辛苦，男女皆然，青蓝色的服饰经久耐脏，适合劳作时穿着，故而各地畲民不论男女均喜着青蓝色服装。以青蓝、青黑色为主调的畲族日常服饰（图 3-1）看

① 肖正春，张广伦 . 我国植物食用色素资源开发利用评价 . 中国野生植物资源，2014（1）: 46.

似朴实，配以月白或大红镶边，可以衬托出穿着者或淡雅或奔放的形象，盛装时绚丽的刺绣和花边在蓝黑色服饰的基调下被反衬得越发艳丽。

图 3-1 青蓝色的畲族服饰

从整体色彩上来看，福安式和景宁式比较朴素淡雅，罗源式最为花哨绚丽，霞浦式和福鼎式整体大方沉稳，细节精致华美。畲族服饰不似绣工繁复、装饰华丽的苗族女装，动荡迁徙的民族发展历程养成了畲族人民沉稳、朴实的性格，因此畲民服饰以蓝黑色为本料，喜欢在边缘装饰和镶嵌上使用红色布条为之，形成鲜明的色彩对比。比如福安式上衣的红色边缘绲边，肋下必镶嵌象征半枚金印的红布，精美的还在上面绣上凤鸟或花卉图案，老年妇女的服饰亦有仅作简单的边缘装饰而不绣花鸟图案的。福安式和景宁式的拦腰腰头均为宽 6—7 厘米的大红色棉布。罗源式大量镶嵌的花边和捆只颜绲边也是以红、白为基调，由于花边间隔较细，远观即形成视觉上的色彩空间混合效果，成为粉色调，衬托在底色为蓝黑色的服装本料和黑色短裙(短裤)上[①]，大花配素黑的色彩搭配在华丽之外平添了一丝沉稳。霞浦式和福鼎式的衣襟绣花基本是以大红、玫红色图案为主，间或掺杂一些金黄、牙白、水绿色做调和，整体色彩感觉是在蓝黑色服装本料上凸显出红色的绣花块面。[②]另外，凤凰冠上的色彩也是以红色为主，冠首裹以红布，珠饰则有白色、绿色、蓝色等多种颜色的“五色椒珠”。

畲族女子服饰的主色为黑底红饰的基调，在诸如镶绲、刺绣等装饰细节上采用红色为主，夹杂五色斑斓的绚丽色彩，大红、玫红、水绿、靛蓝、牙白、金黄、鹅黄等色彩丰富了装饰的细节，与《后汉书》中所载盘瓠后代“好五色衣

① 张馨翌，冯玲玲，李强．畲族女装服斗造型及纹样特征研究．丝绸，2020（1）：73.

② 张馨翌，冯玲玲，李强．畲族女装服斗造型及纹样特征研究．丝绸，2020（1）：73.

服”“衣裳斑斓”的描述相吻合；服饰色彩鲜艳明朗，在大量运用对比色的同时采用白色勾边、黑色压底的配色手法，有时掺入金线作为装饰，无意中竟和现代色彩美学的配色原色相符。同时，暖色基调的各种边缘装饰与图案在青蓝色服装基底上形成强烈的反差与对比，体现了一种稳重、端庄的审美特点（图 3-2）。

图 3-2　畲族服饰上体现的五色斑斓

第二节　材尚棉麻

畲民不论男女，服装均喜用麻，服色尚青蓝。苎麻是畲族传统衣着原材料，畲族男女所穿服装用布一半以上由自己纺织的苎麻制成。[①] 不论从历史文献资料的记载还是田野调查所见实物，以及跟畲族村民的访谈记录来看，棉麻一直是畲族服饰的主要材料，畲族传统服饰的服装主料基本都是棉麻。这一方面跟畲族人民质朴实用的民族个性有关，另一方面也是畲族传统经济作物在服饰上的体现。历史上的畲族先民以擅长种植麻作物闻名，畲民众多的经济作物中，苎麻和蓝靛种植占有非常重要的地位，这两种作物一为纺织原料，一为染色原料，它们在畲民中的普及流行对畲民传统服饰用料有相当的影响力。

畲民大多自备木制织布机，苎麻剖成麻丝、捻成麻绩，用于织麻布或绞麻线，自织自染自用。畲族妇女用自己种出来的苎麻捻纱织布，并用自产的蓝靛漂染，所以青蓝色苎麻成为畲民最常见的服用材料。苎麻和蓝靛的生产使得畲族服饰从种、纺、织到染、缝都可由畲民自己完成，也决定了畲族服饰传统上以麻为材料、色尚青蓝的传统。施联朱在 1958 年《福建福安县甘棠乡山岭联社畲族调

① 《畲族简史》编写组 . 畲族简史 . 北京：民族出版社，2008：46.

查》中提到，“妇女在芒种时开始种麻，一年可以收3次（4月、7月、9月）。一般是种下第一年没有收成，第二年收成很少，第三年才有好收成。麻收割后，打掉叶子，去皮，浸入水桶内，再刮掉第二层麻皮，置于阳光下晒干后，把它揉成线，然后加以纺织。一名妇女一天只能织宽2尺许、长1丈5尺的麻布。平均每户每年只有1斤麻线，可以制2件上衣和1条裤子”①。畲民这种自织自染的习惯一直延续到20世纪60年代。1950年后，随着国产棉布、化纤布大量投放市场，苎麻布受到冲击，苎麻种植面积日渐减少，但直至60年代，景宁畲族村里还有穿着自织自染的青蓝色大襟上衣的人，80年代后逐渐减少乃至消失。

项目组在田野调查中所见的传世服饰实物，几乎均为棉麻质地，丝绸等其他汉族常见服饰材料在畲族传统服饰中极少出现，仅在一些家居饰品、童帽、云肩、荷包等装饰品上偶见丝绸质地的物件。近现代以后随着服装主流市场采用的面辅料迭代，特别是机器生产带来的商品化服用面料普及后，麻布尤其是自织麻布的运用大量减少甚至逐渐消失，机织布和机制花边逐渐替代了手工制品，成为主要的服饰面辅料。根据项目组在景宁东弄村田野调查时走访的雷姓老妪回忆，景宁地区的畲族人20世纪60年代还在穿自种自纺自染的苎麻服装。在同期调查中项目组还见到了畲民家中新制的苎麻拦腰，但这种拦腰使用场合较少，在一些主要的节庆和展演中都被机织化纤布材质的取代了。

此外，由于畲族主要分布在我国东南地区气候潮湿炎热的山区，往往都是山高水险、竹林密布之地，因而将棉麻质地的面料用于服饰制作是最适合当地气候的。这种面料轻薄，吸湿透气，便于晾干，方便劳作。

第三节　形以思祖

服饰文化作为我国少数民族文化的重要载体和集中体现，折射出时代变迁下该族群的民族意识和文化特质。畲族小聚居、大杂居的分布特色以及历史上多迁徙、以耕猎为生的生产生活方式，在多元文化交融形成的文化濡化（enculturation）和文化涵化（acculturation）②的多重作用下，使畲族服饰在形制上以特殊的方式表达了对族群祖先的追思缅怀之情。发饰、头饰、花边衫、拦腰、绑腿等，共同构成了这个只有语言没有文字的民族不一样的服饰语言体系，

---

① 《中国少数民族社会历史调查资料丛刊》福建省编辑组．畲族社会历史调查．福州：福建人民出版社，1986：148.

② 这两个概念在第四章会具体介绍。

在漫长的族群发展历史积淀中形成了具有独特性、识别性、承载性的文化符号，并成为畲族文化叙事的一种媒介。

对畲族服饰整体造型影响最直接的是民族始祖传说。各地畲族在对始祖传说上的认同比较一致，虽然现代以来一些畲族民间团体对祖先是盘瓠还是凤凰有争议，但从历史上来看，这种祖先崇拜一直贯穿于畲族服饰的整体。在整体造型上，畲族服饰最为典型的特征就是拟物——此处的“物”为动物，主要是对男性始祖“忠勇王”的龙犬形象和女始祖三公主的凤凰嫁衣传说演化来的凤凰的拟态。这两种动物在形态上具有一定的相似性，都是由头部、躯干和尾部构成的，所以经过服饰的演化，对头部和尾部的阐述和演绎具有一定的共通性。

各地畲族的女子装扮以凤凰为名，凤凰冠则有凤首、凤身、凤尾的说法（旧时称“狗头冠”，对应为狗头、狗身、狗尾），这种传统的凤凰冠在景宁地区保留得较好，福建诸地畲民出于劳作和日常生活便利等原因，仅在婚丧礼服中保留原始凤凰冠，平日则以凤凰髻代替。畲族在服装上以绚烂的刺绣和花边形成对凤凰（或曰“五彩龙犬”）五彩身体的描摹。畲族女装造型简单，以右衽大襟衫为上装，除罗源式为交领外，其余均为立领大襟衫，为传统平面裁剪，连袖，领口和大襟处多有刺绣或镶边装饰，袖口多有相应装饰与之呼应，形成节奏感。除罗源式外，各地服饰多以蓝黑色为主，白色主调的腰带在前中心打结并垂下尾穗，形成 T 字形，随人体的活动而摇摆，非常醒目。罗源式的装饰最为绚丽，以大量条状镶绲花边的重复拼接形成块面装饰，袖口、拦腰边缘的镶绲与肩领部进行呼应。由于大量的花边和镶绲使服装上相应的装饰部位硬挺，穿上身后能保持挺括的造型。腰带于背后打结，垂于尾部，既保持了正面装饰的统一性又丰富了背后的视觉效果，加上头顶高耸的凤凰冠，显得穿着者修长挺拔。福安式较为朴素，通过边缘镶边对款式结构进行强调，衣襟呈直角造型，右侧服斗靠近侧缝处的三角印上的绣花和拦腰左右上方的花篮绣花相互呼应，使整体风格简单但不单调。霞浦式和福鼎式上衣的胸襟线条下凹成弧线，胸襟处的绣花以动物、花鸟为主，造型质朴，非常出彩。景宁式虽然服装样式较为普通，但珠冠的造型秀美华丽，畲族女子在高挑的冠首和垂挂的珠串及璎珞装点下别具民族风情。

一些畲族地区（如福安）的衣服大身前后片有明显的不等长设计，后裾明显长于前裾 3—7 厘米，现在的畲族人无法对这种样式做出解释，仅认为是祖先保留下来的习惯。依据潘宏立的观点，这很可能是对源于犬图腾下后裾略长盖住尾巴的传说。[①]不论形制搭配如何变化，拦腰作为必备的服饰配件，在各地畲族服饰整体搭配中固定出现。除罗源式的腰带是在后腰打结外，其他地方畲族腰带的打结方式都是两根侧带绕过后腰后在前中心处打结，且尾端加上流苏穗子，悬垂下来有尺余，主体色为白色的彩带在蓝黑色裙面的拦腰上显得尤为醒目。据《后汉书》对盘瓠后代服饰“制裁皆有尾形”的记载，这种腰带与福鼎式上衣腋下留出的两条飘带都被认为是“尾形”的象征。而华丽的罗源式由于拦腰装饰繁复，腰带系于后中心，腰间蓝底白花，两端镶花边的腰带垂于后腰，更被认为是凤凰的华丽尾饰。

可见，在畲族女子服饰的整体造型上，犬图腾和凤凰崇拜的印记非常明显，它们在服饰整体造型上表现为高耸的首冠、五彩的身体和下垂腰带象征的尾饰。不论何种样式，畲族女子服饰均遵循以上整体造型特点，体现出一种动物拟态之美（图 3-3）。

图 3-3　畲族服饰形象

（图片来源：宁德市民族与宗教事务局）

第四节　纹以达意

一、图案特征

畲族在长期的社会历史发展过程中形成了本民族独有的文化、审美内涵和宗教信仰，这些文化内涵以图案纹样的形式在服饰上得以呈现。图案是畲族服饰

① 潘宏立. 福建畲族服饰研究. 厦门：厦门大学，2007：71.

的重要构成部分，能够起到文化记录与民族识别的作用。在族群发展的漫长进程中，勤劳聪慧的畲族人民坚守信仰，铭记祖先，因地制宜，因材施艺，创造出了独具特色的装饰图案。畲族图案在服从本民族审美需要的同时，与其他民族文化互相借鉴、吸收、创新，积淀形成了内容丰富、寓意美好的属于本民族的服饰图案艺术，具有明显的象征性和文化内涵。① 在长期的生产生活实践中，畲族人民充分发挥主观创造力，在拟物不似物的基础上衍生出以服饰图案为代表的艺术符号和特色文化形式，形成了丰富多样的题材来源和表现手法，带有鲜明的图腾崇拜、独特的民族审美情结和民族历史发展痕迹，是多民族文化融合共生、组合演绎变化的结果，与本民族心理和精神的需要有着紧密的联系。

畲族服饰图案蕴含着畲族人民的审美意境和情感寄托，反映了畲族的传统文化和民族信仰。服饰中的人物图案来自其祖先崇拜和神话传说，还包括世俗生活故事情景，这些图案通过服装和服饰品得以呈现，具有本民族的表现特色。尽管石光树中认为苗、瑶、畲三族历史来源密切，共同起源于秦汉时代的“长沙武陵蛮”，② 但其服装刺绣图案的分布位置是不同的，如苗族具有程式化的特点，主要分布在襟花、肩花、领花、袖花四个位置，其中肩花上的最为丰富。通过对比可以看出，畲族服装及服饰品展现出了属于本民族的服饰图案分布特色：主要呈现在领口、袖口的边缘装饰和胸襟、拦腰的块面装饰上。在畲族服饰品上，人物形象则是通过凤凰冠两侧镶嵌的银牌、童帽、祭祀帽、胸挂等饰品上的细致錾刻和彩绘图案来展现的，人物造型稚拙、古朴、生动，展现了畲族人民对真、善、美真挚朴实的追求，同时也表达了他们对祖先的怀念和崇敬。

动植物图案的题材和运用与传统汉族服饰图案的习俗相仿，主要以具有吉祥寓意的图案为主，其中动物图案中的龙凤图案是畲族服饰装饰图案中非常重要的部分。龙纹主要来自五彩龙犬的男性始祖传说，凤鸟纹则源自女性始祖崇拜，亦受到汉文化龙凤呈祥寓意和东夷凤鸟崇拜的综合影响。由于族源崇拜的影响，龙凤图案在各地畲族服饰中被频繁使用，是绣花和银饰上常见的装饰图案。人物是装饰图案里最常见的表现题材之一，从彩陶到青铜器上都有人物图案的代表作存世。服饰作为劳动人民体现自我装饰的重要阵地，在服装及服饰品中出现的人物图案不胜枚举，畲族服饰中亦不例外。由于人物的面部有着丰富的表情和神态，人物体态也各具特色，人物图案具有场景性、故事性、情节性的承载特性，是传

① 罗胜京 . 岭南畲族传统服饰图案之形意特色探微 . 艺术百家，2009（4）：180-182.

② 石光树 . 试论苗、瑶、畲三族的渊源关系 . 贵州民族研究，1983（2）：129-130.

递信号的视觉语言符号。字符图案则主要包括文字类和符号类两种图案形式。

畲族女子喜欢在衣服的胸襟部位和拦腰裙面刺绣各种题材的人物图案来装饰美化服装，图案的色彩运用明快艳丽，给人强烈的视觉冲击力，有极强的装饰效果。畲族女子上衣通常前胸襟部位有一块最大且最集中的图案装饰区域，在该图案的视觉中心处彩绣着一对抽象人物图案，人物穿着一致，头戴头冠，手拿彩带，两人手舞足蹈，十分欢快，旁边有花卉、几何图形作为辅助图案进行装饰。据畲民解释，这两人为其始祖公婆形象，寄托着畲族人民对美好爱情的向往和憧憬、对人类繁衍的美好祝愿，同时这种图案可以起到一种很好的艺术装饰作用。畲族服饰中的成对人物图案的表现特征和固定搭配形式有较强的辨识度，被畲民广泛认同，具有鲜明的民族特征。在畲族女子拦腰的裙面上，有一类是善用神话故事中的形象与其他图案并置在一起，形成人乘龙凤遨游天空、祭塔救母、刘海戏金蟾、《白蛇传》里的断桥相会等故事场景式图案，刺绣在服装上，以镶绲工艺条状分隔，呈梯田状形成较大面积的图案装饰，图案造型稚拙、古朴、生动。这种多类图案并置的构图形式在其他民族服饰图案中比较少见，是畲族服饰特有的一种装饰现象。

畲族服饰是畲族人民千百年来形成的族群审美意识的表达。大多数的畲族人生活在与外部交流较少的深山中，他们的服饰图案是对日常生活的概括和提炼。如畲族女子所穿的绣花衫裙上的图案大多为各种花鸟及卍字纹，相对其他地区的少数民族图案而言更加朴实，体现了畲族人民的淳朴和丰富的想象力。随着畲族服饰文化的现代化，畲族传统元素也在渐渐流失，但是对于凤凰图腾的崇拜仍体现在畲民的日常生活中。

二、题材来源

从民族服饰图案的题材内容可以管窥族群生活状态、生产环境和民俗信仰。畲族服饰图案的主要题材来源可以概括为以下几类。

首先，畲族历史上生活在崇山峻岭之间，广袤的山野生活是其服饰题材的主要来源。民族民间艺术的题材内容跟艺术创作者的生活环境、生产方式密不可分。畲民的生产生活与大自然中的各种生物有着千丝万缕的关联，生活环境为畲民提供了花草树木、鱼虫百鸟、自然景观等源源不断的创作素材。这些图案题材包含兰花、石榴、梅花、牡丹、莲花、莲藕等传统花卉，还有松、竹等树木，鱼、鹤、喜鹊、蝴蝶、梅花鹿、山鸡、松鼠等动物，以及犬牙纹等几何纹样（图 3-4）。

图 3-4　畲族女装胸襟上的人物、山鸡、松鼠和花卉图案

其次是宗教图案。畲族在宗教信仰上受佛教和道教的影响，因此他们还通过佛教和道教常用的图形和服饰、冠戴来表达畲族人民的民间信仰。比如佛教常用的宝莲图案、象征智慧与慈悲的卍字和道教的八卦、八仙、暗八仙图案等都是畲族服饰（尤其是儿童服饰）上常见的装饰图案，成为畲族人民祈福避灾的一种精神寄托。畲族服饰上常以八仙加上寿星组合形成九个吉祥人物，寿星居中，八仙分列两侧，合称“九福”，表达了祈福避灾、长命百岁的精神寄托。由于包含祈福吉祥的寓意，九福图案多用在童帽和老人的抹额上。图 3-5 所示为饰有九福形象的童帽及对应的图案线描示意图，九福形象通过浮雕表现立体感，局部细节以錾刻手法进行点缀装饰，整体形象生动，造型质朴饱满，细节层次丰富。

繁衍出畲族盘、蓝、雷、钟四姓子孙的先祖形象盘瓠、三公主及其演化代表形象也是畲族服饰图案重要的题材来源。盘瓠传说是具有神圣意义的民族起源信仰，这种始祖图腾崇拜贯穿在畲族人的服装以及宗教仪式中，表达了他们对祖先的追思与敬仰。畲族服饰中的盘瓠形象在不断迁徙变化中从原本的犬类形象演变为龙、凤和麒麟，成为服饰象征符号的载体，既美化了畲族女子服饰，又记载了畲族历史与传说。五彩凤凰是畲族传统造物中最常见的装饰形象，不仅用于服饰，还广泛用于建筑、家具、器皿等物件的装饰。畲族女装中最常见的是胸襟和拦腰裙面上彩绣的凤凰纹样，图 3-6 所示为女装胸襟处的凤凰牡丹彩绣及凤凰线描图，其凤凰与常见的形象华丽的凤凰不同，似在雀鸟纹后加以五彩长尾，造型稚拙朴实。

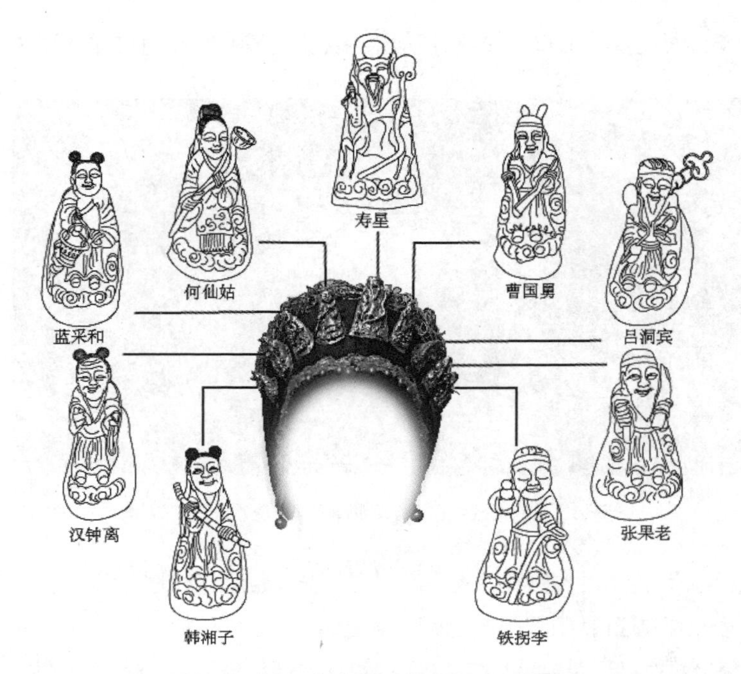

图 3-5　童帽及其上的九福浮雕图案的线描图

图 3-6　畲族女装胸襟处的凤凰牡丹彩绣及凤凰线描图

除了以上来源，人物故事是畲族服饰图案具有代表性的特色题材来源，与其他民族的服饰图案来源相比，畲族服饰中对人物故事题材的运用是非常多的。从成双成对的吉祥人物对像到世俗生活中的人物，这些人物形象置于一定的场景中，即形成故事性情节，体现叙事性特征。畲族女子节庆及婚嫁时佩戴的缀珠式凤凰冠，在冠体前方正中和两侧主体部位镶嵌着银牌装饰，银牌上錾刻着一对抽象简化的人形图案，畲民将其释为始祖公婆形象，寓意期盼男女夫妻和谐、繁衍生息。女装胸襟处的刺绣图案也常以其为核心纹样，配合花卉动物图案构成适合纹样。在近现代的畲族服装中，人物对像图案也发展为一组翩翩起舞的人物形象，凤凰冠的银牌装饰上也有錾刻一对人物形象的，如图 3-7 所示，左图上下展示的均为霞浦地区畲族服饰胸襟处刺绣的起舞人物形象，中图和右图为畲族传统凤凰冠的银牌上錾刻的人物对像。世俗人物图案往往表现的是畲族劳动人民欢快的节庆生活、文人雅士的闲趣生活和戏剧故事里的经典场景，是畲族人民对生活实景和愿景的一种描述和表达。一些才子佳人、童子烹茶之类的图案（图 3-8）也常见于畲族拦腰、童帽的装饰上。

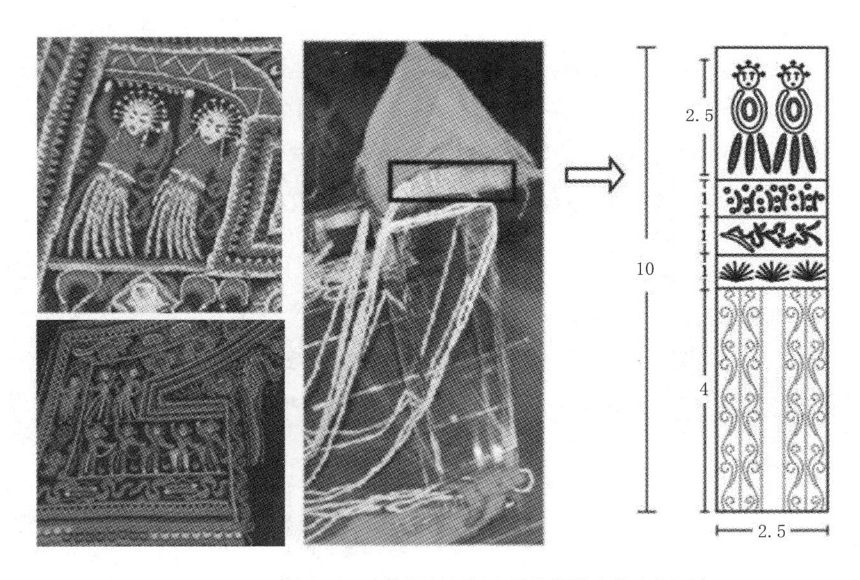

单位：厘米

图 3-7　畲族服装刺绣和凤凰银牌上的人物图案

图 3-8　童帽上的童子烹茶图案

最后，和所有民族服饰一样，对生活的美好祝愿和吉祥寓意是畲族服饰图案重要的题材之一。受到汉族服饰文化中祥瑞图案的影响，这些祝愿一方面通过一些具有吉祥寓意的动植物表达，如喜鹊、莲花等，另一方面借由一些体现美好祝愿的文字作为图案展现，通过彩绣、拼贴等工艺手段直接朴素地表达对美好生活的祝福和向往，如“福”“寿”“祥”等。文字类图案主要出现在童帽上，表达一种美好的祈愿和祝福。由于畲族没有自己的文字，所以文字图案均是以汉字为表达媒介。畲民常在帽子前额处彩绣“福如东海”“福禄祯祥”（图 3-9）等吉祥文字，包括前文所述童帽顶和纽扣上的“福”字、罗源式服装后领的“囍”字等。符号类图案则以道教的八卦符号和佛教的卍字符号为主要表现内容，尤以八卦图案应用得更为广泛（图 3-9），在童帽、肚兜、荷包等服饰品上常通过彩绣的形式表现，也有錾刻在银牌或胸挂上的。有时还将卍字图案的四角延伸、转折，形成几何图案。字符图案中还有一种很重要的类别是彩带上的字符，皆呈 45 度角交叉构成。由于在前文彩带工艺部分已经详细分析过这些字符的造型和含义，此处不再赘述。

图 3-9　具有吉祥寓意的汉字和符号图案

三、畲族服饰图案的艺术特征

畲族服饰图案多运用刺绣进行表现，在表现上因材顺势，综合运用多种绣法，形成丰富的质感，对表现对象的肌理处理得尤为丰富，对图案中的人物面部和服饰的质感刻画深入；手法主要有平绣、盘梗绣、贴布绣、十字绣、锁绣等，通过合理运用丝线和面料的属性特征创造出具有本民族特色的刺绣工艺。畲族绣工喜用金线满铺的盘梗绣表达肢体形态和衣纹走势，人物除面部用平绣外，身体服饰及手持物品等均以金线回旋盘绕进行块面的填充，辅以线性勾勒，服装的块面感走势极强，不仅能够凸显人物形象，还能增强华丽的装饰效果。此外，畲族人对贴布绣的运用也别具匠心，以贴布绣结合相对应的盘梗绣、链条绣、打籽绣等手法表现人物服装上的衣纹走向、装饰肌理等，细节异常生动（图 3-10）。

图 3-10　畲族盘梗绣和贴布绣

畲族服饰图案造型质朴，以拙见真，形象塑造上不苛求真实唯美，线条流畅、形象生动，以拙朴的形态展现出真挚的民族情感。动植物图案以写实摹画为主，人物图案的造型简单古朴，神态自然，通常为线描加彩色填充的形式。一些服装及装饰配件上的金属饰物常使用浮雕和錾刻手法，工艺精“雕”细“琢”，如畲族童帽前额常缝缀的九福浮雕小像。錾刻用各种錾子在金、银、铜等具有延展性的材料上进行加工，形成凹凸点的图案，主要运用在盛装凤凰冠冠体的银牌和银片上。罗源地区的畲族女子盛装上缀饰有碗口大的银牌，上面也多用浮雕加錾刻进行纹饰装饰。

采用多元并置构图的故事性场景是畲族服饰图案的一个重要艺术特征。与常规的图案运用不同，畲族服饰上的图案表现常常不循章法，采用多样同类题材或不同题材的图案并置在同一画面中，以获得丰富的视觉感染力。成对的人物形象经常和牡丹、山鸡、松鼠等畲民生活中常见的动植物图案并置，形成喜庆的装饰图案，真实地表现了畲民的生产生活环境。畲族服饰中的人物图案多伴随一定的场景，结合器物、风景、动物等表现题材一起出现，形成一种故事性的场景再现，主要包括仙道、文人和戏文场景。仙道场景以八仙形象为主，配以仙人的坐骑、法器等，表现八仙行走、交谈的场景。文人场景主要表现的是古代文人凭栏赏花、童子烹茶等场景。戏文场景则通过刺绣来表现一些民间传说戏文，比如前文所述《白蛇传》里的断桥相会、祭塔救母等故事情节。这种场景式的图案构成在其他民族服饰图案中比较少见，是畲族服饰特有的一种构图特征。

四、内涵解读

首先，畲族服饰图案折射出的是祖灵信仰下的文化坚守。畲族服饰中的人物图案表现出来的是对本民族的一种归属感、认同感和对祖先的崇拜。无论是人物对像所象征的始祖公婆对后代繁衍的祝福，还是人物骑龙驾凤所象征的人和龙凤之间的亲密关系，都是这种民族认同和祖先崇拜最直接的符号化表现。由男女始祖演化而来的龙凤崇拜加上汉族龙凤崇拜的交互影响，代代相传，始成民俗。畲族历史上多迁徙，形成了散杂居的民族分布，服饰分支众多，但不论服饰细节如何变化，散布各地的凤凰冠或服饰上多有人物对像图案的出现，或錾刻于凤凰冠戴在头顶，或以五彩丝线绣于胸口，图案的形式、构成基本稳定，这是根植于心底的一种自我认同。这种民族认同和祖先崇拜形成后，成为畲族在历次迁徙中固守的民族精神力量。这种对文化的坚守又加固了本民族的文化认同，最具直观性和形象性的服饰符号成为民族文化自卫的最直接表达。

其次，这些图案是畲族先民们千年以来生产生活环境的真实映射。项目组在田野调查中可以真切地感受到畲族人“九山半水半分田”的生活环境，畲族先民们就是在这样的环境中与自然共生，形成耕猎生活模式，并由此产生了崇尚自然的服饰审美心理。畲族服饰装饰图案题材以自然中常见的动植物为主，如花卉藤蔓、飞禽走兽等，是畲族人民千年以来山地耕猎生活环境的真实写照。除了一些具有吉祥寓意的题材，松鼠、雉鸡这些畲族人狩猎时常见的动物也是畲族服饰中特有的表现题材。这些图案题材的加入体现了畲族人民亲近自然、与山野为伴的民族性格，同时也从侧面展示了畲族历史上的生活环境和生产方式。

再次，这些图案背后反映出畲族先民的移民精神与文化交融的痕迹。畲族的民族发展史上有过长期、频繁的迁徙，这种迁徙使畲族人民在历史上经历了游耕的动态生存形式，颠沛动荡的游耕生活锻炼了他们的体质，使他们形成了乐观、开拓、坚守、包容、思变的移民精神。畲族在不断迁徙的同时还有与周边文化主要是汉文化的不断交融，他们长期与汉族群众杂居，汉文化中的吉祥图案、故事传说对畲族服饰图案也产生了一定的影响。人物与龙凤、麒麟、鹤、鹿等瑞兽组合，配以松、竹、牡丹等植物图案，和汉族传统图案相似，但在表现手法及形式语言的运用上，畲族服饰更加奔放，图案造型质朴，线条生动，表达了对自由和生命的热爱，寄托了对未来美好生活的向往。汉文化中的一些民间传说、戏剧的情节也常常出现在畲族服饰图案中，是畲汉文化交融的有力证明。

最后，畲族服饰图案还反映出畲族人自由平等的观念。常年耕猎生活和艰险的劳作环境形成了畲族男女共同劳动的生产习俗，他们自古以来实行一夫一妻制，在婚姻制度中可以女嫁男也可以男性落户到女性家。这在他们的民族性格基因中埋下了自由平等的种子，使他们相信万物有灵，对神灵敬而不畏。在这种观念引导下，畲族人民对龙凤形象并非盲目膜拜，而是将道士、书生等形象作为平等的主体和龙凤放在同等的地位，形成了人物形象与龙凤图案组合并置的图案形式，甚至是人物骑龙驾凤，表达了一种企盼求仙得道飞升的愿望，也展现出了单纯、朴素、平等的民族情感（图 3-11）。

图 3-11　人物与凤凰并置的图案

第四章　畲族服饰的传承脉络

第一节　畲族服饰的变迁发展

一、服饰样式的变迁发展

变迁在所有社会的文化系统中是一个永恒的现象，是由社会文化环境或自然环境的改变引起的。文化一般具有适应性，文化变迁（culture change）被定义为“一个民族生活方式上发生的所有改变，不论这是一个民族内部发展的结果，还是两个具有不同生活方式的民族之间接触所引起的”[①]，是随着时间的推移，在内外部因素的作用下，通过文化内部的整合而出现的为人们所认同、有别于过去的文化形态。[②] 民族服饰是民族文化的物化表现，在漫长的族群发展历史中，服饰样式同样会跟随文化的变迁而产生变化。克莱德 · M. 伍兹在其《文化变迁》一书中对人类学和变迁的历史、变迁的过程、传播的过程、涵化和社区发展与现代化等问题进行了分析和论述。[③] 文化变迁可以分为无意识变迁和有意识变迁，后者又包括主动变迁、指导性变迁和强制变迁三种类型。一个社会内部和外部的变动都会促使其文化系统发生适应性变化，从而引发新的需要。[④] 文化变迁模式的各个环节之间是相互作用的，文化的接触和传播、新的发明和发现、价值观的冲突等是变迁的内部原因，社会关系和结构的变动、人口和自然环境的变化等是变迁的外部原因。文化变迁是一个长期的过程，它既包括对传统的传承与摈弃，又包括对外来文化的吸收与排斥。[⑤] 民族服饰是根植于其所在民族的文化土壤中的，民族文化变迁过程中产生的观念、技术、生活方式的变化不可避免地带来了民族服饰文化的变迁。

文化变迁的过程和途径有创新、传播（或借用）和涵化。传播（借用）的范围在很大程度上取决于两个民族之间接触的持续时间与密切程度。当个人和群体

---

① Spindler, L. S. & Spindler, G. D. Culture Change. *Biennial Review of Anthropology*, 1959(1): 37.

② 郑晓云 . 文化认同与文化变迁 . 北京：中国社会科学出版社，1992：201.

③ 伍兹 . 文化变迁 . 何瑞福，译 . 石家庄：河北人民出版社，1989.

④ 于韵 . 文化变迁与长白山人口文化建设 . 人口学刊，2012（5）：93-94.

⑤ 周梦 . 苗侗女性服饰文化比较研究 . 北京：中央民族大学，2010：10.

的差异让位于共同的理解和共同的行为模式时，这种由两个或两个以上先前互不相同的文化传统结合形成新模式的过程通常被称为“同化”。[①]社会学和人类学中的文化濡化和文化涵化概念分别代表了文化传递的两种基本模式。文化濡化是指一种“主动态”，强调从文化中学习到价值与规划，其重要作用在于保持文化传递的连贯性；文化涵化是指一个群体如社会、国家、族群，尤其是一个部落因接触而接受另外一个群体的文化特征和社会模式的过程，强调外来文化的价值与规范，其重要作用在于保持文化传递的变迁性，其涵化深度在很大程度上取决于文化的差异性。[②]

畲族人以服饰中的盘瓠及其演变形象表达对祖先的追思和敬仰。畲族服饰外观多样，工艺精美，形制丰富多样，具有独特的审美特征和文化内涵，是畲族的标志和族群认知的依据。各地畲族服饰之间同宗同源，但又在漫长的族群发展历史中演化形成了各地地域性的分支服饰。以凤凰冠、花边衫、彩带和拦腰为代表的畲族盛装是畲族社会、历史、文化和技术的产物，展现了畲族人古朴率真的性格特征。[③]畲族服饰的历史文化变迁历经原始、融合、流徙、成形四个阶段，民族信仰和民族性格对其传承起到了主要的影响作用。[④]在这个过程中，服饰样式经历了自我发展和畲族世居地的不同族群之间的相互影响，形成了服饰自身的变迁和发展，演化出同宗异貌、多元兼容的服饰外观。

综观浙、赣、闽、粤、黔等地的畲族服饰，可以从历史发展的时间纵轴和空间地域分布的横轴来对其进行分析。从历史发展上看，现存有迹可循的几种服饰样式中，罗源式与文献记载中的历史样式最为吻合，右衽交领大襟上衣，肋下侧缝处系带固定，下着裙及绑腿（现代多着长裤）。上衣大身以青黑色为底色，肩领部位大量使用成排的花边装饰，花边间隔处以捆只颜装饰，直到肩侧乃至腋下。拦腰边缘饰以2—3层花边和捆只颜，中心通过镶拼绣花进行装饰，繁复华丽。腰系蓝印花布宽腰带，腰带两端饰有花边和流苏。平日为绒绳缠绕型发髻，新娘佩戴凤凰冠，前部高耸，冠顶饰有红布及珠串。罗源式服饰是将传统样式保存得最为完整的畲族服饰，1975年被指定为全国畲族女子服饰的代表装。闽东其余几种畲族服饰样式均与罗源式有较明显差异，其中福安、霞浦和福鼎的样式

① 伍兹．文化变迁．何瑞福，译．石家庄：河北人民出版社，1989：8-34.

② 李素梅．中国乡土教材的百年嬗变及其文化功能考察．北京：民族出版社，2010：105-106.

③ 吴微微，陈良雨．浙江畲族近代女子盛装审美艺术．纺织学报，2008（1）：107-109.

④ 闫晶，范雪荣，陈良雨．文化变迁视野下的畲族古代服饰演变动因．纺织学报，2012（1）：111-115.

均为右衽大襟样式，而非罗源式的交领，同时装饰的使用明显减少，对捆只颜的使用也弱化为领口、袖口和胸襟处的绣花与镶边，同时冠髻也由罗源的凤头髻发展为福安的凤身髻和霞浦的凤尾髻，凤凰冠也有鲜明的差异，由串珠缀饰变为银片“圣疏”（亦有写为“圣书”的）遮面。景宁地区的服饰则在服装上简化装饰，仅保留了朴素的领口、袖口，胸襟处镶嵌彩色布条，但在头饰上坚持保存了祖制完善的凤凰冠，并且戴凤凰冠从婚嫁装束改变为婚后日常装束。这些服饰上的变迁一方面是由于长期的辗转迁徙和生产生活环境变化逐渐产生的，是各地畲族人为了适应当地当时的生存环境和审美差异对服饰进行的改变，可视为服饰文化的濡化结果。另一方面是由于和各地周边民族杂居，服饰和审美情趣上不可避免地产生相互影响，如与汉族关系较为密切的地区则服装样式与汉族大襟衫更为接近。值得注意的是，霞浦的畲族服饰分为东路式和西路式。东路式的拦腰为纯色，没有图案，胸前的纹样面积比西路式所占比例更大，但是西路式的拦腰上绣有精美的图案。

一部畲族服饰演化史，呈现出的就是一部畲族的迁徙流变史。各聚居区内样式多变的服饰形制背后蕴含着族群游耕历史遗留的痕迹。畲族的发源地被广泛认定为广东的潮州，该地现代经济发展起步早、速度快，受现代文明冲击大，因此其传统服饰遗存几乎难以寻觅。浙、闽两地是现如今畲族服饰样式遗存的集中地，以冠髻演变为例，通过田野调查和文献梳理，我们可以归纳出两条不同的冠髻发展演变脉络，这两条脉络以浙江南部的凤凰冠和福建东部的凤凰髻与凤凰冠为源头，呈现出一脉相承的特征，首先是对椎髻这一发式的延续与继承。椎髻是历史上对畲族发型最普遍的描述，可见这一发式在当时盛行于各地的畲民之中。椎髻即盘髻于头顶或后脑勺的位置，盘好的发髻呈现椎形或垂形两种样式。椎髻盘结后微微向下垂坠，古籍资料中记载了用假发加入其中塑造垂坠效果，使发髻显得更加宽大、丰硕、有形，这与田野调查时项目组在部分畲族地区所见的发式极其相似，比如福安的凤身髻，就是向盘结的发髻中加入假发或黑布团，形成发匣。可见，现如今畲族女子冠髻样式沿袭了历史发式，尽管发髻外观样式特征已经发生了很大变化，但在形制特征与装饰细节方面依然呈现出同一性。《畲族风俗志》中描绘了福建畲族女子的七种发髻样式，几乎均体现椎髻特征，[①] 从侧面证明了畲族女子发式历经变迁，其内核仍是对椎髻的沿用和继承演变。

① 施联朱．畲族风俗志．北京：中央民族学院出版社，1989：38-39.

椎髻并非专属于畲族的发型样式，历史上南方各少数民族皆流行椎髻结发，例如和畲族同样尊盘瓠为祖先的苗族、瑶族。顾炎武提到潮州地区的畲妇分两种，居于祖地凤凰山的梳平鬃，迁离祖地凤凰山的梳崎鬃发式，据说后者是为了纪念她们的祖地凤凰山而开始改梳高髻。[①] 可见这一时期椎髻的内核上开始衍生出带有凤凰意识的冠髻基因，演化出带有本民族审美和文化意识的发髻产物，并用这一意识去重新解读椎髻，赋予其纪念祖先和祖地的民族心理和情感，最终形成带有独特民族性的凤凰冠髻。

贵州畲族因较早就在贵州一带生活，且出于历史上的一些原因，民族识别较晚，故其服饰变迁具有相对的独立性。三种典型的贵州畲族服饰不仅在样式和装饰风格上迥然不同，产生的时期也存在着先后顺序。图 4-1 所示三个典型样式有着承前继后的先后顺序。从横向上分析，它们同为贵州畲族族群服饰，但三者的款式不一，装饰有繁有简，色彩搭配有艳有素，简而言之它们之间的差异非常大。不同于浙闽地区的畲族服饰因地域不同而产生样式的变化，贵州畲族的生存地域一直都相对比较集中，因此可以排除地域的因素。族群服饰是族群意识的体现与反映，遂可以从族群心理即族群认同的视角去分析多种贵州畲族服饰样式产生的背后所隐藏的内在动机，同时在族群认同的基础上去探索它们之间的发展导向。从纵向上分析，传统样式花袖衣的历史相比而言较久远，于明清时期已成形，早于东家衣，此时正是贵州畲族族群认同的形成时期；东家衣样式据推测于清末民初时已盛行，当时的贵州畲族因战争受创而处于族群认同的重构时期；凤凰衣样式据悉存在的时间并不久远，出现于 20 世纪 90 年代左右，仅有二三十年的历史，是在其族群身份识别之际产生的，此时为贵州畲族族群认同的复兴时期。从横向的花袖衣、东家衣、凤凰衣的样式分析，结合纵向的贵州畲族服饰的发展时期的分析，可以看出贵州畲族在其族群认同形成时期发展出了独具本民族特色的花袖衣样式，后在族群认同重构时期创造出了风格迥异的东家衣样式，20 世纪 90 年代族群认同复兴时期又基于传统样式发展出了更加艳丽多姿的凤凰衣样式。基于族群认同与族群服饰的相互关系，贵州畲族三种典型服饰样式的发展变化与其族群认同的历史变迁有着必然的联系，可以说族群认同对贵州畲族服饰的发展起到了引导性的作用。

---

① 转引自：《续修四库全书》编纂委员会．续修四库全书．上海：上海古籍出版社，2002：12.

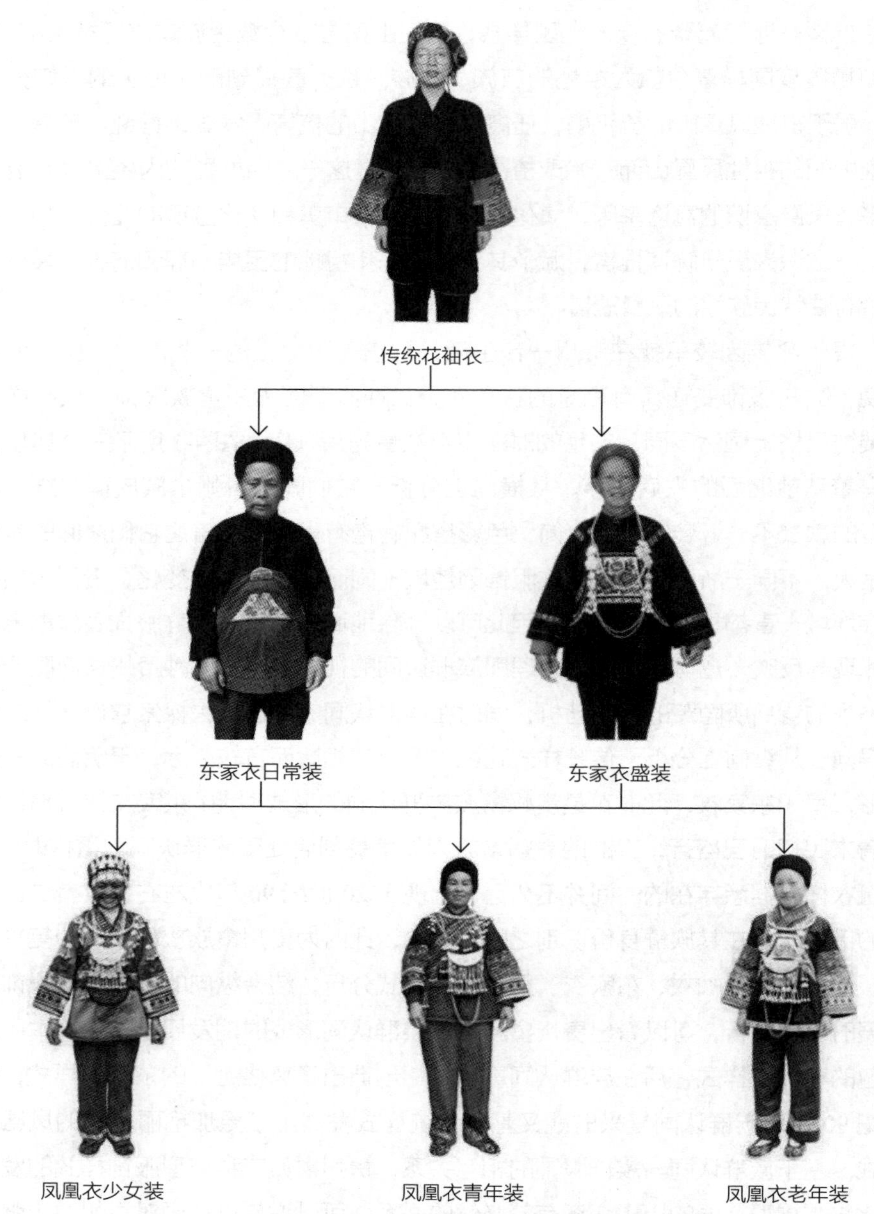

图 4-1 贵州畲族服饰的发展变化

（图片来源：凤凰衣少女装和老年装的图片来源于 http://www.mj.ccoo.cn/forum/topic.asp?topicid=1916203；凤凰衣青年装的图片由贵州省麻江县非物质文化遗产保护中心提供；其余为项目组拍摄）

二、变迁的主要影响因素

1. 族群迁徙

族群迁徙是畲族不同地区的服饰外观产生差异的主要因素之一。这种由迁徙带来的服饰外观形制差异是基于同一精神内核上的装饰变化。

迁徙势必导致畲族在漫长的族群发展过程中，在不同时期、不同分支，与不同的暂居地周边族群往来融合，这种融合包括生活习惯、文化交流和纺织装饰技术等诸多方面。这些都从不同侧面推动了服饰外观的变化。与此同时，畲族的不同聚居地之间由于地理分隔，产生了一定的交通障碍及由此带来的交流隔绝，使得迁徙定居后各地畲族人以自身为基点展开服饰的自我更新和发展。此外，迁徙后不同定居点的自然环境、经济条件、生产生活方式均有差异，比如福建的畲族就分为滨海畲族和山区畲族，这些都会间接地对当地畲民的审美习俗产生影响，并受到其所在的服饰亚文化圈的影响，最终形成不同的装饰偏好。

历史上，畲族由于长期迁徙形成了游耕与狩猎的生产生活模式，至清代基本定居下来，由游耕转变为定耕生活，但农业为主、狩猎为辅的耕猎生活模式并未改变。各地畲族聚居地的自然环境大多数山高岭深，分迁后散居地的畲民生存的小环境不尽相同，这些畲民聚居地之间距离遥远，很多地区之间还有明显的地理障碍，这些障碍足以使各个迁居点的畲民和周边族群处在一个政治、经济、文化联系较为密切的文化圈内。他们和周边文化不断交融互通，但由于地理隔离、交通不便等因素而与本身的同源文化圈内的族民逐渐减少甚至中断联系，从而形成了包括服饰差异在内的具有地方特色的次文化圈。居住地境内高山成群，一些看似相隔不远的畲民聚居区之间其实存在着旧时人力难以跨越的障碍，如太姥山南脉在霞浦式服饰分布区域与福安式服饰分布区域交界处形成了一道天然屏障，霞浦式服饰分布区域与福鼎式服饰分布区域之间直线距离不超过 10 公里，但有近千米高的玉山盘桓阻隔。[①] 这种隔离在没有现代交通工具和发达的道路网的时代对两地文化圈起到了较强的隔离作用，畲民迁至这些地区后便分别形成了自己的服饰次文化特征。

畲族先民在长距离、长时间的迁徙过程中不可避免地需要与周边民族进行交流，这种互动给畲民经济文化生活带来了不可忽视的影响。在畲族栖身的地区周

---

① 潘宏立 . 福建畲族服饰研究 . 厦门：厦门大学，2007：56-57.

边，汉族是最大的族群，畲族村落一般处于山腰上，山脚下多为汉族人的田地和村落，因此畲族在迁徙过程中受到汉文化影响最大。畲族在历次迁徙过程中和汉族形成了相互依赖、密不可分的关系，历史上畲民经常需要负薪挑担下山至汉族地区进行一些生活必需品的购置与交换，或者为汉族人帮佣做工，这种经济生活的交融促使畲族服饰产生了一些转变。经济上的交流融合首先表现在各族男子间的接触，所以首先发生变化的是男子服饰。从清末各地方志的记载中可以发现，当时畲族男子服饰就已经和汉族没有太大差异了。女子服饰作为民族文化的符号性代表，受外来文化影响较慢，对本民族文化因子保持得较为牢固。所以畲族女子服饰仍固守着传统的凤凰冠，虽然上衣的基本款式也受汉族女子上衣影响，但在装饰细节和局部点缀上维持了本民族特色。所以，畲族历史上长期的民族迁徙使得民族服饰在保持民族一贯性的基础上产生了诸多变异，这些变异是随着与迁徙地周边的民族融合互动而逐渐产生的，有的地区对周边服饰文化接纳度高，有的地区接纳度低，有的地区吸收了其他民族的装饰工艺而改进本民族服饰，有的地区吸收了其他民族的局部细节来改进本民族服饰，最终形成了多样化的畲族服饰外观。

相邻的畲族聚居地的不同服饰之间也会产生相互影响。例如福建霞浦地区的东路服饰更接近福鼎、浙江的畲族服饰，拦腰裙面和福鼎一样采用绿色裙面装饰因而其服饰有向福鼎一带的服饰过渡的趋势；西路服饰则更接近福安样式，拦腰裙面为左右对称花篮刺绣装饰。造成这种差异的原因为：霞浦的东部和北部与福鼎相连，靠近浙江，受福鼎畲族服饰的影响变化，甚至有些畲族服饰为浙江泰顺的师傅所制作；而西部和南部靠近福安，受福安的服饰影响而产生变化，也有很多畲民从福安购买畲族服饰。特别需要指出的是，根据胡先骕先生发表于1923年的《浙江温州处州间土民畲客述略》一文，当时浙南畲族女装“未嫁者领缘之下钉以彩线，扎成两小花球，已嫁者去之，今则已嫁者亦每不去其球矣”[①]。这一描述与福鼎式女上衣领口装饰一致，由此可以推断，浙南畲民在历史上有部分回迁至福鼎、霞浦，所以现今温州苍南一带畲族服饰多种样式并存或许和此有关。浙南地区的部分畲民在历史上与福鼎一带有回旋式的迁徙互动，另有部分畲民自景宁迁入，所以，一部分畲民服饰与福鼎式极为相似，另有一部分畲民服饰与景宁式相同。结合畲族迁徙历史路线，对福建罗源到浙江景宁、苍南的畲族服饰整

① 转引自：张大为，胡德熙，胡德焜．胡先骕文存（上卷）．南昌：江西高校出版社，1995：96.

体形象变迁进行归纳，可以发现服饰最为朴素的是福安式，从霞浦式至福鼎式逐渐在大襟处有大量绣花，直至苍南一带恢复了罗源式的华丽，但样式和色彩搭配已有较大改变；景宁式样式简单，但头饰较好地保存了传统样式（罗源新娘凤凰冠样式）。

2. 族群认同

族群认同是族群成员对族群身份确认的心理活动①，是辨别“我族”与“他族”的过程，各族人民对所属族群的归属和依恋通过各种文化要素表现出来。少数民族在长期的历史进程中形成了有别于他族的族群服饰，这种服饰常被称为一个族群的“族徽”，犹如一张名片对外显示着族群身份与族群特色。除了辨族别异的作用外，就表层意义而言，族群服饰如同大部分服饰一样有着遮体、装饰等实体功能；从深层意义上来说，族群服饰作为文化符号，如同无字史书一样记载着族群的历史记忆，凝结着族群意识，承载着族群情感。大多数民族服饰上的图案、色彩等都有着特定的意义，并在族群内达成共识。因此对于本族成员而言，族群服饰的意义远非物质上的一件衣服或饰品，而是带有一个群体对历史、文化、审美的共同记忆和认同，这种认同才是民族服饰得以延续传承至今的主要原因，也是对抗现代文化震荡、得以延续的原动力。因此，族群认同是族群服饰形成的内在因素，族群成员正是基于族群认同这一心理意识创造出了族群服饰，族群认同是族群服饰得以传承的内在凝聚力。

族群服饰作为族群认同的重要标志，是族群认同外化和物化的直接表现。在族群服饰的创造、发展过程中，族群祖先们赋予了服饰质、形、色、图以特殊意义与深刻内涵，即将族群认同意识物化为可直接感知的服饰元素，使服饰成为传递信息的文化符号。正是基于此，不断有学者从分析族群服饰所反映出的认同意识及其表征，或是从解析族群服饰的要素来分析族群认同的历史轨迹。在现代化程度日益加深的今天，族群服饰的实体功能已渐渐淡化，而文化功能日益突出，具体表现为身份标志、情感纽带、历史承载等，是维系族群认同的重要因素。在一些特定场合，族人们穿着族群服饰，表露出族群情感，从而触发族群认同感。应该注意到，族群服饰和族群认同之间的影响是相互的，族群服饰的发展与传承，不仅体现出了族群认同，还对维持族群认同起到了一定的作用；族群认同是族群服饰形成的心理基础，使一直处于动态变化的族群服饰可以始终保持族

---

① 王志立．民族服饰符号与民族认同论析．殷都学刊，2013（2）：113.

群特色，积淀族群历史与文化；另外，在族群认同这一族群情感力量的推动下可以实现族群服饰的可持续发展。有了族群认同，族群服饰才有了更深远的意义和价值，而族群服饰的传承也强化了族群认同。族群认同和族群服饰之间是相互作用、相得益彰的关系。

服饰是根植于文化土壤的外在物化表现，相同的民族记忆所表现出来的符号性也呈现一致性。各地畲族一脉相承，同根同源，他们以盘瓠为祖先，并由此发展为对凤凰的崇拜，在民族文化认同和民族属性上存在同一性，这种同一性直接导致民族观念、祖先传说、生活习俗等各方面的一致。《高皇歌》和《开山公据》中均有对盘、蓝、雷、钟四大姓氏的描述，且由于历史上畲族流行族内通婚，经千年发展，姓氏仍保持得相对稳定。除盘姓较少外，目前各地畲族基本由雷、蓝、钟三大姓氏构成，这使得各地畲族很容易就产生一种民族归属感。这种归属感又促进和加深了他们在文化上的认同，进而在服饰上通过一些固有的形制和符号体现出来，如各地都将自己的民族服装称为凤凰装，头饰都称为凤凰冠。贵州畲族出于民族归属原因，虽然在历史上存在花袖衣、东家衣的形制，但在民族认定之后，也有意识地向浙闽地区的畲族服饰符号靠拢，在服饰上增加了凤凰等畲族元素，并将服饰名称定为凤凰衣。此外，正是由于这种民族凝聚力和文化认同感，一些远迁他地的畲族分支反而更加固守原始民族文化中的某一部分以示不忘先祖的决心，这也使得现今由闽东迁入浙南的畲族凤凰冠特征更加符合历史资料中对畲族装束的描述。虽然由于迁徙及地理阻隔形成的畲族服饰次文化圈使服装形制外观各异，但各次文化之间的共性非常鲜明，文化内涵相近或一致，存在着一脉相承的历史渊源。各地畲民在民族文化上的认同及由此产生的民族归属感正是畲族服饰保持相对统一的搭配形式、服饰配件和色彩基调的原因，从而保持服饰内涵和服饰文化的统一性。

综上，不同历史时期的贵州畲族有着不同的族群认同，进而引导着族群服饰的发展变化，在不同的族群认同时期产生了不同的族群服饰，最终产生了三种差异性明显的族群服饰样式。这三种样式通过服饰特征体现出了不同的族群认同意识演化进程：花袖衣从质、形、色、图都折射出了贵州畲族对东家人这一原生身份的强烈认同感；东家衣样式不仅在款式上发生了巨大变化，在装饰设计上也隐藏了大部分的族群特色，这是当时的贵州畲族为了生存做出的妥协，但在一些细节之处仍反映出了对原生身份的认同感；凤凰衣在服饰特征上不仅基本恢复了传统样式花袖衣的族群特色，而且表现手法夸张。另外，为了表达对畲族这一新身份的认同，贵州畲族将本族的族群服饰改称为凤凰衣，同时加重了对凤凰图案的应用。

在族群发展的不同时期衍生出不同的族群认同，无论是单一身份下的族群认同、消极的族群认同，还是双重身份下的族群认同，都包含了对东家人这一原生身份的族群认同。而这份从始至终保持着的原生身份族群认同在贵州畲族族群服饰发展上也有所体现，就是在不同时期出现的族群服饰三样式中都可以找到蝴蝶纹样和凤凰纹样的应用以及尚蓝、尚黑的审美情趣，表达着贵州畲族人的图腾崇拜与族群精神，反映出从古至今他们对美好生活的向往。如表 4-1 所示，三样式中的蝴蝶纹样和凤凰纹样风格各异，花袖衣样式中的图腾纹样更加细致，东家衣的则相对比较简单，凤凰衣中的纹样形态有繁有简，色彩搭配也不尽相同。蝴蝶纹样在三个样式中虽然形态不一，但都体形饱满，表达了贵州畲族对族群繁衍壮大的心愿；凤凰纹样在三样式中基本都以展翅飞翔的姿态呈现，花袖衣与东家衣中的凤凰头与身体方向一致，但凤凰衣中的凤凰却是回头的，表达出了现今贵州畲族对自己族群祖先的崇敬之情以及对历史的缅怀；色彩搭配与使用方面也是既有差异性，也有传承性，都以蓝色为主色调，集中在尚蓝、尚黑的色彩偏好上。

表 4-1 贵州畲族服饰三样式的纹样特征比较

类别	花袖衣	东家衣	凤凰衣
蝴蝶纹样		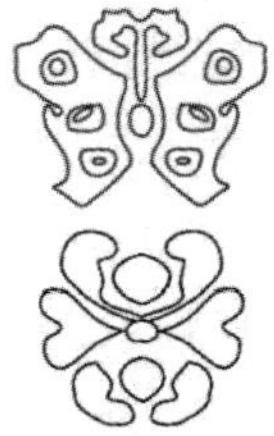	
凤凰纹样	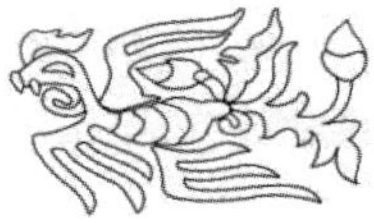		

贵州畲族在各历史阶段不同的族群认同引导下创造出了风格迥异的三种样式。这三种样式在服饰特征方面有着诸多不同之处，体现出了各个时期独特的族群认同意识。贵州畲族对东家人这一原生身份的认同感贯穿其族群认同变迁的始终，这体现为族群服饰上的某些元素被一直保留传承了下来。蝴蝶纹样、凤凰纹

样以及主色彩应用在三种样式中都有所呈现，可见这三个服饰元素是贵州畲族服饰的核心所在。在传承设计中，蝴蝶纹样、凤凰纹样以及主色彩是设计的核心元素。

第二节　服饰传承脉络与迁徙历史的互证

畲族在历史上是刀耕火种的游耕民族，存在较频繁的迁徙历史。这种迁徙历史也相应地给服饰外观带来了变化，一方面迁徙流布于各地的畲族人在服饰上极力维系着带有民族图腾意味的始祖形象（盘瓠及其形象的变体），另一方面他们也在和周边民族的融合中形成了各地特有的服饰外观。结合畲族的历史迁徙路线，对各地畲族分支服饰的异同进行分析，可以梳理出它们之间的传承脉络关系。

畲族的迁徙是一个漫长又曲折的过程，迁徙活动受到民族经济政治、生产方式、社会发展和民族特性等外部环境的因素影响，是一种游耕生产方式下产生的自发的迁移。这种迁移以氏族、家庭等为单位，规模较小，路线分散，随遇而安，没有明确的目的地，甚至连迁徙的时间和路径也比较复杂，“去瘠就腴，迁徙不常，善射猎”[①]，最终散布在崇山峻岭中。畲族历史上可查询的迁徙记录显示，他们的祖先在 7 世纪初期迁入闽、粤、赣交界地区，具有明显的持续性，主要的迁移发生在隋唐之际、唐末、宋代。

隋唐之际畲族先民就已经迁徙到闽、粤、赣交界一带繁衍生息。唐末，“畲族盘、蓝、雷、钟四姓三百六十余口，……从海道来闽”[②]，在连江、罗源一带登陆上岸，后来渐渐地向闽东、浙南等地区迁移。

宋代，瑶族从湖南迁入赣南和粤东，逐渐融入当地的畲族并成为他们其中的一分子，这一时期畲族先民迁移范围较小，总体还是在福建、广东、江西三地。宋末元初畲民参与了抗元斗争，在福建漳州、泉州、汀州，江西赣州，广东潮州等地转战屯守移民，导致了畲民迁徙规模的进一步扩大，参与战事的畲军调动和戍城、屯田等使得畲族迁徙路线在这一时期变得更加复杂错乱。至此，畲族的分布地域扩大到福建漳州、泉州和汀州，以及闽东北山区。

明清时期，畲族的社会生活进入到较为有序安定的时期，但畲民传统的刀

① 转引自：何联奎．畲民的地理分布 // 中山文化教育馆．民族学研究集刊（第二期）．长沙：商务印书馆，1940：228.

② 蓝运全，缪品枚．闽东畲族志．北京：民族出版社，2000：7.

耕火种的农业生产方式促使其以小聚居单位向浙南山区进行小规模迁徙，并逐渐迁到人口相对稀少、土地资源相对丰富的汉族地区，开始畲汉杂居。大部分的迁徙路线都是从广东到福建再到浙江，少部分的迁徙路线是从广东经过江西再到达浙江。江西大部分畲族人口是在明清时期开始由闽入赣，他们元末明初由福建汀州一带迁入，比如如今居住在赣中南东固畲族乡的畲民。及至明清，一直生活在福建以及赣南一带的畲民才慢慢开始迁去赣东北地区。明清时期的畲族迁徙主要与社会经济生活有关，不再涉及战争，因此迁徙也相对缓慢，更趋频繁、路线复杂，迁徙范围广，最后形成了小聚居、大杂居的分布格局。

综上，畲族的迁徙路线最早由广东逐步往北迁移。以明清时期为节点，此前主要是战争和政治因素导致移民大规模迁入福建境内；明清之后的迁徙主要出于畲族游耕的生产耕作方式，由福建迁入浙江、江西境内，这一时期的迁徙路线零散、繁杂，以家庭氏族为单位进行分散迁徙。总体来说，畲民的迁移方向是从南方往北部移动，以粤东为原点呈 Y 字形，一路往东北方向，一路往西北方向，最终形成了现在的分布格局。以上的迁徙路径可以用图 4-2 概括。

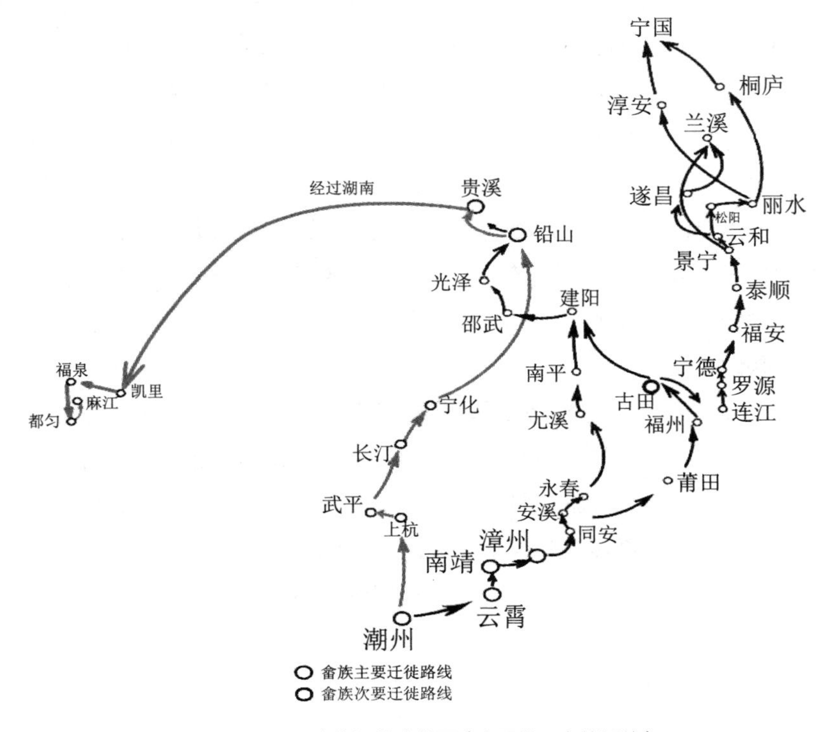

图 4-2　畲族迁徙路线图（由原住区向外迁徙）

经过研究对比发现，畲族现存的典型服装样式中，浙江景宁，福建福安、罗源、霞浦、福鼎和贵州的样式比较完整且具有相对独立的风格特征，广东、江西等地的畲族服饰样式的历史遗存较少或几乎不可寻，广东、江西等地畲族人现在在节日和展演中穿着的传统服饰基本是在浙闽地区的样式基础上略加修饰或直接使用的。出于贵州畲族的民族认定和历史发展的原因，其畲族服饰发展具有相对独立性。我们对畲族历史上的族群迁徙路线进行分析和整理，并对分布于这一路线上的典型民族服饰分支特征进行了归纳总结，进而发现浙闽地区畲族服饰的传承脉络与民族迁徙史具有清晰的对照性和关联性。与之相比，贵州畲族服饰的发展演化受本地畲族发展历史影响更甚，横向的影响因素较小。

闽、粤、赣交界地区的畲族传统服饰有一个共同特征，那就是都运用了镶绲和花边装饰。在由聚居区向外扩散性迁徙之后，各地区的花边衫产生了细节上的不同，其中福建的花边衫最为绚丽；当畲民渐渐迁徙到浙江以后，服饰越来越简洁；从广东迁徙到江西之后，服饰也发生了较大的变化，舍弃了复杂的装饰，但仍然保留着畲族独特的刺绣装饰——犬牙纹。发展到贵州时，服饰发生了较大的变化：拦腰已经演变成了肚兜的形制，尤其是凤凰装形制中的盛装形象与苗族服饰极为相似，这与贵州畲族所处的地理位置有很大的关系。贵州地处西南地区，当地苗族人口较多。一方面，贵州畲族长期受到苗族文化的影响，服饰也渐渐与苗族融合；另一方面，贵州畲族历史上就被称为“东苗”，且与苗族均尊盘瓠为祖先，在族源上存在一定的共性，因而在服饰上受到苗族的影响较大。无论服饰如何变化，有一点是没有变的，那就是各地畲族在服饰上对镶绲工艺的运用，虽然运用的繁简形式不同，但工艺内核保持了稳定的传承。按照迁徙路线来看，镶绲工艺是按照由繁至简变化的。因此，各地区的畲族服饰之间以迁徙路径为核心存在着脉络关联性（图 4-3）。

各民族服饰中头饰、冠髻等都是最具有民族特征和代表性的特殊符号，畲族服饰中冠髻的特征也是最具有民族特征的代表符号，其变迁发展是最具代表性的。经过畲族女子冠髻样式的形制特征考辨后，可以发现凤凰是畲族冠髻的内核，作为椎髻遗风，凤凰髻在畲族女子发式中的核心地位也是不可动摇的。无论各地区的样式如何演变与发展，椎髻的形式和凤凰的内涵始终都是其沿革的构成要素。围绕着这两个元素对畲族女子冠髻的发展与变迁的影响，从历史沿革的角度可以分析与总结出以下几点。

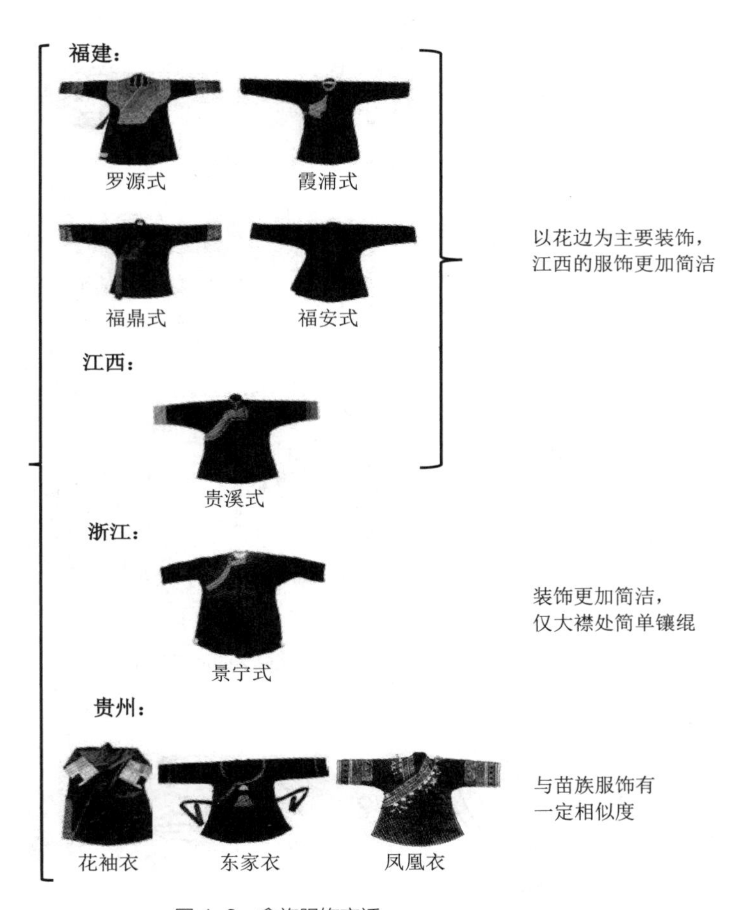

图 4-3　畲族服饰变迁

通过比对史料可以推测出现代留存下来的景宁地区的雄冠式凤凰冠较为遵从畲族古代传统冠笄样式。故此，以景宁的凤凰冠样式为原点展开演化脉络的分析，从繁复华丽度相似的罗源式凤凰冠到较为低矮的丽水的凤凰冠（图 4-4），进而可以发现罗源式与福安式又存在着一定的延续关系和同一性。福安式凤凰冠更像是在罗源式凤凰冠基础上的简化改进，进而将其外化为冠帽后成为婚嫁装扮的配饰，不仅简化了佩戴程序，还将前额的红璎珞和龙髻装饰改为遮面线须，在一定程度上与汉族婚嫁礼俗中的新娘头巾异曲同工，或为畲汉文化交流的产物。霞浦式凤凰冠和福鼎式凤凰冠则进一步趋于简化（图 4-5）。对比罗源的凤头髻和椎髻的相似性，可以推测凤头髻可能由史料中记载的潮州畲妇的椎髻演变而来；后随着族群迁徙分布逐渐发展为低垂的福安凤身髻和霞浦凤尾髻，总体外观呈现出前额发髻日渐低垂、后脑发髻日渐宽大下坠的演化情况（图 4-6）。

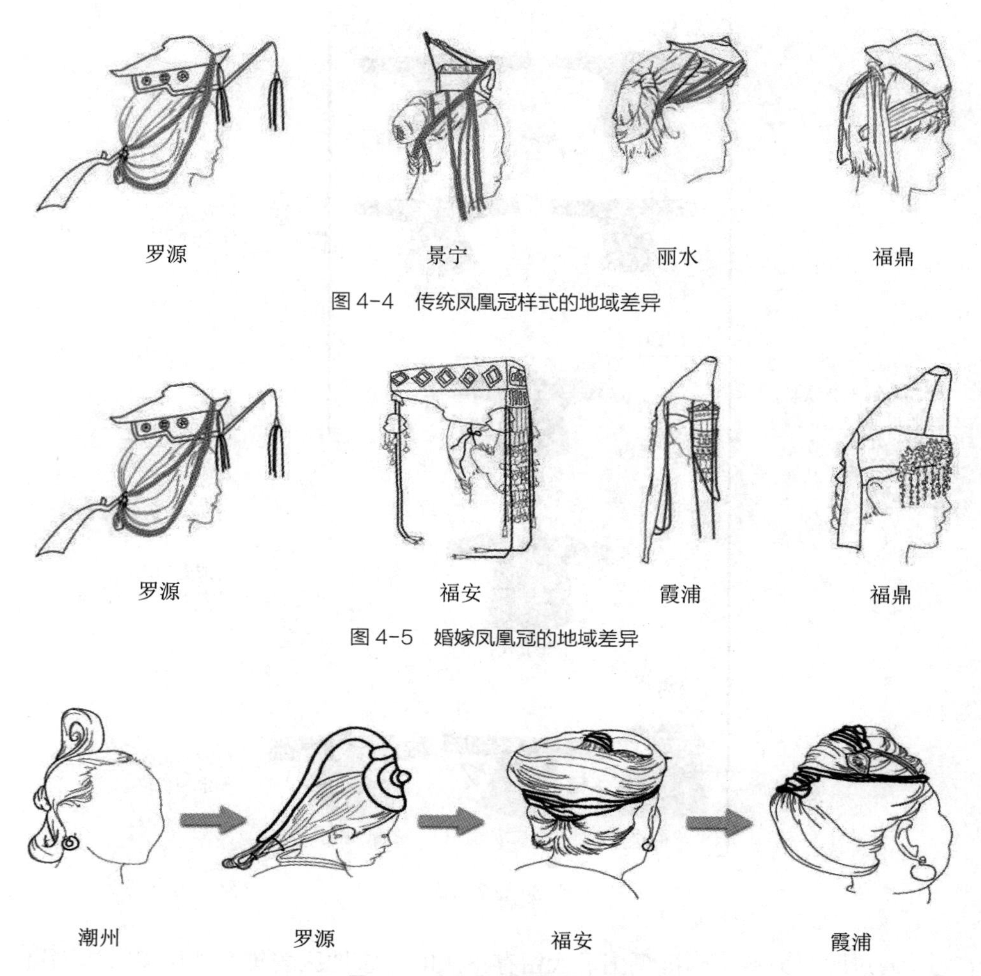

图 4-4　传统凤凰冠样式的地域差异

图 4-5　婚嫁凤凰冠的地域差异

图 4-6　凤凰髻的地域演化脉络

第五章　畲族服饰在当代社会的发展与认知

第一节　畲族服饰在当代的保存、使用与嬗变

畲族传统服饰及其所依托的服饰文化、手工艺技术等作为非物质文化遗产已被认可。根据 2008 年《国务院关于公布第二批国家级非物质文化遗产名录和第一批国家级非物质文化遗产扩展项目名录的通知》（国发〔2008〕19 号），[①] 浙江省景宁畲族自治县的畲族民歌（Ⅱ-7）入选第一批国家级非物质文化遗产扩展项目名录，景宁的畲族“三月三”（X-73）和罗源的畲族服饰（X-110）入选第二批国家级非物质文化遗产名录。

田野调查显示，除了一些特殊的节庆展演和活动，各地畲族传统服饰在畲民日常生活中的使用场景极少，传统服饰保存的形式主要分为机构收藏和个人收藏两种。机构收藏主要是各省（区、市）、县市的博物馆的收藏展示，以及畲族聚居区内各乡镇、文化馆等单位对当地畲族服饰进行的征集和收藏。但我们通过调查发现个别收藏机构对服饰的甄别能力不强，尤其是一些县级文化馆中收藏的服饰并非该地区的传统服饰遗存，而是新购入的现代新畲服，不仅在形制上被随意改动，材质以廉价化纤面料替代了棉麻，在工艺上也远远不及传统服饰精致。

随着现代经济文化全球化的发展，畲民聚居区域日益受到现代化和城市化的冲击与震荡，传统服饰生存发展所倚赖的服饰文化土壤日渐流失。传统服饰样式参差混用是现在普遍存在的一个现象。这种混用包含两种形式：一种是民族间服饰元素的混用、错用、挪用；另一种是民族内部不同分支样式的混用、替用。如浙、赣、闽、粤等不同畲族聚居区的畲族服饰存在多种样式混用的现象，一些地区在保留自己原有样式的同时，盲目引进其他地区的畲族服饰样式，从而造成了服饰元素杂糅的现象，尤其是服饰样式保留比较完整的浙江景宁或福建的样式对其他地区的输出较为明显。也有一些地方，在“三月三”一类的民俗节日庆典和其他文化活动中直接挪用外观华丽的罗源式服饰样式，甚

---

① 详见：https://www.gov.cn/govweb/gongbao/content/2008/content_1025937.htm.

至还出现了对其他少数民族的服饰元素的挪用和混用现象。这种状况看似是在保护和传承民族服饰，实则模糊了民族文化的内在意蕴，造成了人们对本民族文化认同感的衰减与认知错位，对本民族传统服饰文化的保护、传播与传承产生了实质性损害。

一、传统服饰

项目组在田野调查中多次到访各地畲族村，鲜少看见在日常生活中穿着传统服饰的畲民。现存的畲族日常服饰主要以花边及镶绲装饰的女装为主，男装以对襟镶边短衫为主。畲族妇女历史上多以自织麻布为衣，其袖口与胸口大襟有镶嵌、镶绲花边，袖口也多镶有花边。根据调查所见，各地现存畲族女子服饰中只有少数服饰严格按照传统形制制作，且存量较少，各地畲族人大多会准备一套民族服饰在节庆或重大活动时穿着，但平日生活中则是以现代服饰为主。这些活动中的常用服饰又是以现代新制畲民表演服装居多。这些新畲服大多保留了立领右衽大襟镶花边的形式，但是在具体装饰细节上略有不同，有些装饰用凤凰来凸显凤凰装的核心元素，但由于设计语言表达得过于直白，有用力过猛之嫌。

江西是畲族迁入较早的地区，畲族也是江西人口最多的少数民族。实地考察中发现，江西的畲族村里可供展示和调研的畲族服饰存量已经非常少，且多为现代新制作的服装，样式上对于传统畲族服饰元素的保存也非常少，仅剩立领、大襟、花边、凤凰图案这几样元素。表 5-1 以江西各地区现存的畲族女子服饰形制特征为例，展现当代新畲服的样式特征。江西的畲族男子身着无领青布短衫、无腰直筒裤。袖口与袖管较宽大，开襟和袖口处镶有白色边条，钉“毛楂结”，表 5-2 为江西各地区畲族男子的服饰形制对照。从收集到的服饰资料来看，只有太源畲族乡的服饰款式保留着这种特点，新月、龙冈和金竹三个畲族乡（村）的多数服装采用的是在领口、袖口以及门襟处装饰各色花边，同时采用立领对襟结构。由此可见，江西各地区男子服饰形制的共同点为立领对襟结构。

表 5-1 江西省现存的畲族女子服饰形制特征对照

地区	新月畲族村	龙冈畲族乡	篁碧畲族乡	金竹畲族乡
款式特点	立领、右衽大襟。门襟和袖口处装饰 6 条花边。花边图案以几何图形和花卉为主。大襟的花边装饰超过前中心线直至右片门襟止口	立领、右衽大襟，门襟和袖口处装饰 4 条花边。花边图案以几何纹和花卉为主。大襟的花边装饰超过前中心线直至右片门襟止口	立领、右衽大襟，门襟袖口处装饰 6 条花边。花边图案以几何图案为主，花卉图案较少。大襟花边装饰超过前中心线至右片门襟止口	立领、右衽大襟，门襟和袖口处装饰 4 条花边。花边图案以花卉为主。大襟花边装饰超过前中心线至右片门襟止口
平面款式图				

表 5-2 江西省现存畲族男子服饰形制对照

地区	太源畲族乡		新月畲族村	龙冈畲族乡		金竹畲族乡
款式特点	圆领对襟，大襟的花边装饰沿门襟直至下摆	立领对襟，大襟处装饰 2 条花边并沿门襟直至下摆	圆领对襟，大襟的花边装饰沿门襟直至下摆	圆领对襟，大襟的花边装饰沿门襟直至下摆	圆领对襟，大襟的花边装饰沿门襟直至下摆，服装整体装饰以花边为主	圆领对襟，大襟花边装饰绕领窝、门襟及底边一周
平面款式图	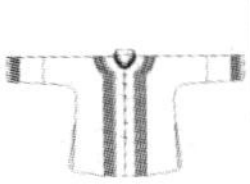			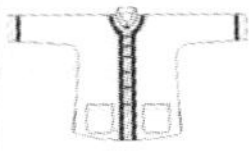		

受到现代服饰文化以及其他少数民族服饰元素的交叉影响，畲族传统服装在形制上产生了一些变化，其中最主要的问题在于多元民族服饰元素的嫁接与拼凑，而传统形制与现代形制的混搭也是比较突出的一个问题。传统的畲族服饰上衣为衣袖连裁，随着社会的快速发展，畲族传统服饰逐渐与现代服饰形制相互融合，从而出现了传统形制与现代形制杂糅的情况。现代畲族服饰的衣袖部分均为西式装袖，如图 5-1 所示的现代新制畲族女上衣，就存在衣袖结构改变、样式嫁接（上图植入了汉族江南水乡肚兜样式）与拼凑（下图为红色与凤凰图案的突兀拼凑）的问题。

图 5-1　形制混乱的现代新制畲族女上衣

在福建宁德、霞浦等地的一些较为偏远的畲族村，有极个别非常守旧的畲族老年妇女还在平日穿着畲族传统服饰。相较而言，这些地区人们的日常生活中，畲族妇女梳凤凰髻的传统仍保持得较为完好，尤其是在 60 岁以上的人群中，时常可以看见一些身着现代服装但梳着传统发髻的老年妇女。图 5-2 所示为霞浦半月里村村口大树下纳凉聊天的畲族群众及梳传统发髻的畲族老妇，其中六七十岁的畲族妇女仍梳着传统发髻，身着西式衬衫长裤，而图中四五十岁的中年妇女及远处的青年男女的穿着装束均已汉化，与汉族完全相同。

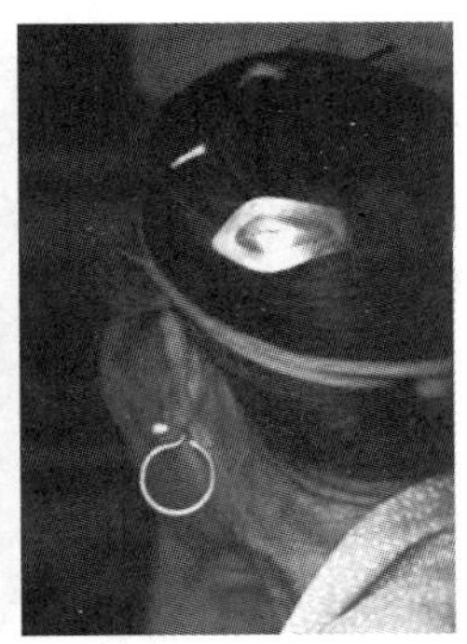

图 5-2　纳凉聊天的畲族群众及梳传统发髻的畲族老妇

霞浦县沙江镇大墓里村钟雪丽老人已经 80 多岁了，家里收藏了两件她年轻时穿着的女装上衣，拦腰、织带等已经被她丢弃了。两件上衣分别是冬装和夏装（图 5-3），冬装的面料比夏装厚一些，两件上衣均属手工制作，衣服内边缘用火烫边，曾经制作这两件上衣的老人已经离世。杨雪花 50 多岁了，保存着 18 岁结婚时丈夫送的一套畲族服装（图 5-4），包括上衣、拦腰、织带，服饰纹样装饰仍采用手工绣花的方式，缝制工艺均采用机器车缝的方式。当地村民称该地现在不过“三月三”等传统节日，包括畲族老人在内的村民几乎没有人穿着民族服装。

图 5-3　钟雪丽收藏的畲族冬装和夏装

图 5-4　杨雪花收藏的畲族服装

霞浦县三沙镇东山村村委会的会议室里展示着畲族特色、搬迁缘由、旧村旧貌、新村新貌等方面的介绍。经由钟祖钦书记的介绍，钟碧凤带领项目组成员参观了东山村的畲族服饰。我们从钟碧凤那了解到：以前的畲族年轻人穿红色的拦腰，老年人穿绿色的拦腰，拦腰上没有图案装饰，仅为素面纯色（据此描述，此种样式与福鼎式拦腰相仿），拦腰的腰头是用带有凤凰图案的被子布做的；一般畲族服饰都是由男师傅制作，一件衣服需要三至五天才能制作完成；该地的畲族服饰以前都是由浙江泰顺的师傅制作的，霞浦本地畲族服饰制作当属上水的师傅比较出名，但是上水师傅制作的没有泰顺师傅制作的精细；成立畲族村后，三沙和二坑等各个村庄的畲族人聚集到一起生活，和以前相比，现在畲语的使用人数更多、使用频率更高；目前东山村由于经费不足的问题，没有办“三月三”“二月二”等传统畲族节日的民俗活动。

茶岗村位于霞浦县水门畲族乡，是一个畲族行政村，畲族人口占大多数，主要是雷姓、钟姓。如今茶岗村村容村貌焕然一新，村内新建的建筑物都带有畲族图腾样式。根据林宏耀书记的介绍，茶岗村的畲族人有1200多人，占总人口的80%，他们平时很少穿畲族服装，只有在“三月三”“二月二”，以及采茶节等节日才会穿。我们在茶岗村走访的畲族老人李阿积表示：她平日都梳畲族发髻（图5-5），但没有穿着畲族服装。此外，她穿着绿色拦腰，与东山村钟碧凤描述的老年人穿绿色拦腰一致。

图5-5　茶岗村畲族妇女李阿积的传统发髻

霞浦、福安地区的畲族妇女喜欢日常穿着现代服装，但保留传统发髻，与此相反，罗源地区的少数老年畲族妇女保留了日常穿着民族服装的习惯，但不梳凤凰髻，这种情况的出现可能是由于罗源式凤凰髻较为高耸，附加物突出不便于日常活动。罗源式老年服装以黑色棉布为主料，仅在门襟及领窝处有简单的花边装饰，腰间围有拦腰，而年轻女子则只有在民俗庆典活动中才穿着民族服装，服装花边繁复华丽（图5-6）。

图 5-6　着畲族传统服装的老妇与少女

（图片来源：畲族作家山哈 2012 年摄于福州市闽侯县六锦村）

浙南、浙西南的畲族服饰保存较完整。在景宁畲族自治县，畲族青年男女在日常生活中的服饰装束与汉族人一样，老年妇女在日常生活中仍有较多人使用蓝黑色麻质素面拦腰，腰间仍采用彩带束腰，穿在现代服装的外面作围裙用。仅有少数畲族老年妇女穿青蓝色大襟上衣，款式较传统的花边衫窄小贴身，但花边基本被省略了（图 5-7）。与福建畲族妇女平时梳凤凰髻，在结婚和入殓时佩戴凤凰冠的传统不同，景宁地区的凤凰冠在传统上是自结婚之日起始戴，在日常生活中也是日日佩戴的。但在现在浙江的畲族地区，日常生活中已无人佩戴凤凰冠，畲族妇女的发型和汉族人一样，也有剪短发或扎发辫的，凤凰冠仅在节庆日或民俗活动中佩戴，而且佩戴传统凤凰冠的多为中老年妇女（图 5-7 右图），很多年轻女生都佩戴简化的凤凰冠。这种简化的凤凰冠以机织的花边包裹海绵做成头箍戴在额头，于脑后通过系带或松紧带固定，前方有一个红色绒布做的鸡冠状凸起，凸起及发箍边缘饰有银链，模拟凤凰冠中的珠串（图 5-8）。这些服装样式糅合了多地区的畲族服饰元素，甚至是多民族元素。图 5-9 是景宁“三月三”行嫁踩街活动中穿着现代畲服的畲族伴娘，头冠是简化的头箍，走在前面的蓝衣女子门襟下侧有福安式的三角印元素，但领口特征不鲜明，且外罩红色缎面镶白色毛边马甲显然属于外族服饰元素；走在后面的女子衣襟领口采用了罗源式元素，但连衣裙的样式及缩小的三角形拦腰显然加入了现代服饰元素。现在年轻女子家中多准备有一至两套新制作的畲族传统服饰，但形制较为混乱，除了掺杂非本地区的畲族服饰元素外，还加入了很多其他民族的服饰元素，如白色毛边和百褶裙等。这种多种不同来源的服饰元素混合杂糅容易导致畲族服饰原有的民族特色和民族风格被稀释乃至偏离。

图 5-7　景宁畲族妇女

图 5-8　福鼎的现代畲族女子头冠

图 5-9　景宁的现代畲族服饰

图 5-10 的左图是景宁“三月三”活动中参加歌会比赛的福建选手，可以看出头冠是在罗源式头冠的基础上改的，额头所戴发箍也是用松紧带在脑后固定，所着服装则显然是在现代裙装的基础上添加镶边和绣花制成，与任何一种畲族服饰均相去甚远。右图为歌会中妇女穿着的在福安式服装基础上稍做改动制成的表演装，以圈帽模仿福安传统匣式发髻，保留了福安式盛装服饰中服装黑底红边和佩戴银色胸挂的特征，扩大了胸前三角印的面积，增加了胸襟彩色镶边的装饰面积，使服装更艳丽夸张。

图 5-10 景宁的现代民俗活动中的畲族女子服饰

在当今一些节庆日和民俗表演中，畲族男子多着对襟镶花边单衫，前襟五粒一字扣，衣长及臀、两侧开衩，或在日常服装外面套一个对襟镶花边马甲。这些服饰上使用的现代机织花边精致度和民族性均欠佳，多用在领口、袖口、底摆和对襟止口两边，色彩多用大红、明黄、宝蓝等色，比传统的青蓝色更为绚丽，服装面料多为现代化纤材料（图 5-11）。

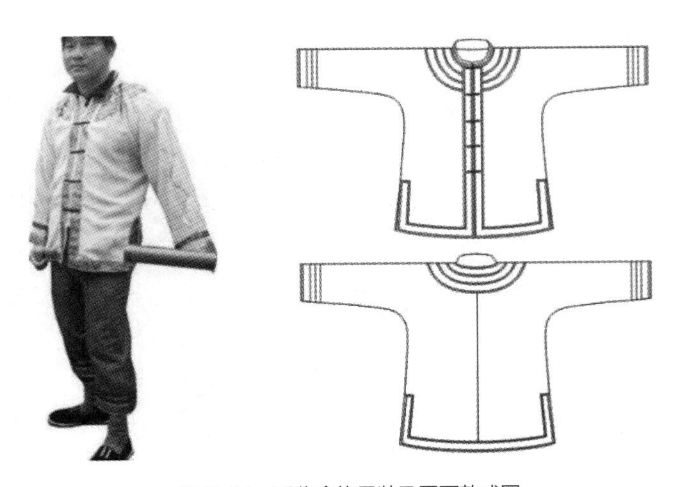

图 5-11 现代畲族男装及平面款式图

通过对贵州的调研，我们得知当地畲民日常着装也为现代服饰，仅在重要的民俗节庆日或重要庆典时，家中备有畲族服饰的人才纷纷穿起民族服饰前去欢聚庆祝，另外还有一些人会穿着具有族群特色的表演服饰载歌载舞，为节日增添欢乐气氛（图 5-12、图 5-13）。如今除了麻江县六堡村的畲民会在重要节日里穿着凤凰衣外，其他畲族村寨中畲民的穿着样式几乎都是东家衣样式，而且拥有且会穿着传统东家衣的畲民都是较年长者，已不见年轻人穿着。畲族服饰对于畲民来说不仅是日常服饰或节日盛装，还是离世寿衣，老人离世时烧掉所有衣物的习俗也使存世服饰更少。一方面是已无人制作传统的东家衣，另一方面是现存的东家衣随着老一辈人的离世而消失，长此以往，在不久的将来东家衣也会如同花袖衣般成为逝去的风景。

图 5-12　庆典中唱山歌的畲民

（图片来源：http://blog.sina.com.cn/s/blog_932f64fa0101ekj5.html）

图 5-13　福泉市的山歌节海报

除了传统的畲族服饰外，庆典中表演民俗节目的畲民也会穿着用于表演的新制畲服，这种表演形制的服装主要有两种，一种就是新时代的凤凰衣，另一种就是基于东家衣的改良样式。发展至今，凤凰衣样式在造型上基本与花袖衣相同，只是在服饰色彩上更加丰富多彩。尤其在表演中，多采用绿色上衣搭配红色下裤和红色腰带（图 5-14），色彩艳丽、反差大，形成强烈的视觉冲击。东家衣样式的表演服相对比较朴素，样式基本不变，以蓝色为主色调，在袖口和领襟的镶边外装饰花织带，或是直接用宽窄不一的花织带代替镶边工艺（图 5-15、图 5-16）。这种表演服有时候由村委会统一置办后分配至各家各户或承担表演任务的个人，从一定意义上来说，这也可算作另一种工作服。基于此，服装的质地、工艺乃至制作精致程度都远不及几十年前畲民自己的传统畲族服装。

图 5-14　庆典中的凤凰衣　图 5-15　麻江县偿班村村委会表演服　图 5-16　麻江县六堡村村委会表演服

以贵州畲族服饰为例，现存的三种风格迥异的畲族服饰体现了族群服饰文化的多样性。但在实际的传承应用现状中却不见花袖衣样式的痕迹，只见麻江县六堡村中凤凰衣的流行，以及其他大部分村中东家衣样式被较频繁地穿着与改良使用。花袖衣作为保存有最完整族群文化的族群服饰应该被传承应用于生活中，而不是成为博物馆的藏品被大多数人所遗忘。不可避免地，贵州畲族服饰同中国其他大部分的民族服饰一样已不在日常生活中被穿着，只有在重要的民俗节日、庆典以及会议中由民族代表穿着。即使如此，问卷调查显示，有近 50% 的畲族人没有穿着过畲族服饰，穿着过的人也大多为偏年长的。我们在田野调查期间恰逢福泉市凤山镇举办“六月六”山歌节（图 5-17），遂前往现场希望可以搜集有关畲族服饰的资料。但令人失望的是，活动中并无人穿着畲族服饰。此外，我们在走访各个畲族村的村委会时，畲族的接待人员也并未穿着带有任何畲族元素的工作服饰。由此可见，目前畲族服饰的穿着情况是不仅穿着的场合非常少，而且穿着者也集中于年长群体中，大部分年轻人甚至都没有穿着过本民族服饰。

很多村中，畲民为民俗表演节目制作的表演服都是基于东家衣的改良样式（图 5-18）。在比较分析了几个村的表演服后发现，服饰上出现了许多元素乱用的现象，衣服上的装饰织带都是市场上买的成品织带，还有一些毫无族群特色的边饰带代替了嵌条。成品织带和边饰带不仅不能代表本族群特色，而且显得廉价，美感不足。不仅如此，表演服中也未出现任何核心元素的使用。如表演服这般乱用服饰元素的设计，定会造成一些人对族群服饰产生错误的印象。

图 5-17　福泉市“六月六”山歌节活动现场

图 5-18　贵州畲族表演服领袖细节

二、手工技艺

民族服饰中的传统工艺是一个民族发展历史中全民族人民在共同的审美观、价值观作用下形成的对服饰特有的一些加工装饰手段，它不仅是结合民族经济水平和劳动生活特色逐渐沉淀下来的特色工艺，更是民族服饰彰显独特审美情趣的符号。畲族服饰的传统手工艺有的由专职人员师徒相传继承从事，如外衣的刺绣、首饰制作等，有的是通过家庭中的女性代代相传，如彩带的编织、贴身物件的刺绣。由于生活节奏的加快以及生活方式的改变，传统服饰中的装饰有很多采用粗糙简陋的现代替代品来完成，而传统手工艺制作所带来的经济收入也无法和外出打工、经商的收入相比，因此目前畲乡中传统的服饰工艺如彩带、刺绣、传统服装制作等，均面临着后继乏人的窘状。

服饰工艺是随着时代技术的推进而不断演化的，现代机械化生产的技术革新不可避免地给传统手工制作行业带来了升级与替换。畲族传统服装工艺的升级替换主要体现在现代机器技术对传统手工刺绣制品及工艺的替代，以及缝纫机普及后对手工缝纫工艺的升级。例如畲族人民为使服装结实耐穿，通常采用来去缝的形式在袖底缝、裆缝等部位加固服装以增强服装的耐穿性。随着现代畲族人民生活水平的提高，服装变成快速消费品，新制服装省略了这些复杂的手工艺。工艺的简化一方面体现的是技术和生活水平的提高，但另一方面使得一些精致的传统工艺和形制逐渐退出了历史舞台。从记录和保护的角度来看，应对这些工艺制品进行保存、复制，同时对于刺绣类精致工艺品，应以精品、展品的形式进行保护与传承。

彩带和刺绣，甚至竹编、银饰制作等作为畲族传续千年的民族手工技艺，在当代社会首先面对的是由于畲民对相关物品日常使用的骤减带来的工艺技术衰落。一项民俗技艺失去了使用的环境则意味着民俗生态环境的枯竭，随之而来的必将是逐渐退出历史舞台。随着现代社会的飞速发展，文化碰撞与震荡下的传统服饰样式不断蜕变，民族服饰逐渐淡出畲民的日常生活。以彩带为例，伴随着传统服饰工艺后继乏人的窘境，彩带的传统编织工艺也面临着逐渐失传的危险。现在各地畲族村中擅长彩带编织的多为 50 岁以上的中老年人，由于彩带编织不能带来明显的经济收益，年轻人中能静心学习编织技艺的传人少之又少。现代节庆和表演中使用的新畲服中大量采用机织机绣的现代彩带替代传统手工彩带，其选材与工艺都不够精美，形似而无神，极大地偏离了传统彩带的审美（图 5-19）。

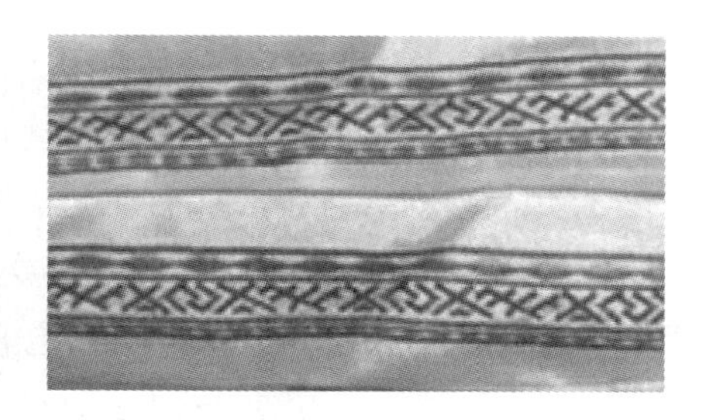

图 5-19　传统手工彩带（左）与现代彩带（右）对比

其次是传统彩带图案的演进发展。一方面，随着彩带编织人群的减少，人们对彩带字符图案的认知与辨识能力也在减弱，一些传统字符图案的释义逐渐被遗忘。另一方面，在民族发展和融合的过程中，畲族人采纳和接受了汉族的文字。在畲汉文化共融的环境下，随着彩带编织技术的发展和汉字在畲族妇女中的传播，一种“字带”逐渐演化出来（图 5-20），即利用彩带的折线形结构，通过经线提花在带芯上织出汉字字符图案。也有一些彩带编织艺人抛开固定的字符织纹，创造出一些新的几何式图案，这些都是彩带字符图案新的演化结果。

图 5-20　畲族字带

（图片来源：蓝咏梅提供）

再次，当代社会由于民俗环境的变化，彩带的生存文化生态发生了重大变化。彩带在畲族传统婚嫁民俗中扮演着传情定情的重要角色，遗憾的是现在这一民间婚嫁习俗随着现代经济生活的发展已逐渐淡出畲民的日常生活，传统婚嫁场景多成为旅游景点或节庆活动中的民俗表演内容，彩带也随之失去了民俗文化的生态土壤，仅在各种表演中展示。由于不再作为男女定情信物，又失去了日常使用的场景，褪去了文化性和实用性意义的彩带在畲民日常生活中也失去了存在价值，畲族姑娘不再从小跟着母亲学习彩带的织造技艺，彩带织造也不再成为判断畲族女子是否聪慧灵巧的标准。现代彩带的展示舞台多为民俗活动和博物馆，由彩带传承人表现织带技艺，畲民中掌握彩带编织技艺的年轻人较少。失去了根植于民众的民俗生态环境，彩带逐渐由生活用品向展示用品转变，其作为婚嫁文化的符号性特征也必将随着时间的推进而逐渐减弱。

随着现代文明的进步和经济的发展，同样在大时代潮流影响下的各地畲族人民的审美观念也随之改变，传统的畲族服饰逐渐不能适应现代生活所需。加上完整畲族服饰的制作不仅费时费力，造价高昂，制作人稀少，使得畲族服饰的量产更加困难。因此大部分畲族人缺乏穿着本族群服饰的体验感，着装意识淡薄。这些都给畲族服饰的传承造成了不小的阻碍。各地出现了很多新畲服的设计作品，但存在样式、形制混淆的问题。为了更好地实现畲族服饰的传承，新畲服设计不仅要适应现代生活方式，而且要保留族群传统服饰的核心特色。而且畲族人是本族群服饰传承的主体，只有他们认同的设计才可以更久远地传承下去。

服饰作为畲族文化传承的重要载体，在漫长的民族发展历史长河中形成了独具特色的形制、工艺特征以及丰富的民俗文化内涵。我们在田野调查中所见的大多数地区的畲族人民日常着装以现代服饰为主，仅在民族节日、民俗活动或者展演期间才会穿着畲族服饰。在福建福安、霞浦等地的畲族村，仍有个别老年妇女在日常生活中穿着民族服饰。各地大力打造民族风情旅游项目，发展了很多以畲族风俗为卖点的旅游项目，如畲族婚嫁表演，同时大力宣传畲族的“三月三”民族节日，并联合周边畲族地区文化馆举办歌会活动和民族服饰大赛。这些举措都很好地宣传了畲族文化，取得了一定的社会影响。然而在具体操作中很多民俗活动成为揽客的表演节目，活动的民族传统意蕴逐渐被边缘化，活动主体变为专职的表演者。对此，民俗研究学者提出，要警惕民族文化的资本化运作使文化主体逐渐失去文化发展的主导权[①]，需要通过“还俗于民”重塑普通民众之于非物质文化遗产的主体地位。

第二节　畲族服饰在当代的认知现状研究

一、认知研究的价值

作为少数民族在生存和发展过程中最具代表性的物质表征，民族服饰包含了族群内人们共同的经验，融入了共同的情感，成了一种符号，是一个民族的文化、历史、审美和工艺技术水平的物化表达，同时也是人地关系的外显表现。民族服饰受到不同民族相互的联系与交往的最直接的影响，在多种因素共同作用下，推动了民族间政治认同、文化认同以及民族文化的发展进程。对民族服饰的认知研究可以更客观地获得当前服饰在族群内及族群间的影响力，并可以为民族服饰文化政策的制定提供有效可信的支撑。

服饰文化体现了强烈的社会性与习俗限制，人类学家关注服饰背后所反映的社会变动以及对服饰的认同和自我意识等问题。[②]民族文化认同是在少数民族人民联系与交往的过程中产生的，从古至今的民族文化认同使得少数民族人民达到了彼此的认可和相互承认，同时形成了民族文化的共同之处以及民族间的亲近感。[③]20 世纪 90 年代以来，随着多民族国家的社会发展以及全球化进程的不断推进，民族文化认同研究逐渐成为我国人类学、民族学的学术热点。

民族认同是少数民族成员普遍具有的一种心理特征，包括了对本民族的归属

---

① 吕俊彪 . 非物质文化遗产保护的去主体化倾向及原因探析 . 民族艺术，2009（2）：7.

② 庄孔韶 . 人类学通论 . 北京：中国人民大学出版社，2016：114.

③ 余梓东 . 文化认同与民族服饰的流变 . 中央民族大学学报（哲学社会科学版），2006（6）：82-87.

感和感情依附。[①] 我国多民族的国情促进了丰富的民族认同研究成果产生，使民族认同研究的层次更加全面和立体。民族认同同时也是对中华民族的认同，国家认同与民族认同是相互影响和相互作用的。[②]

文化认同就是指对人们之间或个人同群体之间的共同文化的确认。使用相同的文化符号、遵循共同的文化理念、秉承共有的思维模式和行为规范是文化认同的依据。拥有共同的文化往往是民族认同、社会认同的基础。[③] 文化认同研究从民族认同研究中延伸出来，其定义也是随着时代发展而不断发展变化的。在民族文化认同的二维理论中，个体积极的情感依恋会因民族文化认同的影响而同时反映在本民族和主流社会之中。[④]

服饰是一个民族最鲜明的文化符号，先辈们不断赋予民族服饰深刻的意蕴和特殊的内涵。一些少数民族并没有自己的文字，他们选择服饰作为记载、传承民族历史的载体。于是在对服饰文化认同的研究中，民族服饰因其研究价值与作用，变成了无法忽视的重要研究内容。一般认为民族服饰有三个功能，分别是辨族别异的区分功能、恪守礼仪的规范功能和凝聚情感的整合功能。[⑤] 彭彪等人在对苗族服饰的研究中也发现了民族认同与服饰之间的关系。他们通过数据和在地性研究，证明了民族服饰是对一个民族的记录，同时也是反映一种认同情结和民族崇拜的物质表现。[⑥]

作为多民族国家，我国的少数民族的文化认同关乎社会发展与稳定。处于不同文化群体中的个体会形成不同的文化认同，即少数民族群体对于其民族本身的认同情况在一定程度上受到其群体内部与外部的影响。青少年在健全社会人格的形成过程中，其生活方式、行为模式、思维方式以及价值观念深受文化认同的影响。随着各族人民对美好生活的追求日益增强，服饰作为人民对美最本真的追求和表达形式，演化出了多元异貌的外观。青少年服饰文化观念与消费行为代表着未来的潜在消费走势，是服装流行预测领域的重要研究内容。畲族青少年服饰观念同时也代表着少数民族青少年的民族文化认同感，可以在一定程度上分析出这个民族的文化认同潜在的发展走向。

① 高永久．论民族心理认同对社会稳定的作用．中南民族大学学报（人文社会科学版），2005（5）：22-26.

② 史慧颖．中国西南民族地区少数民族民族认同心理与行为适应研究．重庆：西南大学，2007.

③ 崔新建．文化认同及其根源．北京师范大学学报（社会科学版），2004（4）：102-104.

④ 闫顺利，敦鹏．中华民族文化认同的哲学反思．阴山学刊，2009（1）：87-90.

⑤ 张建东，胡凌祺，魏晓彤．中国畲族服饰文化的调查研究——以浙江景宁畲族为例．科学导报，2015（1）：171.

⑥ 彭彪，韦磐石，石以萍．从苗族服饰看其民族认同．兴义民族师范学院学报，2011（2）：28-31.

运用问卷来调查民族认同的研究方法已经相对成熟。该方法源于美国心理学学者贝瑞的民族认同研究，他通过确立归属感、自尊程度等维度，对国外民族认同进行了初步调查。[①] 我国学者将问卷测量方法引入国内，针对我国少数民族具体情况编制了民族认同调查问卷。问卷主要从外在（政治、经济、习俗等）、内在（客观身份、归属、自尊等）[②] 以及认同阶段模型等方面来调查民族认同。[③] 近年来，民族认同的研究逐渐细化，问卷调查被广泛运用于不同少数民族、不同年龄层群体的横向差异性和民族认同的纵向深化研究中。通过分析发现，年龄、职业、文化程度存在的交互作用以及民族与国家认同的中介效应 [④] 都对认同感的形成与发展有重大影响。综上，民族文化认同的研究已相对成熟完善，但几乎均是从民族认同的内隐态度切入，缺少外在物化的研究视野。近年来，有研究以民族服饰为媒介，通过对服饰文化认知现状进行调查，从民族认同角度给予文化传承有价值的建议 [⑤]，但相关研究缺少具有统计学意义的问卷支持其数据的准确性。

二、研究设计

1. 贵州畲族族群认同与服饰认同调查

（1）调查设计

由于贵州畲族的民族识别时间较晚，服装的样式沿袭变化存在清晰的时间线，在民族身份和族群认同上与服饰的映射关系较为明显，故我们选择了贵州畲族进行族群认同与服饰认同的调查。调查内容主要包括三个部分：第一部分是被调查者的个人信息，包括性别、年龄、教育程度、职业等基本信息；第二部分是对畲族服饰认知和现状的调查，如穿着原因、穿着频率、穿着场合、服饰中所蕴含的崇拜等问题；第三部分是贵州畲族族群身份及族群服饰认同量表，包括身份认同、情感认同、行为卷入和服饰特征认同四个维度的量表。身份认同指畲族人民对自己所属身份的归属感；情感认同包含对畲族服饰依恋的民族情感和积极的

---

① Berry, J, W. A Psychology of Immigration. *Journal of Social Issues*, 2010, 57(3): 615-631.

② 张庆林，史慧颖，范丰慧，等．西南地区少数民族大学生民族认同内隐维度的调查．西南大学学报（社会科学版），2007（1）：67-70.

③ 王亚鹏，万明钢．藏族大学生的民族认同及其影响因素研究．民族教育研究，2003（4）：65-70.

④ 安晓镜，朱姝，邱贵芹．西南地区少数民族初中生民族认同心理研究——以云南省楚雄州武定彝族自治县为例．邢台学院学报，2014（1）：185-187.

⑤ 闫晶，范雪荣．畲族青少年服饰文化认知现状调查——以浙江省景宁畲族自治县民族中学为例．丝绸，2017（7）：54-60.

正面评价；行为卷入指愿意参与有关畲族服饰事务的积极程度；服饰特征认同指对畲族服饰特征符号的喜爱程度。此次调查采用了问卷调查的研究方法，调查对象为贵州畲族人群，以“问卷星”网络问卷作为发放和收集问卷的平台。共回收了 245 份问卷，删除了无效问卷后，有效问卷为 240 份。

首先对被调查者的个人信息进行分类整理分析，对性别、婚姻状况、年龄、教育程度、职业等信息进行了描述统计及分析（表 5-3）。被调查者的男女比例接近 1∶1，其中男性比例略大，为 54.17%。已婚人群占 58.33%。年龄数据显示，被调查者的年龄集中于 19—25 岁、26—34 岁、35—45 岁这三个年龄段，分布相对较均衡，其中最多的为 26—34 岁的人，占调查总人数的 33.34%，其次为 19—25 岁的人群，占 29.17%。被调查者总体的教育程度不是很高，调研结果显示占比最大的是初中，占 43.75%，其次为高中及高职类，占 25.00%。职业统计数据显示，在外打工人员占比最大，为 27.08%，此外除了退休人员，剩下的几类占比大都在 10% 上下。基于上述的背景情况数据分析可以看出，此次被调查者的特征分布没有呈现出极端集中的现象，而是分布得较分散且平均，涵盖了较广泛特征的人群，得出的结论也就更加全面。

表 5-3　被调查者的个人信息统计

描述分类	描述内容	人数占比
性别	男	54.17%
	女	45.83%
婚姻状况	已婚	58.33%
	未婚	41.67%
年龄	18 岁及以下	8.33%
	19—25 岁	29.17%
	26—34 岁	33.34%
	35—45 岁	20.83%
	46 岁及以上	8.33%
教育程度	小学及以下	2.08%
	初中	43.75%
	高中及高职	25.00%
	大专	18.75%
	本科	8.34%
	硕士研究生及以上	2.08%

续表

描述分类	描述内容	人数占比
职业	学生	4.17%
	公务员或事业单位人员	18.75%
	个体户	10.42%
	私企职员	8.33%
	自由职业	10.42%
	务农	8.33%
	在外打工	27.08%
	无业	12.50%
	退休	0

注：所属地域在此表中未列出。

在“您认为畲族女子传统服饰是来源于对什么的崇拜”的多选题的回答结果中，54.17% 的人选择了凤凰崇拜，剩下的则选择了完全无关的其他崇拜或是不知道，这进一步反映了贵州畲族人对族群服饰的了解非常不足。

在“提到畲族传统服饰，您首先想到的是哪类服饰”一题的回答结果中，在排除完全不了解畲族服饰的人群后，数据显示近 90% 的人对畲族服饰的首要印象是女子服饰，这充分说明了畲族女子服饰最能代表该族群的形象，其服饰特征几乎包含了所有可以体现族群特色的元素，因此通过畲族女子服饰可以较全面地了解畲族的服饰文化。

“畲族女子服饰中给您印象深刻的元素是什么”一题的回答结果（图 5-21）显示，被选频率最高的前六项是拦腰、刺绣图案、单鼻绣花鞋、银饰、花袖衣以及装饰织带。令人印象深刻的服饰元素换言之是最能体现族群特色的服饰元素。

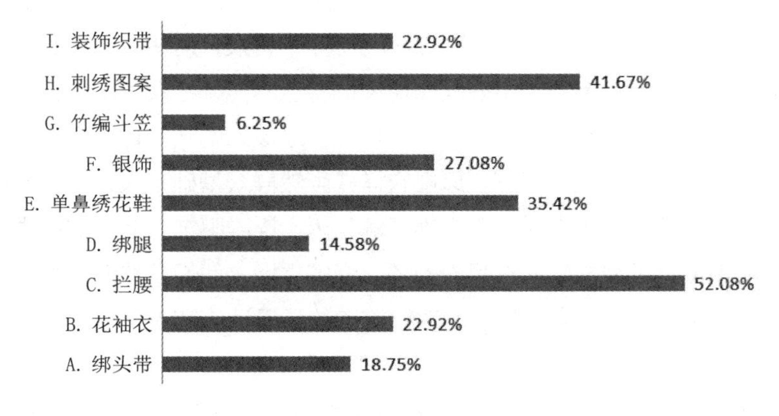

图 5-21　令人印象深刻的畲族女子服饰元素调查结果

对穿着畲族服饰频率的调查结果显示，41.67% 的畲族人从未穿过畲族服饰，25.00% 的人只穿过一两次，16.67% 的人偶尔穿着。对穿着畲族服饰场合的调查结果显示，在穿着过畲族服饰的人群中，84.62% 的人也只是在重大传统节日以及重要场合穿着，日常生活中已无人穿着传统服饰，超过 55% 的人不曾拥有畲族服饰，约 37% 的人拥有一至两件传统畲族服饰。

问卷中分别列出了花袖衣样式、东家衣样式、凤凰衣样式的图片，让被调查者从中选出自己熟悉的族群服饰。统计发现有 90.70% 的人选择了东家衣样式，而凤凰衣与花袖衣被选择的频率远远低于东家衣，尤其是花袖衣仅有 25.58% 的人选择。这样的认知现状与项目组在田野调查中获得的信息是相符的：花袖衣样式已无人穿着，渐渐被族人所遗忘；凤凰衣样式作为新时代发展出来的新样式，主要流行于麻江县六堡村及附近村落，还未被推广开来；东家衣样式自清末起就作为贵州畲族的族群服饰广泛流行于各个畲族村落，直至今日仍然被大多数贵州畲族人所熟知，有着最广泛的群众基础，但其生命力并不如凤凰衣强，若不采取措施也将会渐渐淡出畲族人的生活。三个样式有着不同的生存现状，但同为贵州畲族的族群服饰，都是族群文化的瑰宝，是族人智慧的结晶，都应该被传承下去。

上述统计与分析使得我们从整体上了解了贵州畲族人对其畲族服饰的认知现状。近 90% 的贵州畲族人对本族群服饰还是有所了解的，但其中超过半数的人仅限于非常粗浅的了解，缺乏深层认识。传统服饰穿着烦琐，维护复杂，穿着形象与现代生活格格不入，已逐步退出畲民的现代生活。被调查者中有超过 40% 的人从未穿着过畲族服饰，更别说拥有完整畲族服饰了。在田野调查中可见，一个村中也仅有几户人家收藏有一两套较传统的畲族服饰。另外即使是穿着过的人基本也仅仅是在节庆等重要场合中穿着，穿着场合非常有限，这使得畲族服饰的传播范围更加受限。贵州畲族服饰中最能体现族群特色的无疑是女子服饰，发展至今现存三种较典型的样式有着不一样的认知情况，最被人所熟知是东家衣样式，花袖衣样式已不被大多数人所了解，凤凰衣样式虽然群众基础不大，却有着最旺盛的生命力。无论贵州畲族人对畲族服饰了解与否，族群服饰在他们的心中都有着无可替代的地位，承载着族人对祖先的怀念崇敬之情，他们自然而然地成了本族群服饰的传承主体，同时有关贵州畲族服饰的传承设计研究对于他们而言就更加具有意义。

调查中还有一些量表题，用以测量被调查者对畲族身份以及畲族服饰的认同度。该调查还分别测量了他们对东家人身份的认同以及对畲族身份的认同。结果的总平均分为 4.85，东家人身份认同度平均分为 5，畲族身份认同度平均分为 4.7（满分 5 分）。相比较而言，被调查者对东家人身份的认同度大于对畲族身份的认同度，这样的结果也是在情理之中的。贵州畲族以东家人身份世居于贵州之地至少有着 2000 年的历史，而作为畲族则是从 1996 年开始的。当然，单独看被调查者对畲族身份的认同，得分也很高，已达到了较高的认同度，从而可见贵州畲族人对自己新身份的接受度也是非常高的。在田野调查和问卷调查过程中，当问及贵州畲族人如何跟别人介绍自己的身份时，大多数人对外会介绍说自己是畲族东家人，对内则多以东家人自称。

量表测出的畲族服饰认同度的总平均分为 4.27，单独分开分析各个维度量表的平均分，可以看到情感认同量表的分数最高，达到 4.53 分，其次是服饰特征认同量表，最低的则是行为卷入量表。在情感认同量表中共有 6 小题，其中被调查者对于“国家应积极地抢救和保护畲族服饰”一项的认同度最高，达到了 4.7 分，而对于“穿着族群服饰或是带有族群服饰元素的现代服饰”却有着不太深刻的情感反应，这与大多数人未曾穿过畲族服饰有着必然的联系。因此加强族人穿着族群服饰的体验感对于提高服饰认同有着一定的作用。

行为卷入量表中的得分比情感认同量表的分数低了许多，因为当要将对畲族服饰的情感转为行为投入时，必须考虑如购买能力、时间等客观因素，这必然会影响得分，比如“花费较多的金钱去定制一套精致的畲族服饰”一项的平均分只有 3.8 分。但对于畲族服饰的传承，被调查者还是非常愿意出一份力的，如“让自己的下一代了解畲族的服饰”一项所得分数就相对比较高。在田野调查中，项目组从当地的畲民口中了解到，几乎所有畲族人家中传统的畲族服饰都是上一代或是更久远的祖辈们代代相传下来的，制作一套完整的畲族服饰非常费时费力，一些手工艺也只有很少的人掌握。

服饰特征认同量表包括 13 小题，测量畲族服饰各个元素的受喜爱程度。畲族服饰包括许多服饰元素，每个人对这些元素都有着自己的审美看法，喜欢的程度或是不喜欢的程度都是不一样的。服饰特征认同量表中的各题所得的分数最高的前五项为纹样图案、花袖衣、织带、工艺技术以及银饰品，得分较低的则是绑腿、斗笠和裤装。

四个维度的量表得分虽有高低，但平均分都在 4 分及以上，显示出高度的认同感，尤其是在情感认同方面和个别的服饰特征认同上分数甚至高于 4.5 分。在如此高的认同感基础之上，畲族服饰的传承设计研究是顺应大部分畲族人的意愿且有意义的。

整体而言，畲族人中对畲族服饰完全不了解的人并不多，但大部分人也是知之甚少，语焉不详，有些甚至了解了错误的信息。但无论了解与否，本族服饰在畲族人心中都有着一份特殊的意义，对其如同“族徽”般的作用也是非常明确的。如今族群服饰在畲族人的生活中出现的频率已非常低了，基本只在重要的节庆日穿着。此外，绝大部分畲族人甚至没有一套畲族服饰，因为制作一套完整的高品质畲族服饰不仅费时费力，难度也非常高，要集合许多工艺技术。即使如此，族群服饰在畲族人的心中仍占据着特殊的地位，不可磨灭也不可替代。但畲族人也不是对民族服饰元素有着全盘的接受，他们对某些服饰元素有着更加深刻的印象和更高的喜爱程度，这些元素也是设计研究的主要客体。

（2）结果分析

对畲族服饰族群认同的问卷调查数据依据人口变量进行分类描述统计及分析是非常有必要的。本次问卷调查中的人口变量包括性别、婚姻状况、年龄、教育程度、所属地域以及职业等六个方面。在对问卷数据进行大体分析后，比较六项人口变量，发现因性别、年龄不同而产生了差异较大的数据结果，所以我们将这两项进行了分类比较分析，以了解性别、年龄的变量导致的认知和认同的差异性，从而为传承设计提供更加细致的引导。

1）性别分析。在几乎所有的问卷数据分析中，性别都是首要分析的变量。个体因为性别的不同，在思维方式、审美情趣等方面会有明显的差别。这些显著的差别都会体现在问卷数据的结果上。该变量可以帮助我们发现问题，提出策略，进而有助于对畲族服饰传承设计中性别的定位设计。

在对畲族服饰的认知程度方面，畲族男性和女性的认知差别不大，女性得分稍高于男性，但男女有着不同的认知特点。在穿着畲族服饰的原因方面，除了在表明身份和怀念祖先上男女表现出较高的一致性外，女性中有62%的人认为是出于审美原因而选择穿着畲族服饰，远超于男性的24%，可见女性相较于男性更加关注畲族服饰的视觉审美。另外在给人印象深刻的畲族服饰特征选择上，男女所选项最多的前四项都是一样的，包括拦腰、刺绣图案、单鼻绣花鞋、银饰，这说明畲族服饰给人的印象有着一定的共性。当然共性之外也存在着特性，男性对绑腿的选择比女性多了许多，女性则对发式表现出了更多的关注。此外，即使是在选择最多的四项上也存在着一定的差异性，主要表现在刺绣图案的选择上，女性的选择占比高达 62%，而男性却只有 26%。从对服饰特征选择的分析可以看出女性的注意点更加细致，女性更加关注美感，而男性则偏向理性和实用性。最后是在穿着率和穿着频率上，女性比之男性都有着明显的优势。

从表 5-4 中的数据可以看出，畲族男性和女性在情感认同、行为卷入、服饰特征认同这三个方面相差无几。另外，无论是男性还是女性，在畲族服饰保护方面的得分都是一系列题目中最高的。在行为卷入方面，女性在学习技艺上的意愿明显高于男性。在服饰特征认同方面，男女对畲族服饰特征的偏好大致相同。但在某些服饰元素上，男女还是体现出了各自的偏好，如女性对服饰色彩、图案纹样、发饰的喜好程度高于男性，而男性对斗笠的喜好程度略高于女性。从得分上可以分析出，女性的好恶更加明确，内部分数差距也比男性更大，而男性的好恶则相对不那么明显。

表 5-4 男性、女性的认同量表数据

题项（维度量表）	男性平均分	女性平均分
第 16 题（情感认同量表）	4.54	4.51
第 17 题（行为卷入量表）	4.11	4.12
第 18 题（服饰特征认同量表）	4.41	4.45
总平均分	4.26	4.27

综合分析可以发现，男女对畲族服饰的认知状况和认同程度相差不多，对畲族服饰的偏好元素也存在一定的共性，同时也存在着与性别相对应的独特偏好。男性对畲族服饰的认知和认同更具有理性，对绑腿和斗笠这些实用性更强的服饰元素也表现出了较高的认同感，而女性则更加关注服饰的美观性方面，也特别注意服饰细节，对工艺、图案等表达了高度的喜爱之情。

2）年龄分析。年龄变量是仅次于性别的又一重要变量，不同年龄层的人群对服饰审美等有着各自的想法。不同年龄段的想法不只代表着个体的阅历范围和心理的发展阶段，还代表着一个时代大环境下的主流精神。通过对不同年龄段人群的认知和认同的比较分析，可以了解到畲族服饰认知情况和认同感的代际差异，有助于开展更加精确的设计研究。本次的被调查者中各年龄段的人数稍有差别，其中人数最多的是 26—34 岁的人，占 33.34%，最少的是 18 岁及以下和 46 岁及以上年龄段的人，均不足 10%，其他两个年龄段的人则都超过 20%，被调查者的年龄分布合理。

不同年龄段的人群在对畲族服饰的认知上有着不同的特点，总体上认知程度呈现出两极高的现象，即18岁及以下和46岁及以上人群的认知调查数据结果比其他年龄段人群对畲族服饰的了解更为全面和深入。在关于服饰崇拜来源的回答中，最大和最小年龄段人群的选择基本集中于凤凰，而其他年龄段的选择却很分散，还有许多人回答不知道的。在服饰特征的认知上，除了拦腰、装饰织带和刺绣图案三项元素外，18岁及以下人群还对银饰表现出了较高的兴趣，46岁及以上人群则对花袖衣有着更深的印象，而26—34岁人群的选择就比较分散，许多人没有明确的印象。畲族服饰的穿着频率和拥有件数都是随着年龄的升高而呈递增趋势，超过一半的年轻人从未穿过畲族传统服饰。

比较各年龄段人群在各认同维度上所得的平均分（表5-5）后发现，46岁及以上人群的总体认同度稍高些，尤其是在情感认同方面，同时他们在行为卷入方面的得分也最高，对学习技艺、购买服饰都有很高的热情。与之相反，年轻人群在行为卷入方面的分数相对较低，这也许和他们的购买能力等社会能力较低有关。服饰特征认同方面，26—34岁年龄段的分数最高，在大多数服饰元素上都给出了很高的分数。与之不同的是，18岁及以下人群给出的最高分和最低分相差最多的达3分。

表5-5 各年龄段人群的认同量表数据

选项内容	第16题（情感认同量表）	第17题（行为卷入量表）	第18题（服饰特征认同量表）
18岁及以下	4.5	3.8	4.2
19—25岁	4.5	3.9	4.3
26—34岁	4.4	4.1	4.4
35—45岁	4.4	4	4.1
46岁及以上	4.7	4.2	4.3

总体而言，年轻群体对大多数独立的畲族服饰元素，即单独的服饰符号都有着较高的认同和喜爱之情。而46岁及以上年龄段的人群则更加偏向于完整的畲族服饰，也可以说是符号系统。

（3）贵州畲族服饰族群认同现状

贵州畲族服饰族群认同问卷调查较全面地测量出贵州畲族人对本族群服饰的认知现状以及认同程度，并且通过对各题项的数据分析来剖析处于新时代的贵州畲族服饰的族群认知与认同的特征。调查显示贵州畲族人对自己的族群服饰有着一份特殊而牢固的感情联系，但在认知情况上却并不乐观，不仅认知程度不高，处于模糊认知程度的人占比非常高，而且认知内容也较片面，族群的认知比较单一。贵州畲族人对畲族服饰的认同感非常高，尤其在情感认同方面的得分较高。贵州畲族人在情感和行为方面都对保护和传承畲族服饰表现出了一致的高度认同，但在穿着体验方面却缺乏深刻体会，这使得畲族服饰的认同感提升受到了一定限制。在服饰特征认同方面，调查结果显示了一定的偏好特征，多表现在对刺绣图案、银饰、拦腰等的高度关注和偏好上。这些服饰元素与认知调查中畲族人印象深刻的元素基本吻合，所以这些元素既是贵州畲族服饰的代表性元素，也是被广为接受和喜爱的服饰元素。

2. 畲族青少年民族服饰文化认同研究

（1）研究的背景与研究设计

由于现代文明的冲击和畲族人散居的特点，畲族传统服饰在当代社会面临着一定的传承危机：传承人年龄结构偏大，普遍存在后继乏人的尴尬境地。畲族青少年对其传统服饰文化的认同程度可以反映出他们对本民族认同的现状，同时也能反映出他们的民族意识和传统文化传承的情况。青少年是畲族传统文化的主要传承者，也是传统文化与现代文化沟通衔接的主力军，该族群的认同观念正在形成和塑造过程当中。在畲族发展和变迁过程中，服饰体现了极其重要的媒介作用，同时也是培养青少年民族文化认同最直接的媒介。在国家强调“坚定文化自信”，提倡非物质文化遗产保护传承的背景下，针对畲族青少年的服饰文化认同感的塑造和保护传承的意愿培养刻不容缓。

我们通过畲族青少年校服满意度与需求访谈收集了数据，主要包括三个部分（现有校服满意度、民族校服需求以及民族元素偏好），具体包括当代畲族青少年、家长以及畲族中学教师对现有校服款式、面料、色彩、细节等的满意度以及对校服改良设计的看法，畲族校服选择偏好，畲族服饰喜爱偏好，畲族服饰需求以及民族元素需求等。通过访谈和收集与畲族校服设计相关的数据，可以进行畲族校服的创新设计改良。

畲族青少年民族服饰文化认同分析通过编制畲族青少年民族服饰文化的族群认同问卷进行调查，调查对象包括浙江和福建的两个畲族聚居地（景宁和福安）民族中学的大部分畲族青少年。问卷以2014年韩黎等编制的羌族文化认同问卷[①]

① 韩黎，唐邦萍．羌族中学生文化认同与文化适应的调查分析．教育导刊，2015（3）：37-40.

为基础进行编制，通过三个维度和六个因子进行了问题修订。“畲族青少年民族服饰文化的族群认同调查”问卷共 31 题，其中人口学变量题 7 题、问卷测量题 24 题。问卷在景宁和福安的民族中学进行发放。根据问卷结果进行地区、性别、居住地差异性比较分析，得出具有统计学意义的数据，对服饰文化认同结构进行探索，探讨外显服饰文化与内隐服饰文化认同的现状和影响因素，以及文化与感知、主流文化群体态度和生活满意度的关系。

少数民族成员在对本民族的文化产生归属感的同时，对民族文化的态度以及文化对生活的卷入程度的反映也是民族认同的表现。青少年在形成认同感的时期接受了多元文化意识的影响，在这些意识的不断交互作用之下，个体的民族意识也会变得更加明显。青少年通过不断地自我梳理民族认同与国家认同的价值和意义，可以达到自我意识的完善。

（2）少数民族青少年的民族文化认同维度

民族文化认同可以分为文化符号认同、文化身份认同和文化价值认同，各维度之间存在一定的相关性和递进关系。

民族文化符号认同是指个体对民族文化的认知程度以及对民族符号的接纳程度。这种认同在特定文化情境中能带来信息共享和行动的协调。文化的符号认同包括了对民族语言、艺术、习俗等的认知情况及接纳程度。

民族文化身份认同是指民族身份意识与民族归属感的联系以及民族的参与融入感，包括个体对本民族产生的荣誉感、身为本民族人的自豪感以及对民族服饰、歌舞、饮食等的喜好程度。人们对自我身份的认同随着年龄的增长不断变化并形成相对稳定的状态。童年时期最初形成族群身份的感知以及对自己民族概念的界定，在青春期时不断产生转变，并在成年过程中逐渐固化。

民族文化价值认同是指民族信仰和民族传承态度，表现出对本民族社会宗教礼仪、民间习俗的信仰及尊崇程度和传承意愿。

（3）基于文化认同的畲族青少年民族服饰文化认同调研

民族服饰作为最具代表性的民族符号，最直观地参与了民族内部变化和民族间的交往、演变[①]，是培养族群认同最直观的媒介。[②] 民族文化认同通过服饰传达民族特色和地域特色，构建民族自信和民族归属感。作为民族传统文化的传承群体，少数民族青少年是传统文化与现代文化沟通衔接的桥梁，他们的服饰文化认

---

① 余梓东 . 文化认同与民族服饰的流变 . 中央民族大学学报（哲学社会科学版），2006（6）：82-87.

② 王志立 . 民族服饰符号与民族认同论析 . 殷都学刊，2013（2）：110-114.

同状况是民族文化认同的重要表征与构成部分。在民族认同和文化认同的理论基础上，我们对畲族青少年传统民族服饰符号性认同的影响因素进行了分析，做出了如下归纳。

1）地域环境影响。包括自然环境和社会环境。自然环境的影响是由于每个地域都具有其独特的自然环境和气候特点，同时气候因素也使得不同地域的学生对校服产生了特殊需求，因此少数民族青少年的服饰产生了不同的形制，也形成了不同的民族服饰文化认同。社会环境包括文化背景、经济资源和居住环境。不同地域之间蕴含着不同的文化背景，即使在本民族之间也存在不同，文化差异会导致认同感的形成并产生差异。

2）性别影响。这是最直接的影响因素。青少年群体中，女生对服饰文化关注程度明显高于男生。中学生阶段的女生在心智发育和认同感的建立上会比同年龄段的男生稍早，男女生之间对外界文化的感知与接纳能力也会有所差异。

3）年龄影响。青少年时期是形成认同感的重要时期。在多元文化意识的促进下，以及随着少数民族青少年与不同文化发生接触，其民族意识也会更加明显。他们通过接触与学习来对本民族认同和国家认同进行梳理，从而形成民族认同与国家认同。因此在青少年阶段，由认同产生的问题如歧视、族群偏见甚至族群冲突也最为突出。

（4）服饰文化认同理论模型构建

按照人类学对文化的理解，人类文化可以分为物质文化、社群文化和精神文化三个层次。[①] 对物质文化的研究不仅要研究物质客体本身，还要研究物质背后的人的行为，更要研究人的认知问题。[②]

从功能的角度对民族服饰所处的系统进行分析可知，自然资源、地质条件、族源族属和气候条件是四大基础元素，在它们的交互影响下产生了以人为核心的认同与非物质文化相关产物，以及以物为核心的物质文化产物。民族服饰受到聚居地气候、地质条件和动植物等自然资源的影响与限制，是族群物质文化的产物，同时也是非物质文化诸如民俗、传统技艺作用下的产物。它们之间的系统关系如图 5-22 所示。

---

① 李亦园．人类的视野．上海：上海文艺出版社，1997.

② George, W. S. *Objects and Others: Essays on Museums and Material Culture*. Madison: The University of Wisconsin Press, 1985.

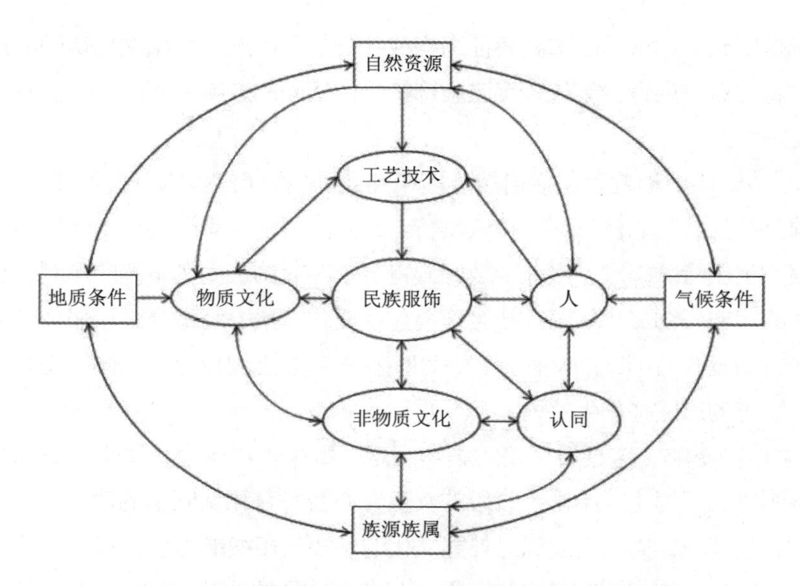

图 5-22　从功能的角度对民族服饰所处系统的分析示意图

畲族青少年是在现代文化和本源文化价值深度融合下成长的一代，他们对民族传统服饰文化的认同在一定程度上可以反映民族认同与国家认同的发展情况，对于民族文化的保护和研究有着重要意义。畲族传统服饰在当代社会同样面临着现代文化冲击等一系列问题，诸如传承人年龄结构偏大，在青少年中的影响力较弱。在此情况下，畲族青少年的服饰文化认同现状不仅是服饰研究的重要参考方面，也是民族认同、文化认同的重要参考指标之一。①

基于此，我们发现民族服饰与民族认同的结合具有创新性的研究价值，民族服饰文化认同的研究急需具有统计学意义的问卷给予科学可信的数据支撑。我们通过田野调查直接探究服饰对民族文化认同的影响，根据已有相关研究②，结合前期研究和访谈结果，构想了畲族服饰文化认同的理论维度，预设了三个维度（文化符号认同、文化身份认同、文化价值认同）和六个因子（文化认知、接纳程度、归属感、喜爱程度、信仰与俗约、保护传承）组成的二阶三维度结构（图 5-23），然后加入人口学变量，即性别、聚居地社会环境、家庭居住地等，以探求这些变量对民族服饰认同产生的影响。我们假设这些变量会对文化符号认同、文化身份

① 赵伟楠，陈敬玉．畲族服饰文化认同的影响因素．丝绸，2020（11）：76.

② 韩黎，唐邦萍．羌族中学生文化认同与文化适应的调查分析．教育导刊，2015（3）：37-40.

认同和文化价值认同产生影响。[①]

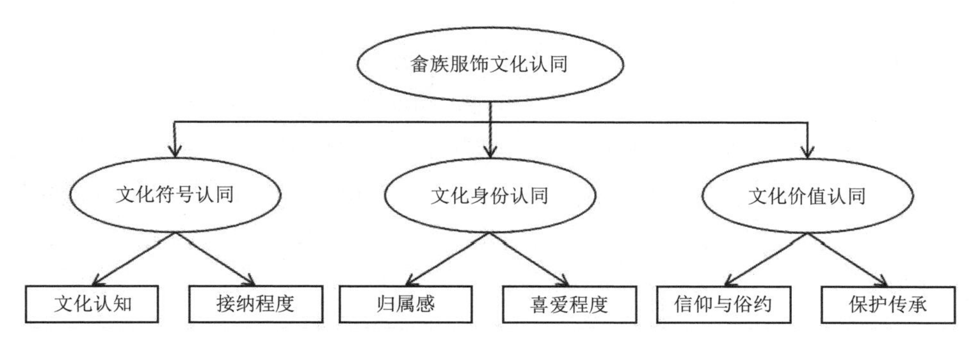

图 5-23　服饰文化认同理论模型

（5）畲族青少年民族服饰文化认同研究设计

1）研究工具

我们主要通过问卷调研和访谈的方式展开研究。问卷发放之初，我们首先对 30 名畲族青少年（男女各半）和 10 名畲族中学教师（男女各半）进行了集中访谈。访谈内容包括四个方面：首先是调查畲族青少年对于畲族服饰的了解程度，包括畲族服饰的形制、演变发展史等；其次是调查畲族青少年对畲族服饰现状的看法；再次是了解畲族青少年对畲族服饰的传承态度；最后是调查他们对当地畲族民俗风情及节日活动的看法。通过访谈内容进行问题的编制与修改，从而设计民族服饰文化认同问卷以观察散杂居民族青少年民族服饰文化的认同现状及其影响因素。初步编制的预量表基本情况如下：问卷共 31 题，分别属于文化符号认同、文化身份认同和文化价值认同三个维度，采用五级评分法，从 1 分“完全不符合”到 5 分“完全符合”。

2）样本选择

浙江和福建是中国畲族人口分布最集中的地区，约占全国畲族人口的 75%。浙江拥有全国唯一的畲族少数民族自治县，而福建是畲族人口分布最多的省份。项目组于 2018 年 5 月和 10 月在浙江省景宁畲族自治县和福建省福安市进行田野调查，以两地民族中学学生为对象，随机抽取学生进行问卷调研。共发放 210 份问卷（预量表），回收 210 份，回收率为 100%，其中有效问卷 200 份，有效率 95.2%，其中男生 110 人，女生 90 人。

① 赵伟楠，陈敬玉．畲族服饰文化认同的影响因素．丝绸，2020（11）：76.

3）预量表分析

①项目分析

我们使用了 SPSS 22.0 统计软件进行数据分析。按 27% 为界限进行高低分组，即总分最高的 27% 和最低的 27% 为高分组和低分组，然后对两组每个题目的得分进行差异性检验，删除和调整不具有显著差异的题目。再进行题总相关分析，删除相关度小于 0.4 的题项，合并项目间大于 0.8 的题项，剩余题项再进行项目分析。经项目分析，各维度保留题目之间具有显著相关性，且与总认同具有显著相关性。

②探索性因素分析

对问卷进行 KMO 检验和 Bartlett 球形检验，得出该问卷 KMO 值为 0.798，Bartlett 球形检验统计量为 1032.613，$p<0.001$。结合碎石图、因子累计解释百分比和因素意义分析，删除因子负荷小于 0.4 的项目，最后三个维度中的题项剩余 21 题，符合探索性因素分析结果。问卷包含文化符号认同、文化身份认同和文化价值认同，因子特征值都大于 1，解释总变异量的 54.454%。[①]

③信度检验

采用 α 系数检验量表的内部一致性信度。结果表明，总问卷（总认同）和三个维度内部一致性系数均高于 0.7，分别为 0.746、0.744、0.722 和 0.748，符合信度要求。

④效度检验

使用 Mplus 7.4 软件进行验证性因素分析，结果显示，拟合指数 RMSEA 为 0.071，介于 0.05 和 0.08 之间，拟合良好。χ^2 为 346.9，df 为 186，χ^2/df 为 1.865 <5，CFI 和 TLI 的值分别为 0.899 和 0.916。所有的拟合指数都符合要求。

4）正式问卷

问卷分析结果显示，畲族青少年民族服饰认同包含三个维度——文化符号认同、文化身份认同、文化价值认同，与预设构想一致，符合心理测量学要求，说明该问卷是具有良好的信效度指标的有效工具。问卷共 21 个项目，分属于文化符号认同、文化身份认同、文化价值认同维度。

（6）结果分析

正式问卷采取随机抽样方法，于 2018 年 10 月在浙江景宁民族中学与福建福

---

① 赵伟楠，陈敬玉．畲族服饰文化认同的影响因素．丝绸，2020（11）：77.

安市民族职业中学发放，共300份，回收300份，回收率100%。有效问卷262份，有效率87.3%。其中景宁170人，福安92人；男生148人，女生114人。年龄主要集中在12—16岁。

运用SPSS 22.0统计软件进行独立样本 t 检验并进行差异性分析，分别从不同聚居地社会环境、性别及家庭居住地三个方面，分析服饰文化符号认同、文化身份认同、文化价值认同及总认同。①

1）地区差异性分析

通过景宁与福安两地畲族青少年问卷调查结果的对比发现，服饰文化符号认同、文化价值认同以及总认同存在显著差异。

文化符号认同中的数据呈显著差异，表明景宁畲族青少年的服饰文化符号认同维度分数显著高于福安畲族青少年，说明在对畲族传统服饰的形制、图案认知上，景宁畲族青少年比福安畲族青少年有更准确、更高的水平。该维度中第四题“我能清楚地分辨出畲族服饰与其他民族服饰的不同”和第五题“我能清楚地知道畲族服饰传统色彩有哪些”存在显著差异。这说明景宁畲族青少年更加熟悉畲族传统服饰，畲族传统服饰在其群体中的认知度更高。此外，两地畲族青少年对畲族崇拜的图腾及其蕴含的意义、畲族服饰中的特色配饰的认知虽无显著差异，但都取得了较高的分数，表明二者对此有较高的认知水平。

文化价值认同中的数据呈极显著差异，其中第十五题“畲族服饰是畲族民族文化中必不可少的一部分”、第十六题“穿着畲族服饰能让我感到归属感”、第十七题“我认为传统服饰手工艺急需传承”、第十九题“畲族元素应该融入我的校园中”和第二十题“我愿意在课堂中更多地了解畲族服饰文化”呈极显著差异。结果表明，景宁畲族青少年愿意更多了解关于畲族服饰的相关知识，更愿意在校园中接触畲族服饰文化，也更加接受将畲族元素运用在校服上。同时数据也表明了两地畲族青少年对本民族的服饰文化的学习需求，并强烈体现了他们的民族价值观和传承信念。

文化身份认同中的数据虽然没有呈显著差异，但两地畲族青少年在第十题“我不允许别人诋毁畲族服饰不好看”和第十二题“我所处的畲族地区民族文化氛围浓厚”存在极显著差异，表明景宁畲族青少年对自身民族荣誉的体现的认知高于福安畲族青少年，从一定程度上或许也反映了景宁的畲族文化氛围浓于福安。

① 赵伟楠，陈敬玉．畲族服饰文化认同的影响因素．丝绸，2020（11）：77.

在景宁和福安的服饰文化认同差异对比中发现，两地的畲族民族社会环境差异甚多。景宁长久以来重视畲族传统文化的发扬与传承，县城全面打造传统畲乡形象，畲族文化无论在精神上还是在物质上的体现都有较大的提升。景宁青少年有更多的途径接触畲族文化，如穿着具有畲族元素的校服，并在课堂上学习畲族文化，校运会中也加入了畲族传统习俗活动等。福建省作为畲族人口数量最多的省份（其中福安所属的宁德的畲族人口占了全省畲族人口的 2/3），拥有丰富的畲族传统文化资源。福安市畲族乡有坂中乡、穆云乡和康厝乡，但福安的畲族文化普及程度较景宁弱，这对多元服饰文化传播途径的形成构成了一定的阻碍。数据显示，福安畲族青少年表现出了与景宁畲族青少年一致的身份认同，他们喜爱和认可本民族的传统服饰，但在畲族服饰了解程度上弱于景宁畲族青少年，可见其对本民族服饰文化的认知渠道相对欠缺，如不及时加以引导将会对该地民族服饰文化的传承形成负面影响。福安市民族职业中学师生在访谈中也表达了对畲族传统文化普及教育的需求，展现出积极的服饰文化学习意愿。

2）性别差异性分析

通过对畲族青少年中男生与女生的数据对比发现，服饰文化符号认同、文化价值认同以及总认同存在显著差异。

文化符号认同中的数据呈显著差异，畲族青少年中女生对服饰符号的认同显著高于男生，说明在对畲族传统服饰的形制、图案等的认知上，女生有更高的水平。该维度中第三题“我从来没有穿过畲族服饰”、第四题“我能清楚地分辨出畲族服饰与其他民族服饰的不同”和第六题“我能清楚地知道畲族服饰有哪些配饰（拦腰、彩带）”呈显著差异，这表明女生的分数显著高于男生。男生无论是在对服饰的颜色、细节、配饰的认知上还是穿着次数上得分都明显低于女生。究其原因，可以归结为文化宣传作品中的畲族传统服饰多以女生服饰为表现对象，畲族男生传统服饰因受畲族人长期与汉族杂居的影响而服饰民族特征不够突出，男生能直接接触传统特色服饰的机会远少于女生，这也是导致男生的服饰认知程度远低于女生的原因。

文化价值认同中的数据呈极显著差异，女生的价值认同远高于男生，其中第十八题“如果有机会，我愿意学习畲族服饰工艺制作”、第十九题“畲族元素应该融入我的校园中”和第二十题“我愿意在课堂中更多地了解畲族服饰文化”呈极显著差异。结果表明，畲族青少年中，女生更愿意接触和学习畲族服饰文化，并对服饰的传承抱有更高的热情。

文化身份认同中的数据没有呈显著差异，畲族青少年中男生和女生对服饰身份认同的各题项分数都高于 2.5 分，但第十一题“除了畲族传统节日，我愿意更多地穿畲族服饰”存在极显著差异。女生愿意在平时有更多的机会穿着畲族传统服饰，而男生则更多表示不愿意，这也是性别差异和服饰差异影响的结果。

服饰文化认同差异的性别对比显示，女生的各维度及总认同得分都高于男生。从性别差异角度来看，女生对服饰的关注和喜爱程度比男生高，畲族传统工艺在现代观念中也更符合女生的喜好。但面对日渐失传的畲族传统手工艺，文化保护传承工作不应拘泥于性别，对于服饰的认知和传承应加强针对男生群体的宣传教育。受各地文化政策鼓励，畲族传统手工艺传承人以各种渠道和方式加强了传统工艺的宣传和普及工作，如彩带编织、刺绣等，但受众的主体多为成年女生，青少年接受教育的程度和广度有待提升，传统工艺普及的年轻化工作也应当受到重视。

通过以上分析可以发现，尽管受到现代文化的冲击，畲族传统服饰仍具有深厚的文化感染力和影响力，在青少年群体中的整体认同水平较高。同一民族内不同地区的畲族青少年对民族服饰文化认同的水平不均，具有显著的地域差异，民族文化氛围浓厚的景宁显著高于福安。同一民族同一年龄段内，畲族青少年的民族服饰文化认同受性别因素的影响十分显著，女生在服饰文化符号认同、文化身份认同及文化价值认同等各方面的得分均显著高于男生。民族地区相关部门应认识到青少年群体中文化认同的发展趋势，并通过制定相应的文化政策加以调控。民族服饰是民族文化的重要载体，民族服饰认同是中国民族文化“多元一体”格局的构成要素。相关部门应当在重视性别差异的基础上加强对文化传承的引导和教育，增加青少年男生学习观摩服饰工艺制作的机会，提倡和鼓励男生在民族节日或校园文化节日上穿着民族服饰参与民族活动，提升其参与感和主动性。要通过显性学习和隐性文化氛围体现对民族文化的保护与传承信念，让更多的青少年接触和学习传统文化，提升民族认同感，进而确立正确的身份意识与自我认同感。同时，应该注意性别差异，针对不同性别采取不同的文化传承方式。在学校课程的设置中，可以开设不同的民族服饰文化课程供青少年选择，使他们从服饰的更多角度来了解和接触民族传统服饰文化。应重视地区社会环境氛围的营造，确立文化传承工作示范地区，由其带动其他地区，发挥地域优势和特色，使当地青少年热爱、尊重并积极主动弘扬本民族文化。

第六章　畲族服饰在当代的传递与延续

第一节　传递的方式

一、档案传世

建立档案是对传统服饰进行保护的基础。民族服饰由于具有实体服饰的物质特性，同时又具有非物质文化遗产的特性，对其档案的建立要兼顾这两个方面。非物质文化遗产研究一直是民族服饰文化研究中的重要组成部分，作为生活形态和文化传统的载体的畲族服饰具有物质和精神的双重特性。少数民族服饰是作为“技艺的艺术”而存在的非物质文化遗产，涉及文化表现形式，有关的工具、实物、工艺品，以及与文化表现形式相关的文化空间（或文化场所）三个方面。人和物是非物质文化遗产的载体，作为表现形式的遗产承载物本身就是一种物质的存在，其载体可以细分为人格化载体（技艺拥有者）、物质化载体（非物质文化遗产记载方式的物化）、文化空间载体和产业化载体。2007 年以来，与畲族服饰相关的畲族苎布织染缝纫技艺、刺绣、彩带编织技艺、婚俗等服饰制作技艺或民俗活动相继被列入我国非物质文化遗产名录。

在对畲族服饰建立档案的过程中，一方面要以传统文献的方式对其进行记录和保存，另一方面要重视其非物质形态档案的建立和保存，通过电子影像手段对其建立电子档案。畲族服饰不论是作为物质文化遗产的部分还是非物质文化遗产的部分，首先都应当重视其档案的建立、保存与保护。对于散杂居的畲族来说，地域分布广、不够集中是档案收集建立工作面临的最大困难。现今的畲族服饰相关研究也都是以个案的形式开展的，尤其集中在对某一地、某一形态的服饰的研究上，相关研究做得比较丰富和深入，从形制、历史、民俗、现状、保护、文化内涵等多方面给出了丰富的理论建设和调查数据。然而从系统的民族服饰的保护来说，急需建立一个跨地域的、全面系统的畲族服饰资料库和数据库，对其进行综合系统的档案管理。同时对散落在民间个人收藏或家庭收藏的藏品也应建立档案，纳入档案系统，以便集中管理和统筹。

二、实物以证

服饰首先是一种对身体具有保护、装饰功能的实体，它是由具有不同视觉和触觉特性的各种材质构成的，这种固态物质性决定了民族服饰有一定的物理存在形式，并且因其材质的不同所展现出来的质地与肌理特性也不相同。服装材料按品质不同有麻之硬挺、棉之细软、丝之光泽、毛之绒暖，装饰材料也各具特性，有银之璀璨、玉之温润、竹之斑驳、石之清冷，这些材质的多样性特征带来的是服饰特征的丰富多元。同时，因为不同材质的纤维特性和物理牢度不同，周边环境诸如虫蛀、水渍、光照等对其也有不同的影响，所以需要用相应的方法进行保存、运输和展示，例如：丝绸、皮毛等动物纤维制品易受虫咬，应放在干燥通风处保存；棉制品易生霉，需要翻晒；银制品易氧化变黑，需要定期护理。正是依托这种固态的物质性，民俗服饰才能通过各式材质表达相应的色彩、样式、装饰效果等外观特征，并借此传递该民族独特的审美情趣。民族服饰固态的物质性使其可以通过一定的方法进行保存，并通过展示、陈列给观者以直观的视觉感受和感性认识。作为传世实物的服装、鞋帽、饰品和手工艺品，以物质性的存在状态无声地描述着本民族的历史、传说、观念和审美。

目前浙江、福建等畲族人口较多的省份建立了畲族博物馆、中华畲族宫等机构，对畲族服饰和畲族文化进行收集、整理、展示和传播。目前在国家文物局备案的以畲族为名的博物馆共 5 家（浙江省 3 家，福建省 2 家），共计藏品数 11576 件（套），其中非国有博物馆 2 家，仅景宁畲族自治县的中国畲族博物馆和宁德市博物馆（闽东畲族博物馆）为国家三级博物馆。宁德市博物馆（闽东畲族博物馆）隶属宁德市文化和旅游局，1989 年闽东畲族博物馆成立，2005 年宁德市博物馆成立，两馆合并办公，实行“一套人马，两块牌子”，馆藏文物以历史文物和畲族民俗文物为主，据国家文物局公开信息，馆藏总数 3411 件（套），其中珍贵文物 482 件（套）。该馆畲族民俗文物共 800 多件（套），大致分为 5 个门类：宗教祭祀、服装首饰、生产用具、生活用具和工艺品。该馆展示了畲族的婚礼、不同地区不同样式的传统服饰以及畲族人生产生活习俗等面貌，为观众了解畲族历史和传统文化提供了一个直观而又生动的视角。作为我国唯一的畲族自治县，浙江景宁在原景宁畲族博物馆的基础上将其扩建为中国畲族博物馆，2011 年正式向公众开放。据国家文物局公开信息，该馆拥有藏品总数 6159 件（套），以畲族服饰、族谱以及狩猎器物等为特色，展馆建筑的主要调性是基于畲族传统民宅风格，结合了现代的畲族建筑特色并加以创新，展厅内全方位地展示了畲族的历史文化、风俗信仰、生产生活、聚居环境、饮食服饰及歌舞等。收藏品的种类包括生活用具、畲族服饰、文献、祭祀用具等，其中畲族的祖图是重要的收藏品，畲族服饰、族谱、狩猎用具等是特色收藏品。馆内收藏着来自畲族各个时期的陶器、传统服饰、生产工具、玉器、木雕等文物，是观众领略畲族民族文化的重要途径。

除各地文博系统收藏的畲族服饰藏品外，另有相当数量的畲族服饰传世实物散落在各地民间收藏家和畲族家庭。一些民间收藏家在收集藏品的时候并没有系统的整理、归集、保管和资料建档意识，大量的服饰藏品没有记录年代、地区等基础收藏信息，因此对于这部分群体的文物保护宣传普及教育工作显得尤为重要。一方面要提高对畲族服饰所富含的文化内涵的重视，另一方面也应注意学习服饰品收藏保管的基础知识，防止由于保管不当而带来的损失。

三、复刻研究

复刻实践是了解传统服饰最直接最有效的一种体验式研究方法，在复刻的过程中要求严格按照历史文献记载和传世实物对照，对服饰从整体形制到细节工艺进行全方位的复制，以求尽力达到完全还原的效果，并从这个过程中通过浸入式体验感知制作的过程、工艺的细节和技艺的复原。

1. 复刻依据

畲族传统服装复刻的工艺实践依据主要包括文字依据、图像依据和实物依据。由于畲族专门讲述传统服装工艺的资料较少，因此只能从一些古籍中寻找相应文字资料。最早应追溯到《后汉书》中的记载：盘瓠死后，他的后代“织绩木皮，染以草实”，形成“好五色衣服，制裁皆有尾形”“衣裳斑斓”的习俗。[①] 畲族上衣下裳中的“上衣”为花边衫，即在衣服的领袖门襟等地方镶嵌花边或彩色布边进行装饰的服装样式。不同地区的花边衫因其不同的风俗习惯和地理环境差异，在具体样式上略有差异，但这种装饰手法与历史记载中的畲族“好五色衣服”的盘瓠后裔身份相吻合。

《贵溪县志》载：“女子既嫁必冠笄，其笄以青色布为之，大如掌，用麦秆数

---

① 范晔．后汉书（卷 86・南蛮传）．北京：中华书局，1965：2829.

十，茎著其中，而彩线绣花鸟于顶，又结蚌珠缀四檐。”[①]《景宁县志》载：畲族男女“无寒暑，皆衣麻，男单袷不完，勿衣勿裳；女短裙蔽膝，勿裤勿袜……椎髻跣足，断竹为冠，裹以布，布斑斑，饰以珠，珠累累（皆五色椒珠）”[②]。乾隆年间《皇清职贡图》中记载罗源畲族“男椎髻短衣，荷笠携锄。妇挽髻蒙以花布，间有戴小冠者，贯绿石如数珠垂两鬓间，围裙着履，其服色多以青蓝布”[③]。通过对这些历史文献资料的分析可知，畲族传统服装特征为上衣下裳（裤），衣尚青蓝，衣裳斑斓。

第二章第一节关于兰观衫的描述以及《浙江景宁敕木山畲民调查记》中的记载也是重要的复刻依据。此外，1924年，沈作乾记录浙江括苍畲族女子的上衣为：“衣长过膝，色或蓝或青，缘则以白色或月白色为之，间亦可用红色，仅未嫁或新出阁之少妇尚之。腰围蓝布带，亦有丝质者，裤甚大，无裙。”[④]畲族女子多以自织麻布为衣料，右衽的衣服领口和大襟边缘多镶有花边装饰，中青年女子服饰的花边多一些、宽一些，老年妇女服饰的花边层数少且较窄，颜色较青年女子的更为素净。由于畲族传统服装以镶绲工艺为主，而以上文献记载中均提到了镶绲工艺，因此推断文献里描述的是花边衫。总结其特征是：五彩斑斓，多通过镶拼花边、刺绣、彩色镶绲为主要手段进行装饰，形制多以右衽大襟为主，少部分以交领大襟为主，中青年女子服饰的花边装饰多，老年妇女服饰的花边装饰少。

自新中国成立之后，畲族服饰的资料记录逐渐丰富，研究资料来源更为广泛。其中《畲族文化述论》《闽东畲族文化全书·服饰卷　工艺美术卷》《畲族与瑶苗比较研究》等著作中都对畲族花边衫进行了比较详细的描述和记载。与新中国成立之前的资料进行对比发现，花边衫的整体形象没有发生太大的变化，只是在服装细节的记载方面更加详细了。

如《畲族文化述论》中记载道：浙南畲族的衣装仍保留着喜爱青、蓝二色的传统，不同年龄段的花边服（即花边衫）有别，青年花边服大多为青色布，胸前右衣襟、领圈镶四色不同花边，袖口镶花边，裤脚用针绣尖牙式数色花纹，中老年花边服的花边较简单，只有单色和双色。花带、拦腰仍然使用，花鞋消失。此

① 杨长杰．贵溪县志（卷十四），清同治十年刊本。

② 转引自：宁德师范学院，宁德市文化广电新闻出版局，宁德市民族与宗教事务局．畲族文化新探．福州：福建人民出版社，2012：246.

③ 傅恒，等．皇亲职贡图（卷三）．扬州：广陵书社，2008：140-142.

④ 沈作乾．畲民调查记 // 钟炳文．浙江畲族调查．宁波：宁波出版社，2014：59.

处增加了衣襟、领圈、袖口等部位花边的色彩。[①]

又如《闽东畲族文化全书·服饰卷　工艺美术卷》中对花边衫的记载为：福安、宁德八都镇一带的畲族妇女上着黑色大襟衣，衣领处绣马牙花纹；腰系拦腰，拦腰上端两角绣有花纹。福鼎一带的大襟上衣以桃红色为主，绣彩色花纹，绣花面积大，花纹亦大；衣领较高，上绣梅花；袖口镶有彩色布条。霞浦女装式样与上述两地的相仿，袖口用蓝色布条缝制，花纹刺绣尤为丰富多彩。宁德飞鸾镇一带的畲族妇女上装领上排列有色彩丰富的柳条纹图案；拦腰上饰大朵云纹为其重要特征。此书对花边衫中各部位的刺绣图案、袖口的制作方式都进行了详细的描述。[②]

再如《畲族与瑶苗比较研究》中记载道：畲族传统服装喜以不同颜色的布条缀边为饰。如福建宁德畲妇穿"对领衣"，领用红、绿、黄、蓝、白等色布镶成彩色花边，构成四角形领；已婚妇女领处尚绣花，下裙也行刺绣。此即志书所称畲民"衣斑斓""布斑斑"之遗风，为捆只颜与花边衫的关系的探索提供了大量参考信息。[③]

《闽东畲族文化全书·服饰卷　工艺美术卷》中记载罗源式所用面料为黑色，衣领上镶有花边，由红黄绿、红蓝、红黑、红水绿的顺序排列成柳条纹图案。自上而下，色调丰富，富有层次感，与古籍中关于畲族先民"好五色衣服"的记载甚为吻合。《畲族服饰文化变迁及传承》和《畲乡霓裳》中有大量可供参考的服装图片。

此外，本次复刻实践所需的图像依据主要来源于文献资料中的图片及各类影视资料、其他图文记录资料。实物依据则来源于田野调查中所收集记录的传世服饰实物。

2. 复刻流程

畲族传统服装复刻流程主要包括文字（图片）资料分析、确定服装款式及细节、服装制作准备、服装缝制四步。文字（图片）资料分析是指通过文字的描述同时结合图片资料确定服装的款式特点。通过严谨翔实的图文资料和田野调查考证资料，确定服装款式及细节，并据此进行面料、辅料的备料和工具准备等工

① 郭志超．畲族文化述论．北京：中国社会科学出版社，2009：288.

② 钟雷兴．闽东畲族文化全书·服饰卷　工艺美术卷．北京：民族出版社，2009：4-25.

③ 吴永章．畲族与瑶苗比较研究．福建：福建人民出版社，2002.

作，制作材料包括主料（面料）和辅料（装饰材料、衬料、缝线、绣线等），其中主料包括纯麻面料（藏青色、黑色），辅料包括纯麻面料、布衬、绳子、缝线、传统民族织带、绣线等。工具主要有剪刀、锥子、顶针箍、绣花针、手缝针、缝纫机等。以上材料工具齐备之后方才开始进行服装缝制，详细的流程及缝制过程见图 6-1。

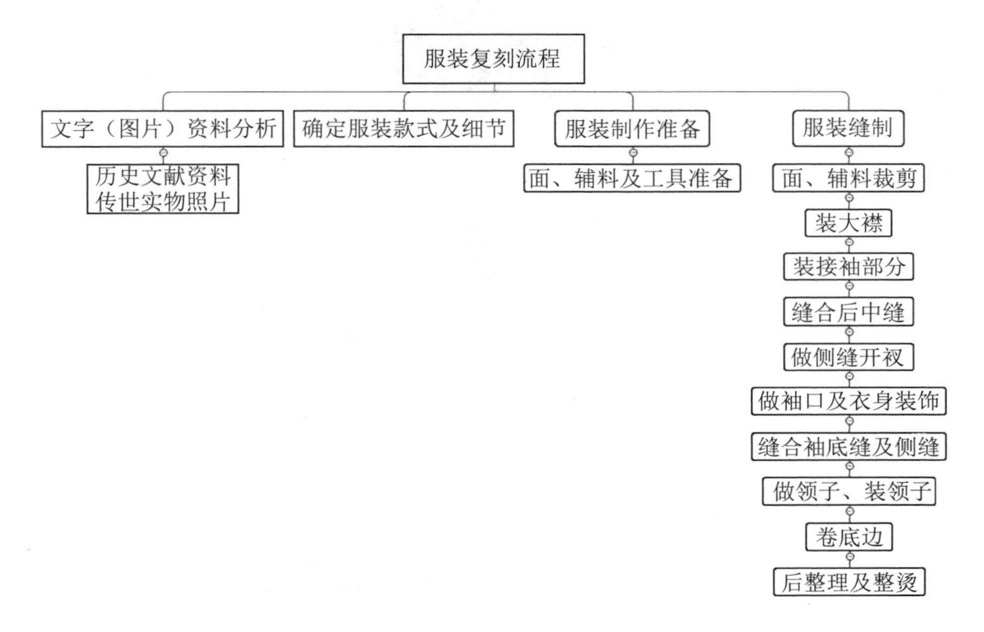

图 6-1　畲族传统服装复刻流程

3. 复刻案例

（1）案例 1：景宁式畲族传统女上衣

1）资料分析

景宁式畲族传统服装的工艺特征主要表现为彩色镶绲和花边镶拼。图 6-2 为中国畲族博物馆收藏的景宁式 20 岁左右畲族女子的上衣及其平面款式图。该款式的特点为：立领，衣袖连裁，前后衣片破中缝，门襟处采用内衬绳带的绲边工艺，袖口处接袖，下摆开衩。材质为传统麻布，色彩为藏青色，与文献资料中记载的畲族衣尚青蓝相吻合。

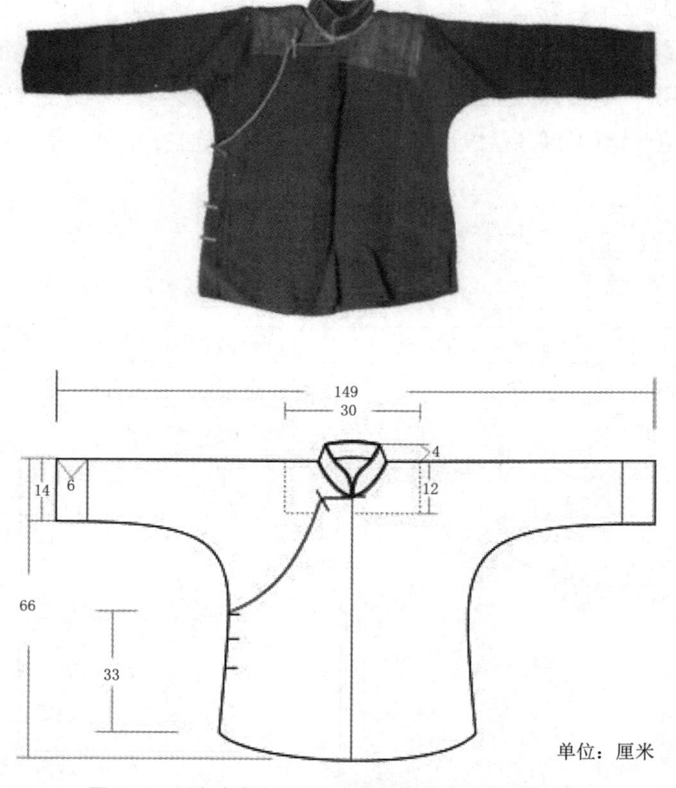

图 6-2　景宁式畲族传统女上衣传世实物及平面款式图

2）实践准备

景宁式畲族传统女上衣的主要制作材料包括面料、衬料、缝线、麻绳等，制作工具主要有缝纫机、锥子、电熨斗、剪刀等。

3）服装裁剪

景宁式畲族传统女上衣的服装结构与现代服装结构不同，为传统十字结构。裁剪方式为传统平面裁剪。图 6-3 为该款式的主结构及分解结构示意图。

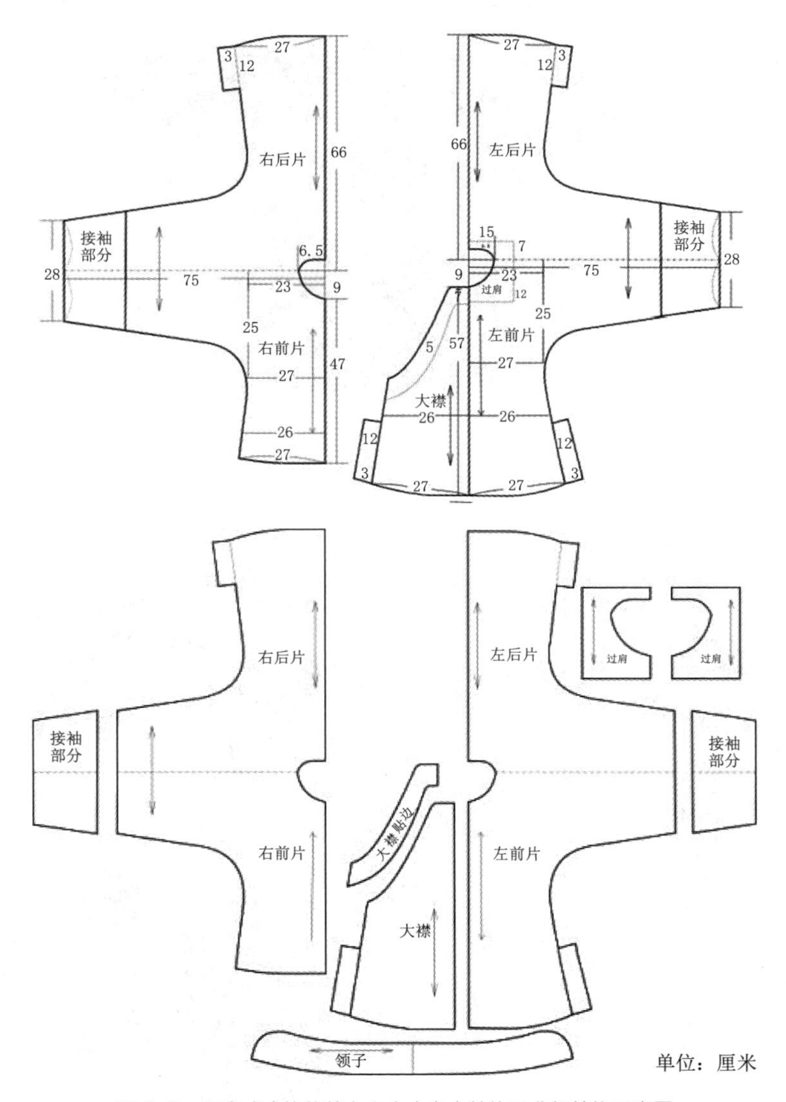

图6-3　景宁式畲族传统女上衣大身主结构及分解结构示意图

4）服装缝制

由于技术水平的限制，畲族传统服装的缝制方式为手缝。由于畲族传统服装工艺复杂，缝制一件耗时较久，因此，景宁式畲族传统女上衣复刻时采用了机缝以节省时间。其工艺难点在于领口、门襟处的绲边工艺以及盘扣工艺。图 6-4 为该款式的制作完成图，图 6-5 为该款式的整体着装效果及部件分解结构示意图。

图 6-4　景宁式畲族传统女上衣制作完成图

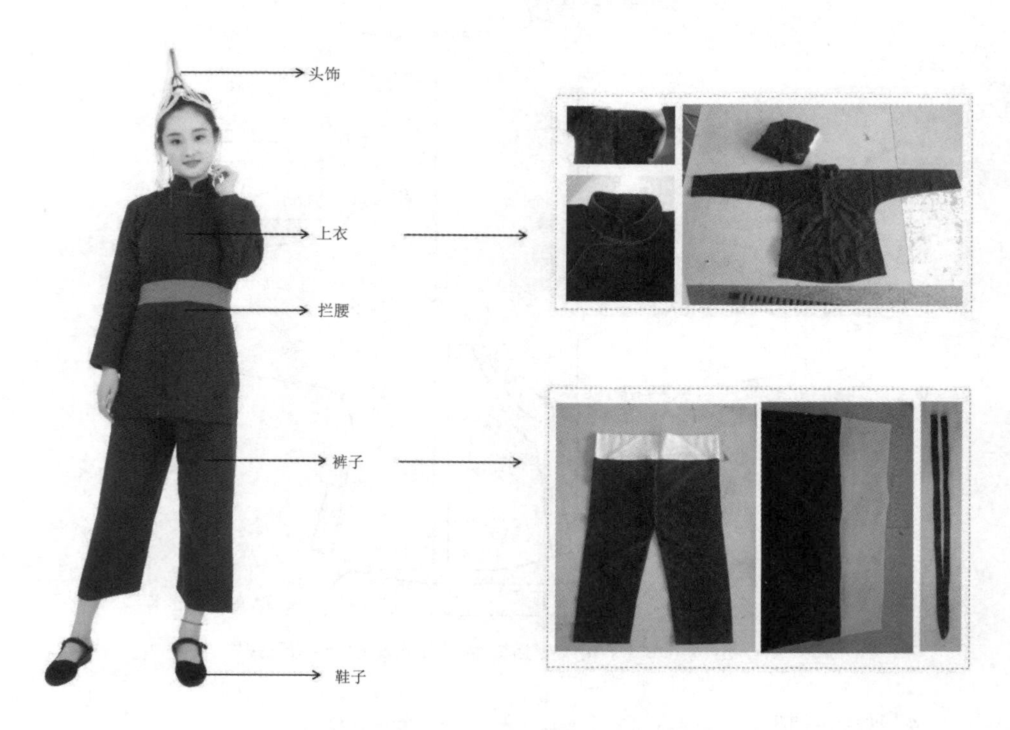

图 6-5　景宁式畲族传统服装整体着装效果及部件分解结构示意图
（模特：巩玉倩）

（2）案例 2：清代丽水畲族女婚服

1）资料分析

清代丽水畲族女婚服（图 6-6）与景宁式畲族传统女装的形制略有差别，传统景宁式畲族上衣的领子为立领结构，该款式为交领，扣合方式为系带。其款式特点为：上衣下裙，上衣为交领大襟、衣袖连裁，衣片前短后长。裙子为一片式结构，左右两边各打一褶。

图 6-6　清代丽水畲族女婚服传世实物

（图片来源：《畲族服饰文化变迁及传承》）

2）服装裁剪及缝制工艺

清代丽水畲族女婚服的制作工艺与景宁式畲族传统服装的制作工艺相似。与景宁式服装相比，该款式工艺简单，制作方便。图 6-7 为该款式的主结构及分解结构示意图，图 6-8 为该款式的制作完成图，图 6-9 为该款式的整体着装效果及部件分解结构示意图。

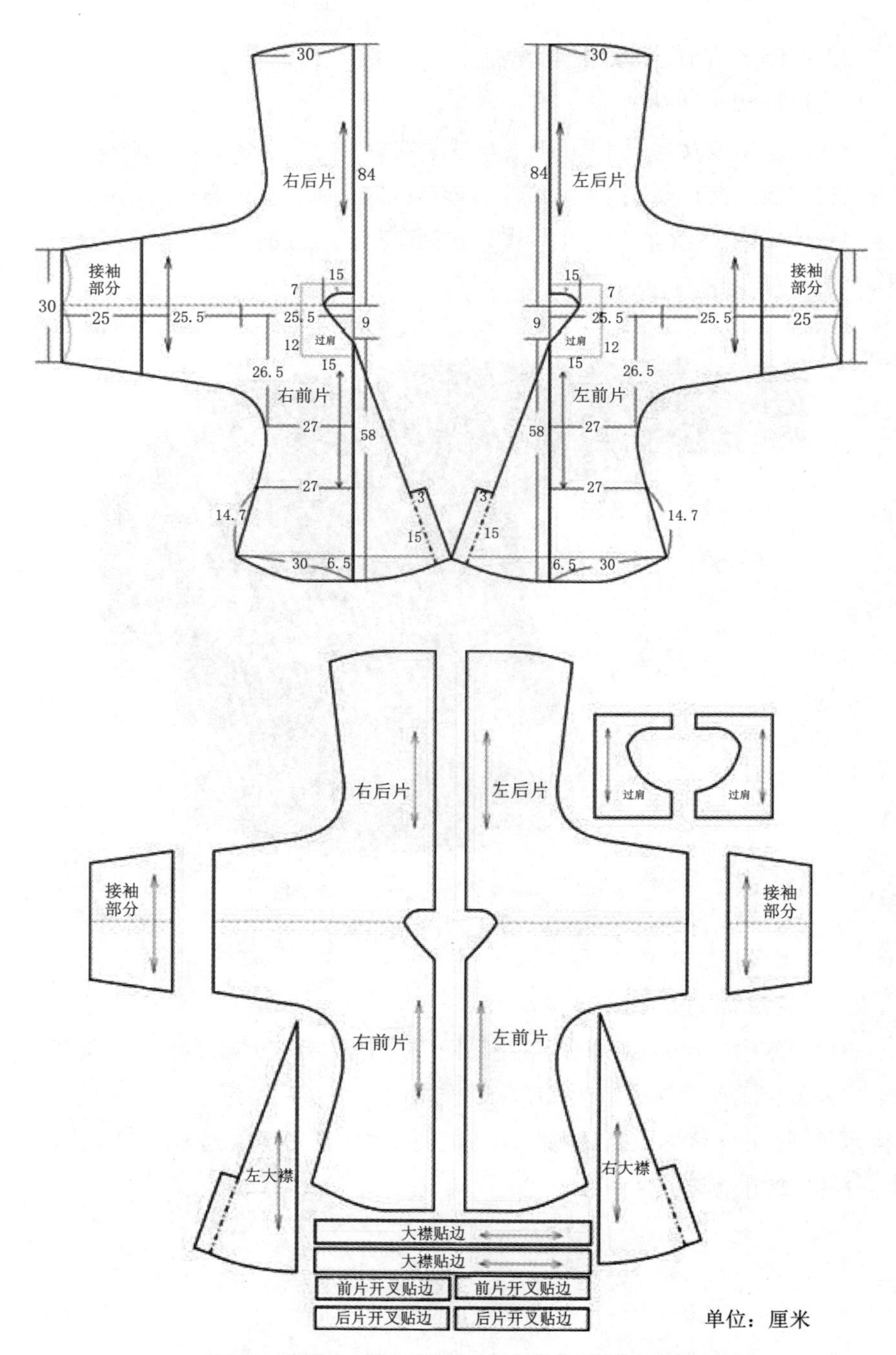

图 6-7　清代丽水畲族女婚服主结构及分解结构示意图

图 6-8 清代丽水畲族女婚服制作完成图

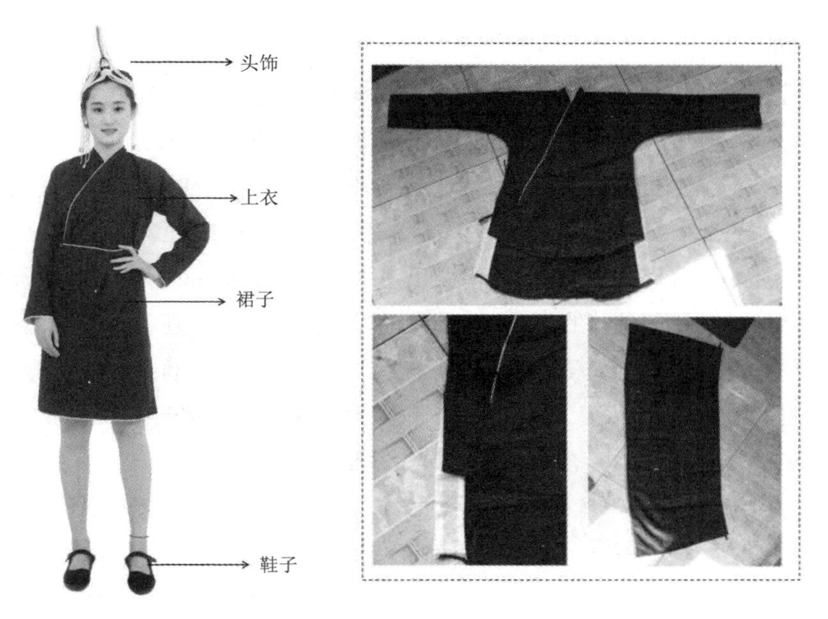

图 6-9 清代丽水畲族传统女婚服整体着装效果及部件分解结构示意图
（模特：巩玉倩）

（3）案例 3：罗源式畲族传统女装

1）资料分析

罗源式畲族传统女装的工艺特点主要体现在花边及刺绣工艺上。结合图 6-10 左图的罗源式畲族传统服装的着装效果图可以总结出罗源式畲族传统女装的款式特点是：交领，右衽大襟、门襟、领口及袖口处装饰层叠的捆只颜和花边，下摆开衩（图 6-10 右图）。

图 6-10 罗源式畲族传统女装的着装效果图及平面效果图

《闽东畲族文化全书·服饰卷　工艺美术卷》中记载道：罗源式拦腰分为新娘式、做客式 / 日常式两种。做客式的拦腰为长方形，黑色底布，无耳。裙头是白布，下压一条 2 毫米宽的红边。再下是沿着两旁和底边捆上 1 厘米宽的白边，然后是对称呈直角地压上每色 2 毫米宽的五色彩边和每道 1 厘米宽的绣花边交替的七重花边。又从拦腰正中往两旁接 7 道边，压上两片扇形的绣花图案，再顺直角压上几道绣花边。然后整条拦腰就只剩下宽 2 厘米、长 10 厘米的尖形黑色底布了。绣花边里还穿插缝上各色小晶片，穿在身上，艳光闪烁，与上衣相配，艳丽异常。也有花色稍简单些的，拦腰从外向里呈直角形，依次压上如上所述的五色彩边与绣花边交替的七重花边后，就不再另压绣花边，而是直接在拦腰的黑布面上绣上花鸟和大朵云纹。[①] 由此可见，罗源式畲族传统拦腰的款式重点为：裙面装饰层叠的捆只颜工艺，绣角隅纹样搭配补绣。

《闽东畲族文化全书·服饰卷　工艺美术卷》中记载道：罗源地区的黑色布裙裙长 67.5 厘米（含腰头），宽 140 厘米；裙头宽 110 厘米，长 7.5 厘米，蓝色或红色，两边带耳；裙身从边向里 28 厘米处左右各打一褶；下摆处 2 厘米宽处有用

① 钟雷兴 . 闽东畲族文化全书·服饰卷　工艺美术卷 . 北京：民族出版社，2009：30.

针线绣出来的五色边，上绣间隔匀称的 9 厘米长的红色条纹 16 条；红色条纹间绣着红白相间的齿状花纹各五齿（图 6-11、图 6-12）。① 结合图 6-11 总结出罗源式黑色布裙的款式重点为裙摆的五色刺绣。

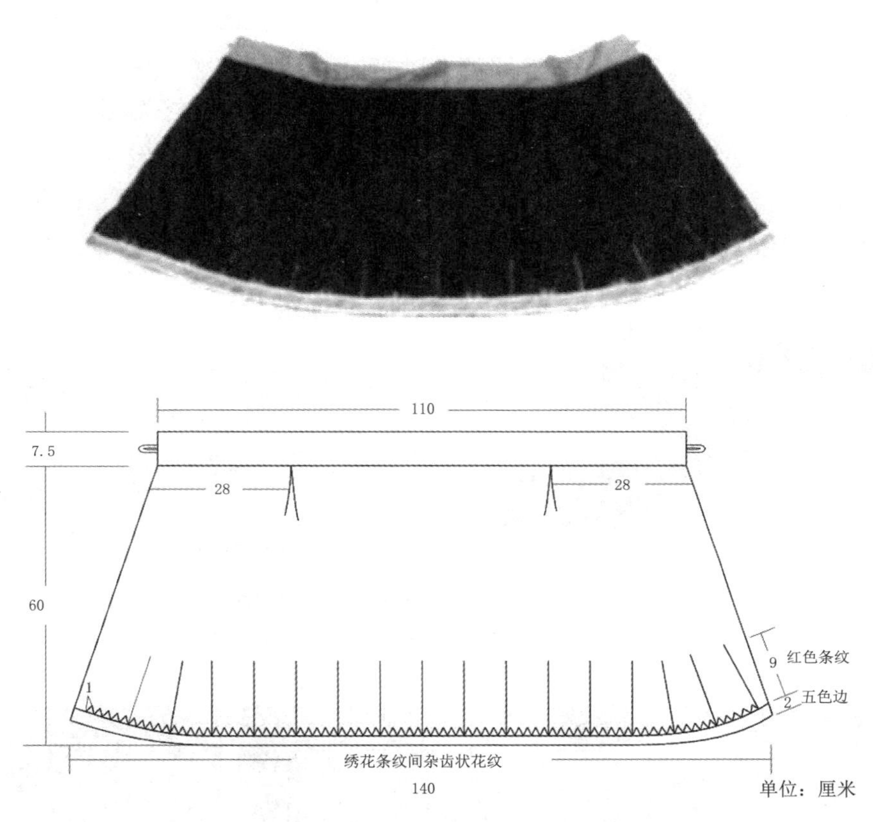

图 6-11　罗源地区黑色布裙实物及平面款式图

（图片来源：《闽东畲族文化全书·服饰卷　工艺美术卷》）

图 6-12　罗源地区黑色布裙平面效果图

① 钟雷兴．闽东畲族文化全书·服饰卷　工艺美术卷．北京：民族出版社，2009：30-31.

罗源式畲族服装一般配有两条腰带，均由细麻布料制成。其中一带长约 170 厘米，宽 22 厘米，两头有 30 厘米长的红色长穗；腰带上以枣红色与乳白色相间的线条花样为主，两头分别是长 14 厘米的大红色色块，两段大红色中间又插有 3 厘米腰带主色调的线条型花样。[①] 另一带长 145 厘米，宽 34 厘米，两头是 7 厘米长的花边穗。腰带中间是长 120 厘米的土法染制的蓝底白碎花图案；两头用 12 厘米长的绣花边进行装饰，装饰宽度为 15 厘米。绣花边图案多为花鸟，色彩均选艳色。[②] 结合图 6-13 中的一条罗源式腰带实物及结构图，可以发现罗源式畲族传统腰带的款式重点为以蓝印花布为底，以两端织带和刺绣为工艺要点。图 6-14 为根据文献描述绘制的腰带平面效果图。

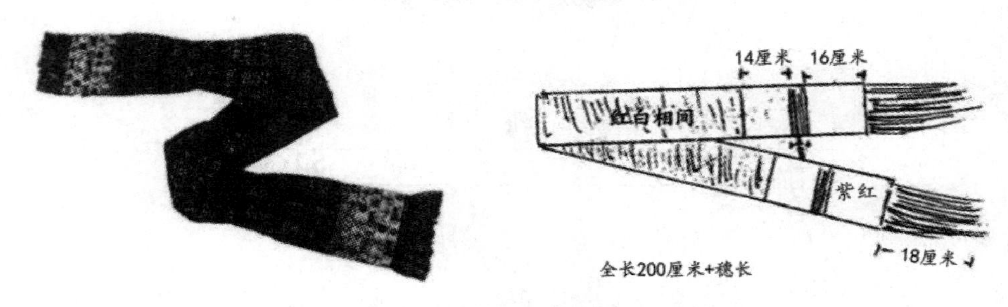

图 6-13　罗源式畲族传统腰带实物及结构图

（图片来源:《闽东畲族文化全书·服饰卷　工艺美术卷》）

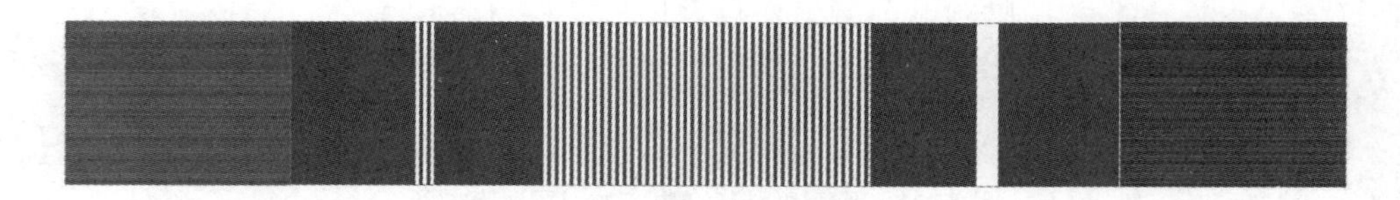

图 6-14　罗源式畲族传统腰带平面效果图

《闽东畲族文化全书·服饰卷　工艺美术卷》中记载的宁德飞鸾镇南山、新岩一带畲族妇女有扎绑腿的习惯，其绑腿（图 6-15）又叫脚绑或脚暖，兼有防护、保暖之用。整幅是梯形，宽 29 厘米，长 55 厘米，多以黑色龙头布缝制而成，末端有红色璎珞和红布条扎腿。[③] 由此可见，罗源地区畲族绑腿的主要特点在于其形状。

① 闫晶．畲族服饰文化变迁及传承研究．无锡：江南大学，2019：54.

② 钟雷兴．闽东畲族文化全书·服饰卷　工艺美术卷．北京：民族出版社，2009：31-32.

③ 钟雷兴．闽东畲族文化全书·服饰卷　工艺美术卷．北京：民族出版社，2009：33.

图 6-15　畲族绑腿实物图

（图片来源：《闽东畲族文化全书·服饰卷　工艺美术卷》）

2）裁剪工艺

由于畲族传统服装的用料都是手工织造，布幅较窄，因此衣身的裁剪采用了前后衣身破中缝的裁剪方式，按照传统工艺，加上捆只颜用料，制作一件罗源式上衣需要 5 米长的苎麻面料。图 6-16 为罗源式畲族传统女上衣主结构及分解结构示意图。

为了使服装更加坚固耐穿，畲族传统服装中多采用来去缝的工艺手法，因此缝份的加量与现代服装的缝份量有不同之处。如图 6-17 为罗源式畲族传统女上衣放缝示意图。两片衣片拼合在一起的缝口处放量为 1.5 厘米，如 AB、DE、EF、GF、HG。领口 AIH 处放缝 0.8 厘米。图 6-18 为罗源式畲族传统女上衣大襟裁剪及放缝示意图。

挖领口：罗源式畲族传统女装的领子结构与其他款式不同，是在衣身领口的位置挖出一条领子的形状，再以同色刺绣面料替代领型。如图 6-19 所示，由 A 点到 B 点的直线距离为 1/2 横开领长度，尺寸为 9 厘米，由 B 点到 C 点的直线距离为后直开领长度，尺寸为 3 厘米，由 C 点到 D 点的直线距离为前直开领长度，尺寸为 12 厘米。

领子、过肩、系带、捆只颜的裁剪和用料：罗源式畲族传统女上衣为立领，由领面、领衬、嵌条、领里共四层组成。领面宽 4 厘米，领上口线嵌条用斜料。领面、领衬、领里均取直料裁剪。过肩、纽扣和捆只颜用料主要为裁剪衣身所剩的面料。系带用料为白色长条状布料，取直料裁剪。捆只颜用 45 度正斜丝裁剪，便于制作。

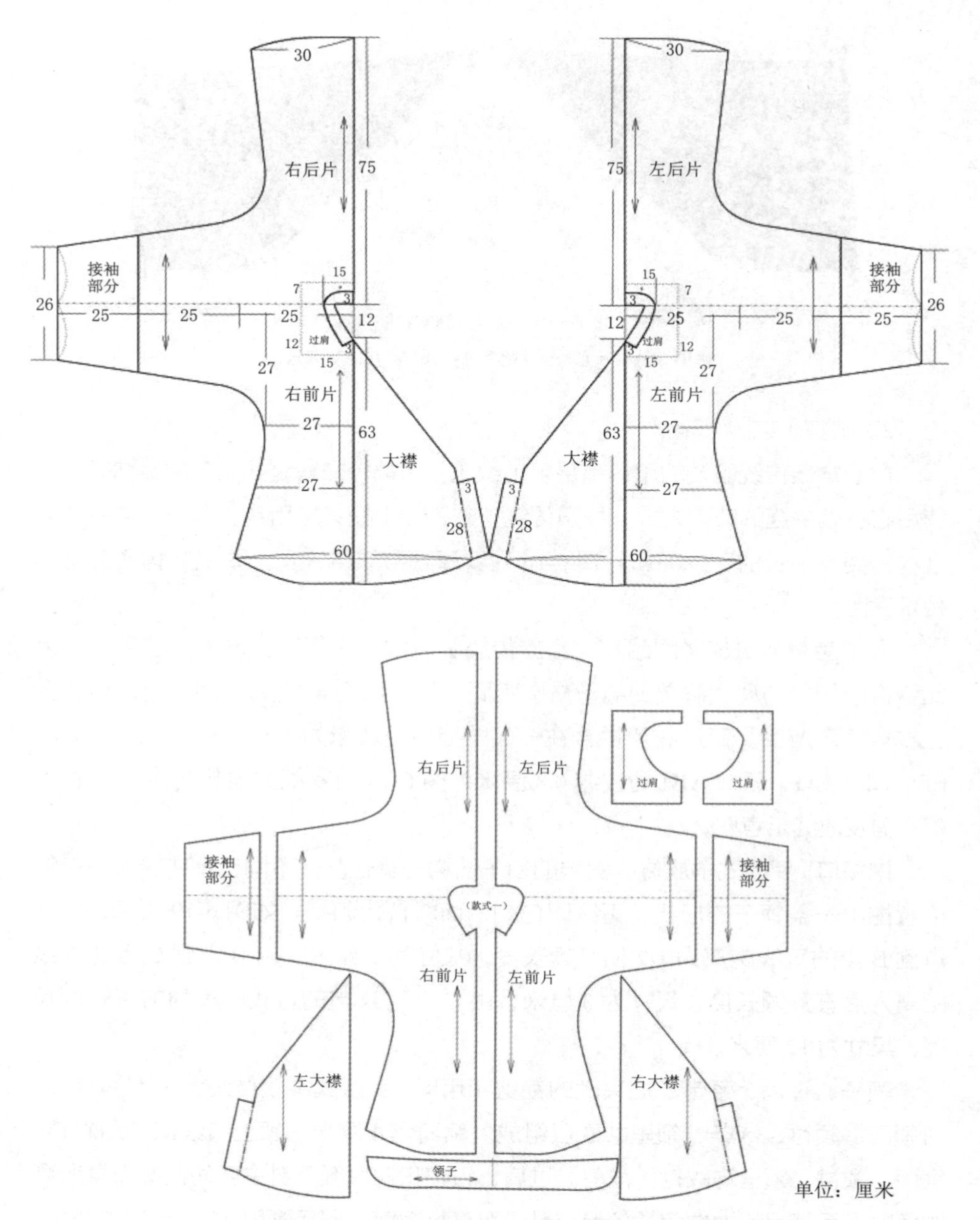

图 6-16 罗源式畲族传统女上衣主结构及分解结构示意图

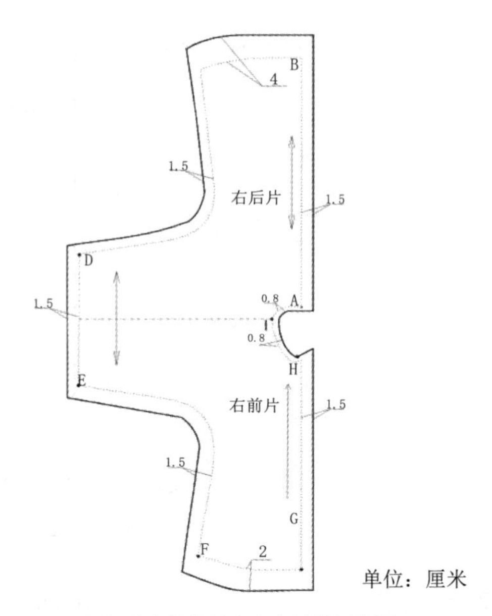

图 6-17　罗源式畲族传统女上衣放缝示意图

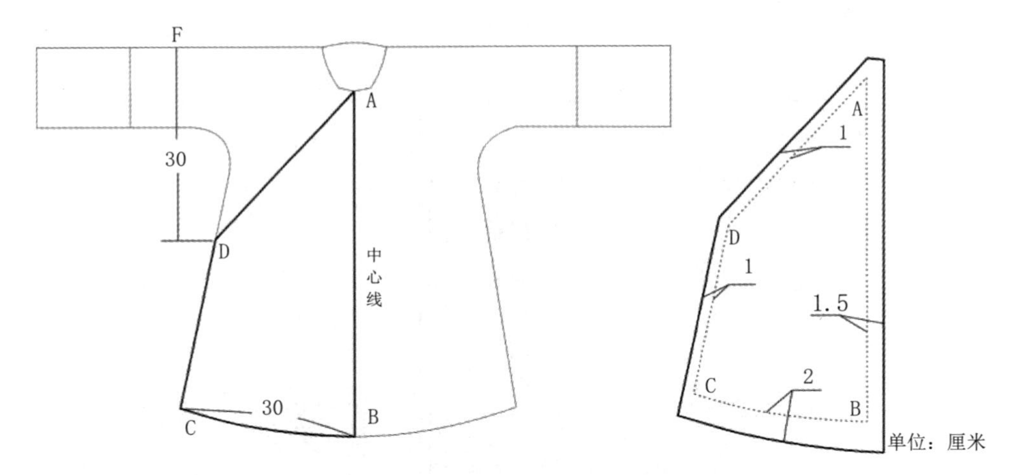

图 6-18　罗源式畲族传统女上衣大襟裁剪及放缝示意图

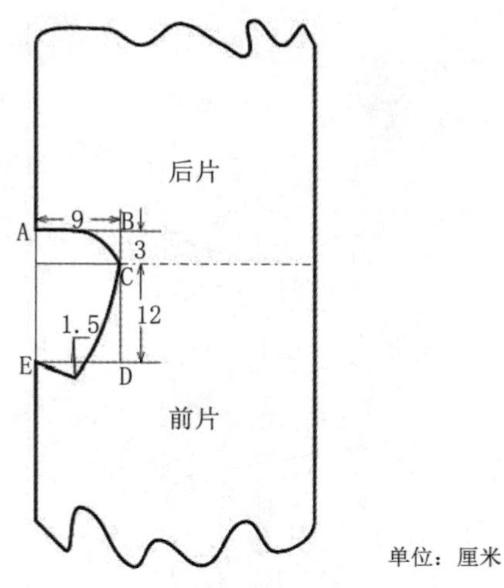

图 6-19　罗源式畲族传统女上衣挖领口示意图

罗源式畲族传统拦腰的裙面长为 50 厘米（不含腰头），裙面宽为 50 厘米，腰头高为 10 厘米。绣片在刺绣完成后再进行裁剪。图 6-20 为罗源式畲族传统拦腰的主结构及分解结构示意图。

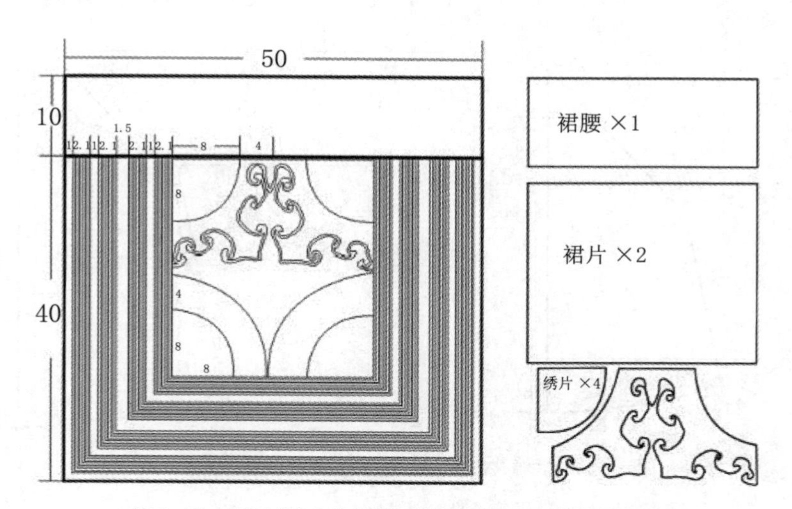

图 6-20　罗源式畲族传统拦腰的主结构及分解结构示意图

罗源式畲族传统裤子实物的裁剪与制作方式和样衣相同，不需要样板，直接在面料上画出身形并裁剪。图 6-21 为罗源式畲族传统裤子各部位尺寸图。

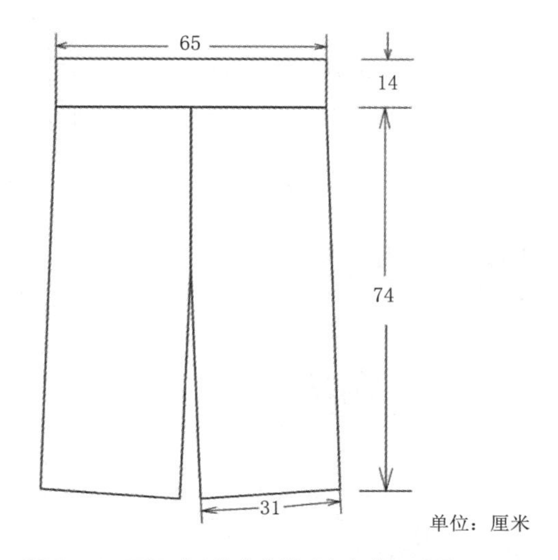

图 6-21 罗源式畲族传统裤子各部位尺寸图

3）服装缝制工艺

罗源式畲族传统女上衣的领面有精美的刺绣，因此领子的做法分为三个步骤。首先是粘领衬：按照领子的净样裁剪领衬并粘于领面反面。其次是领面刺绣：采用平绣的方式将领面绣满。最后是装捆只颜：将捆只颜装于领面上口，共4条，每条宽0.3厘米，总宽度为1.2厘米。图6-22为领面刺绣与捆只颜的示意图。

图 6-22 罗源式畲族传统女上衣领面刺绣与捆只颜示意图

罗源式畲族传统女上衣下摆开衩的做法与景宁式的做法相同，不同之处在于罗源式下摆开衩较长，约 29 厘米。罗源式畲族传统女上衣的接袖、装过肩、装大襟、缝合后中缝的工艺手法与景宁式的手法相同。装捆只颜及花边的步骤如图 6-23 所示，制作完成后的成衣如图 6-24 所示。

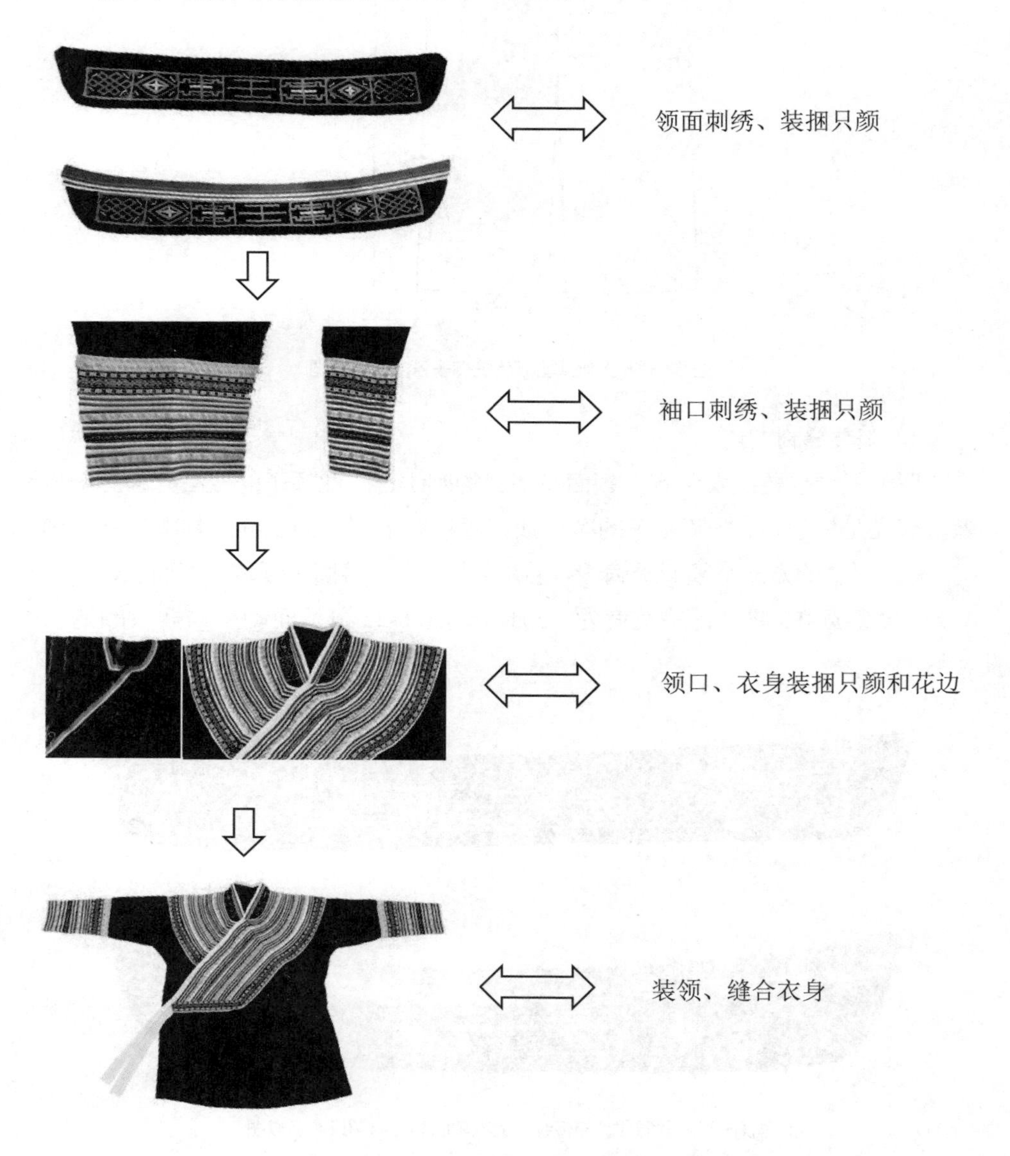

图 6-23　罗源式畲族传统女上衣捆只颜和花边安装过程

图 6-24　罗源式畲族传统女上衣制作完成图

拦腰是罗源式畲族传统女装上非常重要的装饰部件，盛装服饰搭配中，拦腰必不可少。罗源式拦腰上除了捆只颜镶边外还在裙面装饰了彩绣图案，这种彩绣图案与其他地区的拦腰裙面的装饰图案不同，以四角角隅纹样烘托中心的云纹补绣为主，形成满花装饰。故绣角隅纹样、装捆只颜和花边是罗源式拦腰的几个基础要素。罗源式拦腰的工艺以刺绣、镶绲和花边装饰为主。刺绣的角隅纹样主要以动植物以及人物图案为主，线条简洁，配色丰富。图 6-25 为罗源式畲族传统拦腰裙面刺绣过程中的半成品（左图）和完成刺绣待缝制的半成品（右图），图 6-26 为装有捆只颜和花边的拦腰半成品。

图 6-25　罗源式畲族传统拦腰的裙面刺绣半成品

图 6-26　装有捆只颜和花边的罗源式畲族传统拦腰半成品

装腰带之前先将拦腰三周进行包边，包边条为白色麻布，包边宽度为 1 厘米，缉缝 0.1 厘米。罗源式畲族传统拦腰的腰带宽 10 厘米，长 50 厘米。装腰头之前先将腰带和腰头固定，再装腰头。图 6-27 为罗源式畲族传统拦腰的制作完成图。

图 6-27　罗源式畲族传统拦腰的制作完成图

罗源式畲族传统裤子的缝制方式采用传统的来去缝。不同之处在于实物的材质、颜色以及裤子脚口的装饰。实物的材质为黑色麻布，脚口处装饰花边。裤子整体宽松肥大。如图 6-28 为罗源式畲族传统裤子（含腰带）的制作完成图。

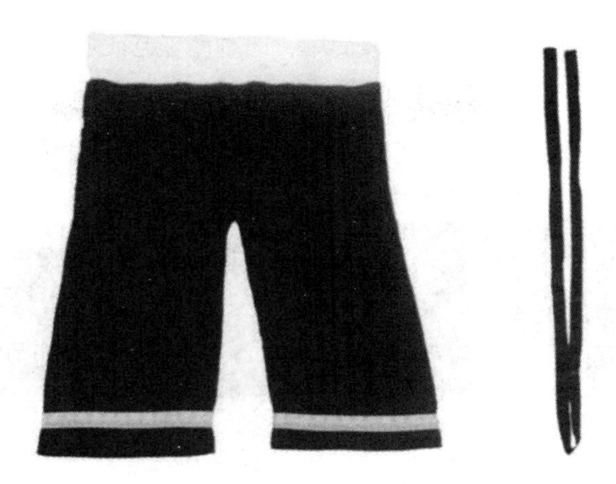

图 6-28　罗源式畲族传统裤子（含腰带）的制作完成图

罗源式传统黑色布裙的缝制工艺与清代丽水畲族女婚服中裙子的制作工艺相似，不同之处在于裙子的材质、色彩、装饰手法。在裙子裁剪之前，需要先将上述装饰绣好。底边的五色边以及红色条纹采用的是锁链绣的工艺手法，红色条纹间的齿状花纹采用平绣的工艺手法。图 6-29 为罗源式畲族传统黑色布裙的制作完成图及局部细节图。

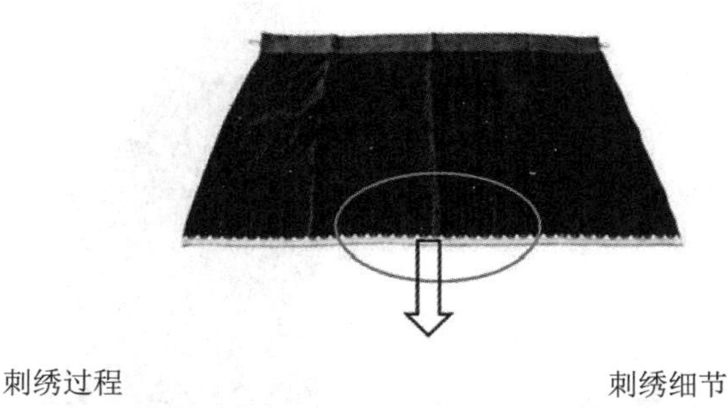

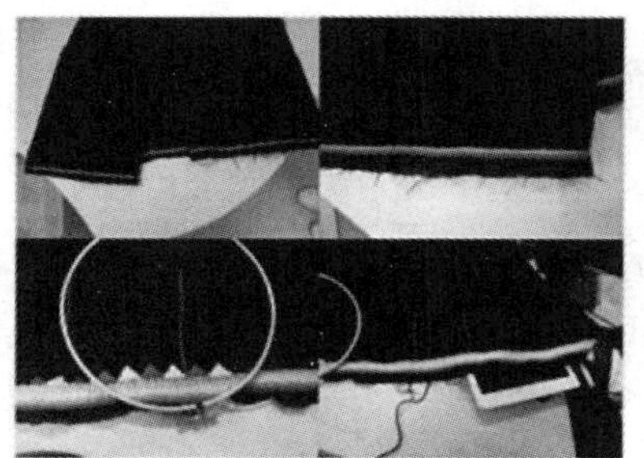

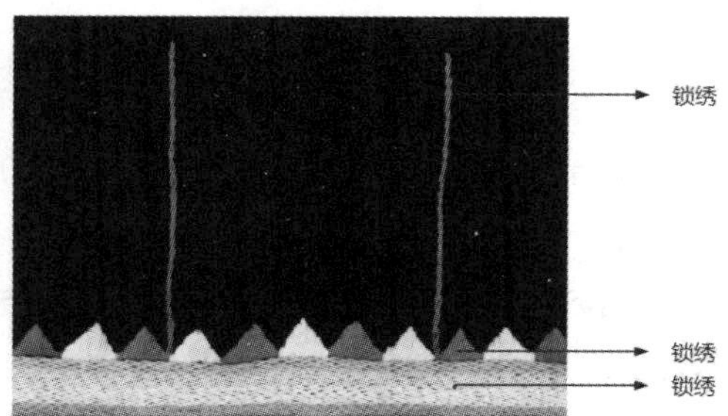

图 6-29　罗源式畲族传统黑色布裙的制作完成图及局部细节图

罗源式畲族传统腰带的裁剪比较简单，但制作工艺比较复杂，腰带两端的刺绣和花边装饰是工艺难点。图 6-30 为罗源式畲族传统腰带的制作完成图，其中犬牙纹为平绣。

图 6-30　罗源式畲族传统腰带的制作完成图

绑腿的裁片一共 4 片，带襻 6 个，红布条 4 条。按照图 6-31 所示的尺寸在净尺寸外放缝 1 厘米后进行裁剪。按照裁剪出来的绑腿形状进行缝制，再将红布条与红色璎珞缝合。

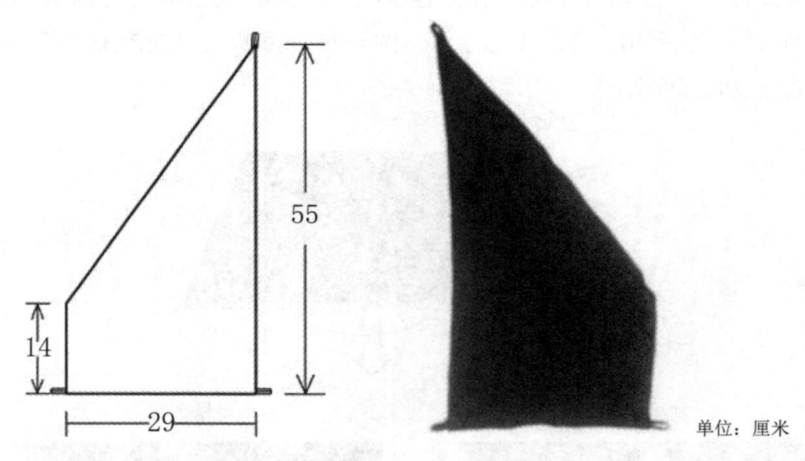

图 6-31　畲族传统绑腿的主结构及制作完成图

罗源式畲族传统服装主要有两种搭配形式，一种是下装为裙子，一种是下装为裤子。图 6-32 为罗源式畲族传统裙装正、侧、背面的着装效果图，图 6-33 为罗源式畲族传统裤装正、侧、背面的着装效果图，图 6-34 为罗源式畲族传统服装的着装效果图及局部制作分解图。

图 6-32　罗源式畲族传统裙装正、侧、背面的着装效果图

（模特：巩玉倩）

图 6-33　罗源式畲族传统裤装正、侧、背面的着装效果图

（模特：巩玉倩）

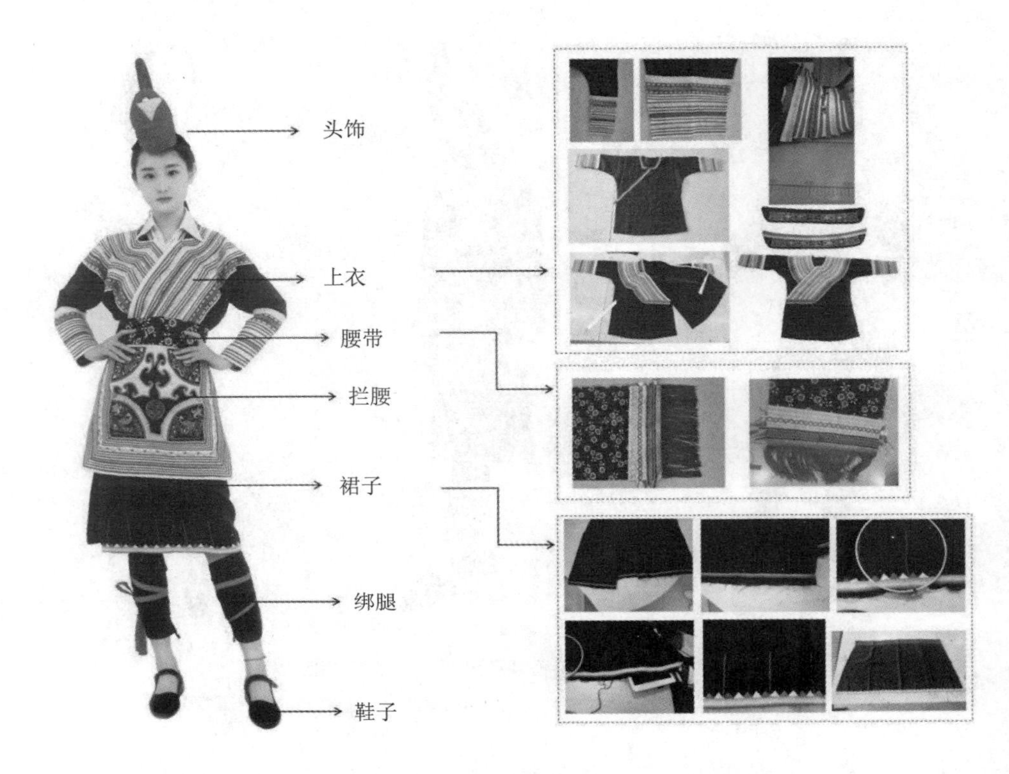

图 6-34　罗源式畲族传统服装的着装效果图及局部制作分解图

（模特：巩玉倩）

在现代生活方式的影响下，畲族传统服装的很多元素已经渐渐与现代服装元素融合。通过对畲族传统工艺的实践性探索，我们总结出了畲族传统服装的制作工艺流程。通过畲族传统服装的制作工艺复刻实践，我们发现现在民俗活动中的畲族服装与畲族传统服装在样式细节上存在一定差别。图 6-35 上两图为根据文献和图片资料制作的景宁式畲族传统服装与现代活动中的服装的对比，图 6-35 下两图为根据文献和图片资料制作的罗源式畲族传统服装与现代活动中的服装的对比。可见罗源地区现在的服装相对比较还原传统服装的形制，除了在拦腰上用机器制作花边替代了手工捆只颜工艺，并简化取消了刺绣装饰外，上衣的形制基本得以保留。但景宁地区的表演服装在色彩搭配、服装形式和装饰细节上存在诸多变化，服装传统要素流失得较多。

图 6-35　依据文献复刻的畲族传统服装与现代活动中的服装对比

（4）案例 4：畲族银牌錾刻实践[①]

畲族银饰上的錾刻银牌是非常具有民族特征的装饰，传统的畲族银饰由银匠从金属冶炼到注模成型或反复敲打成型，每一步都需经过银匠的双手制作完成。如此繁杂的工艺工时长、产量少、难度大，损耗的金属也多，一位银匠完成一只

① 錾刻工艺实践的制品由研究生林蓉晶制作完成。

简单的光面银镯就需要花费 2 小时以上，复杂的项链或者凤凰冠消耗的时间和人力也就更多，从而直接导致了手工制作银饰的高昂成本。项目组在田野调查期间与畲族银饰传承人、畲族银器制作工艺代表性传承人林仕元大师进行了深入的访谈，项目组成员跟随宁德市“珍华堂”杯畲族银雕技能大赛二等奖获得者林飞老师学习了银饰制作技艺（图 6-36）。

项目组首先通过畲族凤凰冠银片装饰和胸牌上的纹样分析，对畲族传统银饰的錾刻工艺进行了尝试，用 5 厘米 ×5 厘米银片对游鱼纹样、“长命富贵”文字和飞蛾（蝴蝶）花卉纹样的银牌进行复刻。制作过程中首先使用喷火焊枪熔化松香胶表层，然后将印有“长命富贵”字样的纸样粘贴于银片之上，再将贴有纸样的银片贴在松香胶表层，使用铁锤沿着纸样上的线稿轻敲錾头进行制作。这一过程需要有耐心，敲錾头的力度要均匀。完成后揭开纸样，取出银片，完成錾刻。林蓉晶以此方式完成了点錾法双鱼银牌、线錾法“长命富贵”银牌和点线结合錾刻飞蛾（蝴蝶）银牌的复刻实践（如图 6-37）。

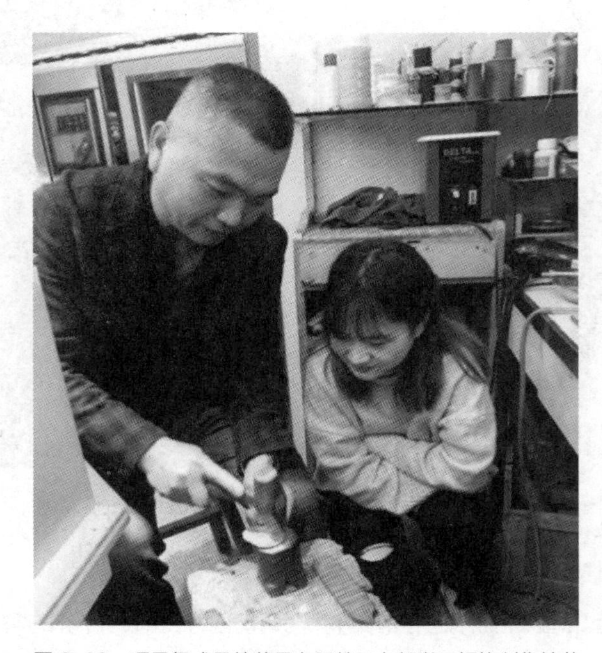

图 6-36　项目组成员林蓉晶在跟林飞老师学习银饰制作技艺

1. 使用喷火焊枪
融化松香胶表层

2. 将纸样粘贴于银片上

3. 将贴有纸样的银片粘贴于松香胶表层

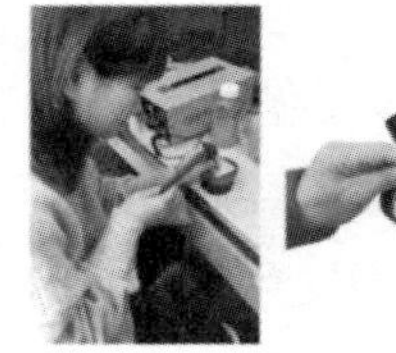

4. 使用铁锤沿着线稿轻敲錾头

5. 揭开纸样，取出银片，完成錾刻

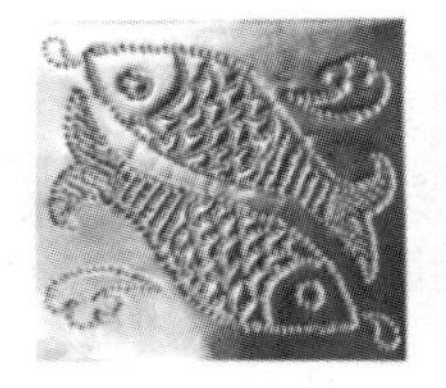

点錾法双鱼银牌

线錾法“长命富贵”银牌

点线结合錾刻飞蛾
（蝴蝶）银牌

图 6-37　錾刻技法实践过程及实物图

第二节　延续的维度

畲族传统服饰在新时期的延续是在全面保护的前提下，通过政、经、产、学多方位协同，由政府牵头强化保护意识，在为当地人民切实带来经济效益的前提和目的下，不断和产业发展融合，与学术研究成果协作，多维并重地扩展畲族服饰文化遗产的利用方式，提升利用水平，从而充分发挥文化遗产在文化宣传、教育、科研、经济等方面不可替代的作用。要从精神、物质、教育、经济等角度多方位协同，对畲族服饰进行保护传承。

一、生态为根

虽然民族服饰是以物理的形式存续下来的，但是这些服饰的穿戴有其特定的生活场景、节日活动、宗教祭祀等生态文化，一些独特的服饰制作手工艺技术也有其代代相传的传承特色，如畲族女子独特的彩带编织技艺。另外在一些特殊的民族活动场景中，民族服饰也起到了必不可少的烘托和装点作用，如在畲族大型的“三月三”、民族歌会、婚嫁风俗活动中，畲族人民都需要身着民族盛装来参与活动。正是这种非物质的特性赋予了民族服饰以独特的人文艺术特色，也正是这种特色使民族文化在经济一体化、文化趋同化的现代社会散发出熠熠夺目的文化之光。民族服饰的这种活态的非物质性决定了民族服饰保护工作不能仅仅对其物质形态的遗存进行保护，而要结合其活态的一面加以综合考虑，对于民族服饰的生长环境、穿着场景和气氛，以及技艺的延续与发展都要进行保护，而且这种保护必须考虑到民族文化赖以生存、延续所必需的民俗文化环境。只有让服饰文化以某种符合当代社会进程发展的方式重新走入畲族人民的生活中，才能保证其生存发展的民俗养分和民众基础，也只有这样，畲族服饰才能保持其旺盛的生命活力，而不是成为博物馆里冷冰冰的展品。

畲族服饰文化的保护与传承需要一定的生存土壤。从物质层面来看，民族文化展示馆、民族博物馆、民族学校的成立可以从精神上调动民众对于民族服饰文化保护的积极性。民俗活动表演是民族精神传承的物质化体现，各种节日庆典以及民俗表演给畲族服饰文化提供了赖以生存的环境。因此，只有保护好它们，畲族服饰文化才能实现长久稳定的保护。从精神层面来看，大环境下畲族传统文化的交流与传播可以更好地从保护意识方面引起人们的重视。但是随着社会的发展和进步，畲族传统服饰已经不能满足人们对美的追求。因此，对畲族传统服饰进行改良设计，使其符合当下人们的审美需要，进而在人群中流行开来，渐渐地就能提高民众的保护意识。

要以文化生态环境构建畲族服饰文化的精神承载。传统民族服饰文化的延续需要依托一定的文化生态环境，这种环境需要通过相对稳定的民族传统习俗来建构。民族传统习俗是民族认同和民族归属的外化表现，是民族服饰承载的精神媒介，这些习俗建立在共同的祖先信仰的基础上，受到生产生活方式的影响而逐步形成。各种节庆民俗活动给畲族彩带文化提供了赖以生存的环境，只有这些活动得到保护和延续，彩带文化才能保持稳固的精神承载媒介。目前畲族地区恢复了一些大型的民俗节庆活动，如“三月三”等，但多演变成为招徕游客的噱头，民俗原味反而被削弱。依托民俗节庆扩大旅游影响是提升经济发展的有力手段，但在具体操作中应注意要以原生态民俗文化的延续和展示为核心，避免出现“旅游性节日”的现象。

二、教育培本

要大力发展以畲族青少年为核心、辐射大众的传承教育。根据田野调查时开展的畲族青少年对传统工艺的认知和学习意愿的调查，项目组发现青少年表现出了积极的态度和学习意愿，这对彩带工艺的传承和发展无疑是一个良好的信号，应当对这种积极性进行引导和培育。可以利用素质教育和民族文化教育的平台在青少年中开展彩带工艺的教学和培训，这种学习并非以培养传承人为目的，而是一种宣传普及性的教育，从而培养当地青少年对民族传统工艺的兴趣，进而从中寻找合适的传承人进行进一步培养。要以畲族青少年为核心开展传承教育，辐射普通大众，利用传统媒体和新媒体的多元化渠道对畲族彩带进行宣传，依托旅游资源开展彩带技艺互动体验活动。

相对于个案性的抢救性保护，传统工艺传承的制度和规则的建立可以从源头上保证传统工艺的生命活力，对于以彩带编织为代表的畲族服饰制作技艺应从保护和扶持的角度予以政策倾斜，建立长效稳定的传承人机制。除了对传承人的选择外，对于传承过程及生产生活中遇到的具体问题应跟踪随访。对于各服饰工艺传承人的继承者是否到位，是否顺利展开学习，学习过程中有何困难，学习后能否凭借这种技能谋生等后续问题都应当给予关注。权利与义务是对应的，继承人在自愿的基础上进行学习后，应接受一定的补助和相应的监管，在其完成传统技艺学习后可以授予其相关证书以证明其学习经历和成果。应该尽力给当地畲族人营造一个延续传统文化的环境，同时也使他们能够通过继承和展示自己的民族文化获得相应的经济回报。从调查数据来看，不论是畲族群众自身还是非聚居地的普通民众，对于传统手工艺都有较高的关注度和学习意愿，可以针对聚居地青少年开办一些以宣传文化为主、满足个人爱好需求的培训班，并可考虑在学校教育中承认学分，或针对游客开办短期的传统手工艺体验活动。这一方面可以扩大传统技艺的知名度，为畲族服饰文化做宣传，另一方面也可增加民族手工艺人和传承人的经济收入。

三、“活”在当下

乔晓光对无形的民间文化精神做了系统的思考，提出“活态文化”的概念，即对于非物质文化遗产来说，生活本身就是遗产，这个遗产首先是为了生存的，它针对的是人，而不仅仅是人所创造的文化。[①]

要经济、文化并举，以生产性传承提高畲族服饰文化的现实价值。科学、合理的经济开发可以在提高畲族人民的生活水平的同时起到传播服饰文化的作用。在文化创意产业发展的背景下，将畲族服饰与现代产业相结合，开发具有民族特色的服饰品和文创产品，不仅可以使畲族人民在展示自己民族文化的同时获得相应的经济收益，还可以使古老的服饰保持现代生命力。可以结合故宫文创产品及彝族、苗族等在文创开发领域取得一定成效的非遗传承样本，通过开办畲族服饰体验馆、开展服饰手工艺制作互动活动、开发文创旅游纪念品等多元手段，对传统服饰文化进行生产性传承与开发。但在项目具体论证和实施的时候应充分考虑来自当地人、当地政府和非遗保护专家的意见，以免造成过度消费文化遗产的问题。此外，要以生产性保护提升传统技艺的经济效益。要在现有的畲族传统服饰制作、彩带编织等传承人的培养机制上建立长效稳定的跟踪评估制度，除了对传承人进行选择外，对于传承过程及生产生活中遇到的具体问题应跟踪随访。同时要扶持传承人开展生产性的服饰制作、彩带编织、银饰制作等活动，包括教学、展示、设计生产对接和旅游衍生品开发。例如，中国畲族博物馆在馆区内设立了若干畲族手工艺非遗作坊，有畲族手工艺人现场进行彩带编织、手工竹编等工艺展示，制成品还可以对游客出售，是一种有益的生产线传承方式。丽水市畲族字带非物质文化遗产代表性传承人蓝咏梅将编织彩带的技艺传授给其女，尝试将其运用在现代服饰品的设计中，通过新媒体渠道传播，也是对传统技艺现代生产性转化的一种有益尝试。充分挖掘并宣扬畲族传统服饰文化的当代价值可以进一步增进本民族的族群凝聚力和文化认同。畲族传统服饰可以为现代服饰设计提供丰富的灵感来源，提升服饰品牌的文化底蕴和设计附加值，具有较高的经济价值。畲族传统服饰精致的手工艺技术与浓郁的民族特色通过创新视角提炼具有民族基因的设计元素后，再经过设计手法对其进行重构与再造，最后通过产品构架策划和系列化整合可以形成系统的文创产品开发。现代快节奏生活方式下，对传统技

① 乔晓光．活态文化：中国非物质文化遗产初探．太原：山西人民出版社，2004.

艺的创意开发，是审美之上的精神原则。以创意的手段将传统手工艺与现代服饰及文创产品相融合，通过碰撞产生出更多适应当下生活所需要的独具民族特色的创意设计，可以为当地旅游发展注入活力，刺激时尚产业与旅游经济发展，形成新的增长点。畲族传统中绣工多为男性，可以将男性视角下的人物、动物、植物以及日常生活场景巧妙地融入刺绣这一载体，刺绣的题材、构图、设色等与其他民族以女性为主要创作者形成的温婉细腻的刺绣工艺风格不同，使畲族传统刺绣在造型、线条和色彩搭配上形成朴拙奔放的整体风格。畲族服饰文化表象下体现出其特有的女性意识、性别平等意识，在当代亦有较高的文化研究价值。

在科学技术飞速发展的今天，数字化技术是近年来文化遗产保护研究的热点，随着我国互联网和信息产业的发展，非物质文化遗产的数字化保护已经是各种文化遗产保护的研究热点，并且已经有相当多的示范工程。在畲族传统服饰和制作技艺的保护和传承上应着重推动数字化技术的应用，借助现代科技手段强化畲族传统服饰的文化宣传、技术加工、传统制作技艺的记录与传播等。要对各地的传统服饰实物进行收集、整理、甄别、归档，通过文博系统对外进行展示和宣传。在传统的实物展示基础上要加强信息化保存和数字化展示开发，丰富数字展品数量和展示信息。可以通过数字技术对彩带等的织造过程、组织结构进行科普性宣传，通过新媒体等多元渠道加强藏品的数字化展示和宣传，利用虚拟现实技术、人工智能技术等，增强展示效果和交互体验，并促进文物藏品资源共享，提高藏品的展示利用率。

畲族传统服饰在漫长的民族发展过程中形成了独具特色的服饰风格、制作工艺、装饰图案和民俗文化内涵，工艺精细、风格明显、民族积淀丰厚，是民族文化传承的重要载体。虽然服饰形制特征和一些制作技艺随着经济文化的发展也发生了一些变化，但应当正视这种变化，多方协同保护好畲族服饰的生存空间，留其传统，护其演化，形成“见人见物见生活”的民俗生态环境，这样，古老的畲族服饰及其制作技艺才能随着社会文化和技术的发展焕发光彩。

第七章　结　语

服饰以非文本的方式记录着民族历史和文化变迁，各民族多姿多彩的服饰文化共同构成了我国民族文化的多样性，对畲族服饰文化进行研究对于保存古老的畲族文化、认识畲族服饰在民族文化中的地位和作用有重要的意义。项目组结合实地调查所见的实物、文献和图像资料，对畲族服饰的发展变迁、服饰遗存、艺术审美、工艺技艺和保护传承等进行了综合研究，得出了以下结论。

首先，畲族服饰是特定人文地理环境影响下的产物。畲族居住的地区都以丘陵地形为主，山路曲折回转，山间蚊虫较多，加上他们的生活方式多以农耕为主，这些地貌环境和生活方式与畲族服饰中的装饰题材以及服饰形制的实用性形成了印证。畲族是杂散居在我国一些山地间的少数民族，在历史上经历了长期且频繁的迁徙，在漫长的历史发展和民族迁徙中，畲族形成了崇尚自然的耕猎生活模式和勤劳勇敢的民族性格及与之相对应的民族服饰风格。畲族服饰短小简洁，多搭配绑腿穿着，能防止山中蚊虫叮咬且便于在山间行走劳作；服饰面料主要来源于畲民自种的苎麻。畲民在历史上擅长种菁，因此也形成了畲族衣尚青蓝的传统。和苗族、彝族等注重装饰的民族相比，畲族服饰样式较为简约，但装饰制作工艺精致，从整体造型、用色、装饰等方面均体现了盘瓠后代“好五色衣服，制裁皆有尾形”的特征。长期以来畲汉杂居的生活环境使畲族文化受汉文化影响较多，除了本民族的始祖传说和俗神信仰外，道教和佛教在畲民中影响甚广，因此服饰装饰中常用佛道两教的八卦、八仙、卍字图案和一些人物故事题材的图案，传统服饰中常用松梅鹿竹等具有吉祥寓意的图案。

其次，各地畲族服饰形制各异，具有独特的审美文化内涵，共同的民族背景以及迁徙形成的次文化圈使各地服饰之间具有一定的脉络性。以民族传统习俗为精神承载，传统工艺技术为物质承载，浙南、闽东、贵州形成了以浙江景宁式、福建四式（福安式、罗源式、霞浦式、福鼎式）、贵州三式（花袖衣、东家衣、凤凰衣）为代表的畲族分支服饰样式。江西、广东等地的服饰由于特征性不够明显，可以归入浙闽地区的样式里。文化认同与民族归属是畲族服饰具有的共同基因，因此畲族服饰形成了基础形制、色彩搭配和装饰工艺上的相似性。民族迁徙历史及迁徙后与周边居民的文化融合过程，以及由此产生的服饰次文化圈的影响促成了局部形制、色彩比例和装饰细节上的显著差异。迁徙流布于各地的畲民一方面在服饰上维系了始祖图腾形象（盘瓠及其形象的变体），另一方面在和周边民族的融合中形成了地域性的服饰特征。服饰的传承脉络与民族迁徙史具有清晰的对照性和关联性：罗源式服饰华丽，重镶重绣，以此为起点划分出重镶和重绣两路；景宁式以镶为主，面积减小，繁复程度降低，在与汉族服饰融合的同时在头饰上固守传统；霞浦式与福鼎式的装饰由镶转绣，刺绣面积渐增；福安式是重镶和重绣两路的分野，两者兼用，但风格朴素；福鼎和苍南一带由于存在两地互迁的历史，在服饰上存在明显的趋同性；贵州的畲族由于历史原因和民族识别原因，具有一定的特殊性，他们的服饰与浙闽畲族服饰同源同宗，但是在服饰样式发展变迁上有自己的独特性，花袖衣、东家衣和凤凰衣三种样式是贵州畲族族群发展变迁和文化认同的物化表征。

针对畲族服饰在当代的变迁与认知，要在尊重畲族人民意愿的前提下以设计驱动传统服饰在当代的传承。本书提出了档案传世、实物以证和复刻研究的传递方式和以生态为根、教育培本、“活”在当下的延续维度，充分考虑到当代畲族服饰在穿着场合、外观形材、传统工艺上的变化以及畲族人着装心态方面的嬗变，重视以博物馆为代表的固态保护、民俗生态环境保护和以民族技艺、风俗习惯为代表的非物质文化遗产的活态传承，对服饰形制、服饰民俗背景、服饰工艺制作记录等进行了全方位、多维度的记录和再现。应通过教育传承，建立着眼于未来的保护与传承体系；从服饰发展观的视角，对于新工艺、新技术采取开放接纳的态度；面对社会经济文化的跨越式发展带来的突变，针对面临的文化震荡和技术变革，要防范服饰文化发生断层和畸变。

只有充分地了解过去才能清醒地认识现在，进而创造美好的未来。灿烂的畲族服饰文化是畲族先民们留给我们的宝贵财富，在社会经济面貌日新月异的今天，怀揣对古老文化的敬意，以平和开放的心态面对新的变迁，对畲族服饰遗存进行保护整理，传承畲族服饰文化，促使其健康发展是我们肩负的使命与责任。

附　录　设计驱动下的畲族服饰传承探索

项目组在文献研究和田野调查的过程中深深地体会到民族服饰文化正在现代文明的冲击下加速流失，面对这种情况，单纯地从阅读文献到实地考察、从书斋到田野的工作虽然能给相关研究夯实理论基础、完善素材资料库的建设，但是仍然缺乏切实有效的帮助。在时代大潮的裹挟下，各少数民族的服饰都或多或少地发生了变化，作为散杂居民族的畲族由于小聚居、大杂居的分布状态，与周边民族尤其是汉族的杂居导致了民族间的交互影响加深，这种影响表现在经济、文化、社会民俗的各个方面。作为民族文化的直观表现和物化符号，畲族服饰也发生了诸多嬗变。

笔者带领研究生团队成立了畲族服饰创新设计探索小组，在前期研究的基础上结合各自的设计领域，深入各地的畲族聚居地，与非遗传承人、畲族手工艺人进行访谈、学习，从服装、银饰和文创产品三个方面对畲族服饰的传承创新设计进行了实践探索。在设计探索过程中，项目组尽力做到从畲族人民群众的需求和审美意愿出发。在设计创作前期，项目组对畲族传统服饰进行了认知调研，对于固定群体（如青少年学生）进行了针对性设计，在完成设计作品后还做了设计成品的满意度调研，以形成一个完整的研究闭环，探查畲族受众群体对设计作品的接受度和改进意见。其中研究生李方园的设计作品《畲尚》获得了以“视界畲乡”为主题的第四届中国（浙江）畲族服饰设计展演“最具创意设计师”奖，该赛事以国家民族事务委员会文化宣传司为指导单位，浙江省民族宗教事务委员会、浙江省服装行业协会主办，丽水市民族宗教事务局、景宁畲族自治县人民政府承办。

由于水平有限，项目组呈现的设计成果还不够成熟完善，在作品的完整度、时尚度等方面还存在很多不足。但笔者认为设计本身也是一个试错的过程，作为试水者，以实验的角度审视这些不够成熟的设计实践，对于畲族服饰乃至民族服饰的创新设计与传承而言都是一个有益的尝试。在此汇总展现出来，以期抛砖引玉，期待更多的设计从业人员以创新设计为驱动助力民族传统服饰在当代社会的传承。

附录一　服装设计探索

一、畲族服饰的时尚转化设计探索[①]

1. 畲族服饰的要素特征分析

畲族服饰的要素特征主要表现在形制、颜色、面料、装饰、图案等方面。其中最具特色的是传统图案和捆只颜工艺。传统服饰图案中经常对神话故事、民间传说中的故事情节、人物形象做介质的转化使用。人物图案是畲族服饰中特殊的一种图案表现题材，服饰中尤喜用场景式的人物表现叙事性的内容，犹如绣在衣服上的连环画一般。这种叙事性图案表现的题材内容以祖先传说、祖图长卷和戏剧故事情节为主。经过实地考察，我们发现很多独属于畲族民族文化传统中具有叙事性特征的元素普遍存在于畲族服饰中，如图 1 中的左图为福建省霞浦县半月里村畲族民间博物馆所藏的畲族床帐中的图案纹样，为畲族祖图中的场景再现。这类床帐中的各种图案有的是畲族人崇敬的神灵、人物，有的是畲族祖图上的情节再现。整体适用性的方法将畲族祖图卷轴式的故事运用在了平常的生活用品中。图 1 中的右图翻拍自收藏于浙江省博物馆的畲族祖图《高皇歌》图片部分，总共有两幅大小一样的布质长轴，表现的是恩赐荣归的主题，1959 年收集于遂昌。

图 1　畲族床帐中的畲族祖图场景（左）及畲族祖图《高皇歌》的“恩赐荣归”部分场景（右）

畲族凤凰装是畲族女性在重大节日、走亲访友和婚嫁时所穿的服饰，也是畲族女性身份的象征。凤凰装因地域不同有诸多分支样式，服饰上的刺绣图案多为花草鸟兽，较为特别的是福建畲族服饰采用了祖图传说中的场景作为刺绣图案的表现题材。如图 2 为福建闽东畲族博物馆收藏的畲族拦腰，再现了畲族祖图中

① 本部分作品主要由研究生王旋如设计制作，陈敬玉指导。

"回龙归宗"的一个场景，整体呈梯形，纹样分布比较随性自由，主要采用刺绣工艺表现图案主体，用捆只颜进行边框装饰。

图 2　福建畲族拦腰中"回龙归宗"场景的刺绣

2. 畲族服饰的要素特征设计转化

（1）图案要素转化

祖图的片段场景在畲族凤凰装的拦腰裙面装饰、日常生活用品等诸多物品中以刺绣图案的方式呈现。通过提取畲族服饰中具有叙事特征的祖图图案，尤其是对祖图中出现的人物形象进行二次设计，以线性规整和叠加交错的图形设计方式与相同色系的条纹进行搭配融合，实现图案要素的转化，可以打破传统意义上的畲族叙事性图案的存在形式，形成具有畲族文化意蕴的创新图案。

畲族凤凰装以朴素的黑色或者藏青色面料为底料，其上绣以五彩斑斓的图案花纹，底色的素净与图案的鲜艳色彩形成强烈的对比，视觉效果鲜明突出。图案的缝制部位一般在领襟、胸襟、拦腰上，在图案的分布上不做大面积的铺陈而是侧重聚焦视觉重心的局部装饰。

基于以上特性，项目组在创新设计中尝试运用畲族服饰中的生活叙事场景祖图元素，分析各地的祖图形式，提取出具有一定相似性和共通性的元素，选择最具有代表性的人物形象做设计尝试。如图 3 所示，在图案设计初期，选用祖图中最核心的男女始祖、高辛帝、皇后、天地人三皇为主要中心图案进行设计，运用对比强度极大的黑白色搭配，以黑为底，突出图案的线性结构。

图 3　图案提取实践

在设计实践尝试中，结合流行趋势中经久不衰的棋盘格图案，运用真丝绡的通透性加以印花，与黑色棋盘纹边缘框结合，在欧根纱上采用条纹印染的方式，搭配纯黑色细条纹辅料，达到如图 4 的效果。工艺设计方面则通过规律褶裥加印花来强化褶裥的条纹感。由于采用了垂感较好的纯棉面料，在黑色面料上印染竖条纹的图案后，通过压褶工艺形成“百褶”的效果，图案或在褶裥中间或露出，呈现出若隐若现的视觉效果。印花图案由于采用黑白的色彩对比，视觉效果醒目，间穿插以条纹或格纹，增添了现代感。

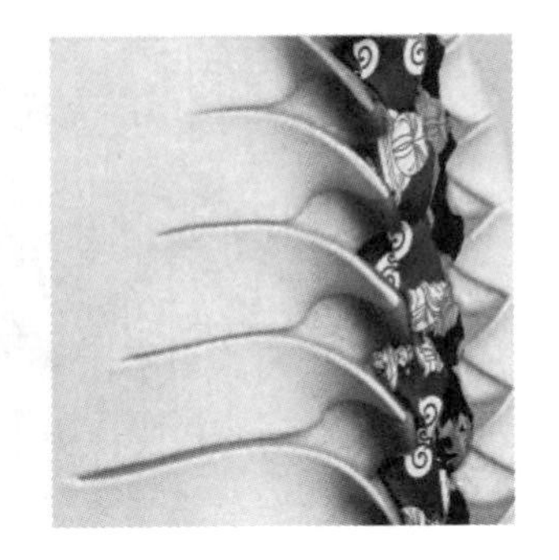

图 4　图案解码的设计实践小样制作

分析整理后我们进行了祖图元素归纳，在现代服饰中融入畲族祖图元素，进行多种方式尝试设计，主要分为规整和错乱两种大方向，设计方法主要分为线性规整法和叠加交错法两种。我们尝试运用线性规整法对畲族祖图人物形象进行设计转化，图案雏形源于祖图，运用循环往复的排列组合方式强化图案的群化效果，同时保留图案本身的复杂性和细节感，同一图案在不同材质上的印染效果不同，面料本身的属性和材质特征可以赋予图案多样的变化。运用刺绣、编织、填充、镂空等表现技法可以呈现线性规整法在多种面料和制作工艺中的效果，多样化装饰元素的加入给图案带来了全新的视觉呈现效果。如图 5 所示，我们采用祖图中提炼出来的图案元素，搭配蓝白条纹进行二次设计，同时将蓝白条纹做条纹宽度和颜色的调整，以科技蓝风格的细条纹为主要条干，条纹的间隙辅以线性规整的图案进行填充，形成满地花效果。还可以以这种二次设计后的条纹面料为主料，辅以皮革、牛仔等面料，对其进行切条之后加以编织，形成面料二次造型效果，印有图案的主料随着编织纹路的变化形成图底关系变换，整体效果统一又不单一，视觉效果丰富，层次变化多样。

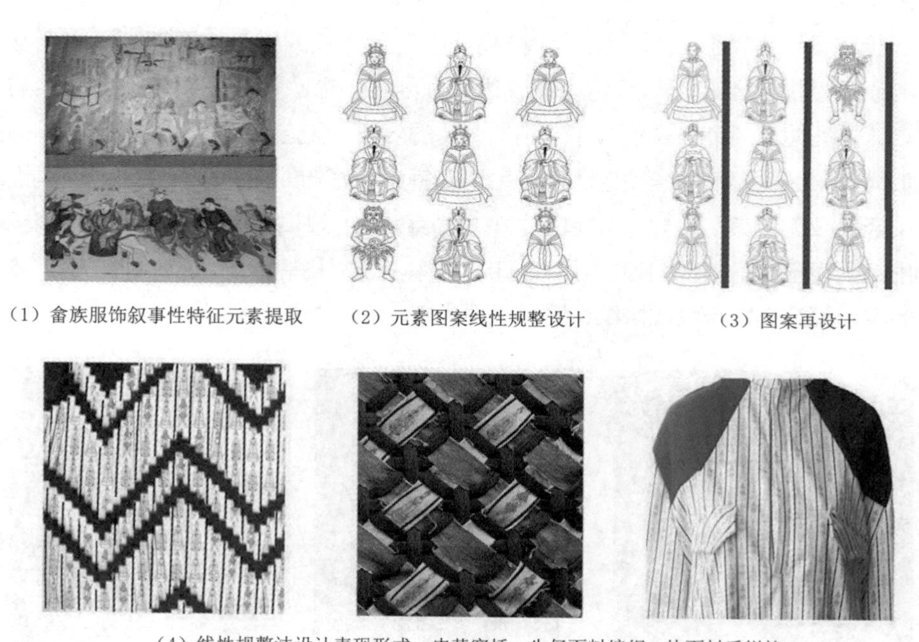

（1）畲族服饰叙事性特征元素提取　（2）元素图案线性规整设计　（3）图案再设计

（4）线性规整法设计表现形式：皮革穿插、牛仔面料编织、块面材质拼接

图 5　线性规整法设计实践

我们运用叠加交错的设计方法，对所设计的祖图人物形象进行了排列组合形式的设计尝试。如图 6 中图案素材来源于畲族祖图中的始祖人物形象，以此作为设计元素对图案进行线描处理和穿插组合处理，图案由原来的连环画形式转化设计为具有统一性的单色人物线描满地花装饰图案。图案由复杂化、传统化、情节化转变设计为装饰元素后，运用叠加交错的排列方法进行设计，在视觉上达到错乱却完整的效果，从原先的线状描摹转为块面装饰。

图 6　叠加交错法设计实践

多种表现技法会为图案设计的效果赋予新的面貌。我们选择设计方案中的竖条纹线性规整、叠加交错法进行面料印染与材料尝试。前期通过大量材质尝试，如欧根纱、雪纺、棉布、混纺布、太空层、网纱等等，最终结合印染的图案呈现效果和材质对比效果，选择了较厚的雪纺面料与风衣材质、衬衫面料以及 PVC 面料进行设计尝试。在具体操作中，我们克服了 PVC 材质厚度和打印幅面局限的困难，材质的最终呈现效果优于预期，面料柔软且厚度适中，可以达到制作成衣的材质要求（图 7）。

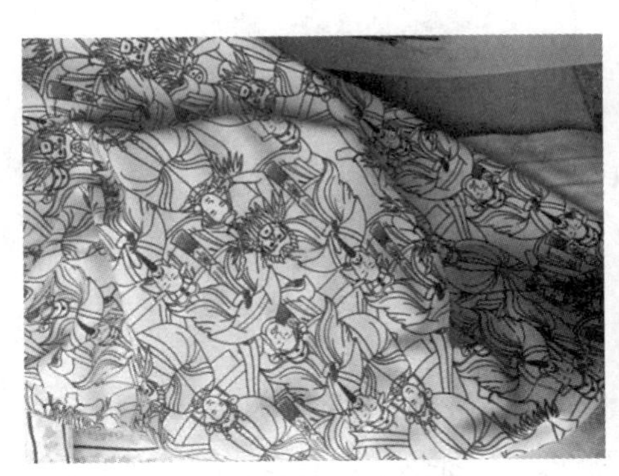

图 7　小样及面料尝试实践

（2）工艺要素转化

作为中国传统服饰制作中的一个典型技艺，镶绲工艺历史悠久，在传统服饰中具有非常重要的地位，是重要传统装饰手法之一。捆只颜是镶绲工艺的一种特殊表现，工艺原理虽极简，装饰性却极强，可以使整套服装绚丽夺目。捆只颜的工艺特征主要体现在结构的层叠性、形态的可塑性和色彩的视觉冲击性。结构的层叠性是指捆只颜按照一定的宽度相互叠加车缝在一起产生的层叠性和多组捆只颜搭配层层花边所产生的层叠性。嵌条的弹性、拼缝的不确定性构成了捆只颜的可塑性。捆只颜色彩选用意味着祛病除灾的中国红和纯洁永不过时的白色，两种颜色搭配形成鲜明的对比并产生强烈的视觉冲击性。

该工艺在现代服装设计中的应用价值较高，可塑性很强。其中，面料纱影响嵌条的弯曲度，不同宽度的嵌条搭配可产生不同的视觉效果，服装结构线的形态和位置也会对捆只颜产生不同的影响。传统捆只颜为双层结构，在现代服装设计中可以通过对线条的不同工艺改造形成不同的视觉效果，如对线条边缘进行缉线装饰、毛边处理、压褶处理和填充装饰等。在具体设计处理时可以通过叠加使用，突出层次感和立体感，运用其边缘塑形特征与木耳边的结构进行结合，形成夸张的造型效果（图 8）。

图 8　捆只颜工艺在现代服装设计中的运用

（张萌萌制作）

3. 在服装设计上的运用

在资料整理分析的基础上，我们对畲族服饰中存在的具有历史性、传承性、变迁性的叙事性元素进行分类整理，追根溯源分析提炼主体元素，结合当下的趋势进行综合设计思考，结合现代服饰流行趋势，通过多种设计方法和设计实践进行综合性、整体性的设计实践尝试。

本系列的设计主题“迹”以具有叙事性特征的畲族祖图图案为切入点，与现代服饰设计进行碰撞融合。通过对畲族服饰中叙事性特征的整理分析、元素提炼，以祖图为设计元素，通过线性规整、对比融合的设计手法将畲族服饰叙事性特征的典型代表——畲族祖图素材进行现代设计的二次转化。运用新型材料

PVC 和印染技术达到设计元素在现代服装上的呈现，进一步加强了对畲族服饰叙事性元素的传承和发展方式的拓展，目的在于将全新的、个性的、符合现代消费者审美需求的图案设计形式以及工艺结构设计手法融入现代服饰的设计。

系列设计选择了畲族服饰传统图案、纹样、颜色搭配的经典模式，在明确服装设计的整体感与形式基调后，选择探究并延伸设计，转化畲族服饰的多重叙事要素，以融合统一多重叙事要素的方式进行现代服饰设计。以图案颜色的线性规整法和叠加交错法为主要方法，进行主题图案的设计，通过由此形成的图案与传统的航海风条纹进行碰撞，借鉴畲族服饰的拼接设计工艺手法尝试在色块拼接与材质组合中赋予现代服饰多重的设计感。通过前期各种方向以及设计方法的实践分析，选择将图案的呈现方式、拼接工艺的多重化、新元素、新技术的协调使用作为最终设计的创新点，形成一系列三款设计。

款式一为不对称连衣裙（图 9）。采用色块拼接与材质拼接工艺，在诸多条纹图案中，柔和条纹的人气最高，使用清新同色调蓝色与白色点缀色的搭配。在条纹之间搭配畲族服饰图案设计中采用线性规整法的图案纹样，若隐若现的细条纹和同色调阴影设计的图案纹样为衬衫裙的面料注入了另类的休闲格调。及膝款式和加强肩部的斗篷效果具有复古造型感，条纹和畲族服饰中具有典型代表性的叙事纹样使这件连衣裙多了些新元素。通过版型、混合印花、面料来强调传统格调，使连衣裙兼具实用性和现代感。

款式二为特殊材质混合搭配的一款女装（图 10）。将印有设计图案的透明 PVC 材质与蓝色风衣面料复合搭配，表面既具有透明材质的光泽，又可见复合面料的肌理图案以及内部连衣裙的款式造型和细节处理，还有防风防雨的功能，可作为日常单品进行穿搭。在面料材质的选择上也考虑到了可实施性。经过前期的实践设计最终确定印花 PVC 的可制作性与成衣效果，结合便携西服的单品，设计多片褶皱内含图案的连衣裙，搭配透明 PVC 印花基本款简约西服。雨衣的 PVC 材料在市场上很受欢迎，单层的透明材料已经不仅限用于雨衣外套这样的单品，从雨衣式风衣到裙装均有使用。由传统的 PVC 材料制作的雨衣、裙罩或披肩等加入了包边钉珠等工艺，穿着于服装外层。另外，局部透明化或与其他面料进行拼接也使得服装本身更加日常化。连衣裙的细节处理上，从肩线一直延续到手腕做加长开衩处理后，在缝合线处用印花面料做绲边工艺的设计，做成流线型的飘带设计，增加连衣裙的层次感和韵律感。

款式三为连衣裙搭配流行单品不对称斗篷（图 11）。风格简约大气，藏蓝色与白色条纹衬衫的搭配简洁清爽，平滑的亚光棉质条纹布给外套和下装带来了简洁的线条；图案以设计转化后的畲族服饰中的传统叙事纹样为基础，将其运用在现代极简服饰单品设计中，体现了女性干练独立的精神风貌。

图9　款式一

图 10　款式二

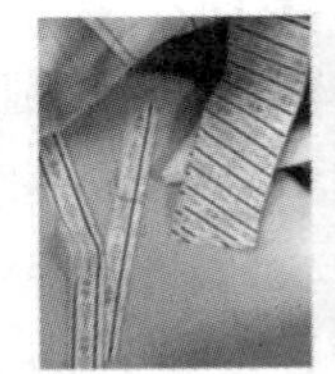

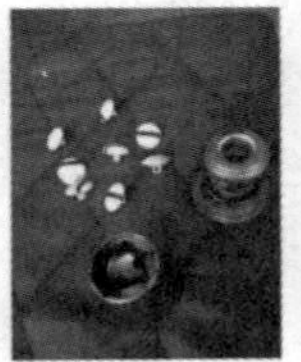

图 11　款式三

二、基于认知需求的畲族青少年校服设计[①]

1. 设计需求

校服作为青少年日常频繁穿着的服装，是一种独特的服装形式，也是文化的载体。校服不仅能体现学生个体的精神面貌，还能展现学校的学习风貌，也能展现与校服所在地社会环境相关的历史背景。[②]近年来，随着校服产业的快速发展，民族地区学校对带有民族特色的校服创新设计具有突出的需求和愿望。目前，我国大部分民族地区中小学校服款式尚未能很好地展现当地民族特色，也使得校服设计的发展与当地民族文化发展需求相比相对滞后。少数民族青少年身处独具民族风貌的生活环境中，需要服饰文化符号来促使其形成积极的民族认同感，这同时也是铸牢中华民族共同体意识的重要环节。如何将民族传统文化融入校服的设计中，使校服具有民族特色仍是一个市场需求点。通过民族校服创新设计，将少数民族青少年的民族传统文化认知与现代服饰相结合，可以在一定程度上提高他们对本民族服饰文化的了解和民族认同。可以以民族文化视野为基础进行校服设计，吸取优秀的设计理念，把本民族的传统文化元素融入校服设计中，使校服既具有美观性、实用性，同时更兼具文化性和传播性。民族校服的设计应根据地域的不同情况加以地域性的考虑，如地域环境限制、地域文化背景、地域资源和地域经济等。

本系列设计实践是在“畲族青少年民族服饰文化认同”调研的基础上结合畲族校服满意度与需求访谈进行的，结合了畲族青少年的满意度与需求访谈数据和畲族青少年服饰文化认同的差异性数据，从工艺、面料、款式、色彩、民族元素等角度归纳总结，提取民族元素，对现代畲族中学校服进行了创新设计。然后再对设计进行回访调研，让校服受众（畲族青少年、畲族家长、畲族学校教师）直观选择校服样式，最大限度满足当代畲族青少年对将本民族服饰改良应用为校服的需求。

以浙江景宁民族中学为例，学校要求中学生在校园中穿着学校规范校服。在走访中我们了解到，学校近年不断更新校服样式，尝试将畲族元素加入校服中，设计出了包括夏款校服（短袖与长裤）和运动服款（图 12）等几款畲族特色校服。夏款校服与运动服款校服的畲族元素主要体现在胸口的凤凰图案和裤子侧缝的民族织带元素，但所选取的织带元素并非畲族传统织带图案。

---

① 本部分调研及设计作品由研究生赵伟楠完成，陈敬玉指导。

② 熊英，陶辉．民族文化视野下的校服设计．天津纺织科技，2017（1）：48-50.

图 12　景宁民族中学夏款校服和运动服款校服
（图片来源：景宁民族中学微信公众号）

2. 畲族校服满意度访谈

畲族青少年校服满意度与需求访谈主要考虑三个方向：一是校服的穿着者即畲族青少年，他们作为与校服接触最密切的需求者，选择校服时应该优先考虑他们的想法；二是校服的买单者即畲族家长，家长对于校服的态度在一定程度上会与青少年不同，但同样需要考虑家长的需求想法；三是学校教师，学校教师对校服的考虑则更多倾向于校服的社会环境影响。通过三方访谈能够最全面地收集到校服满意度与需求的真实数据。访谈随机选择了 30 名在校畲族中学生，其中男女各 15 人；畲族家长 10 人，其中男女各 5 人；学校教师 5 人，其中男性 2 人，女性 3 人。访谈由 12 个封闭性问题和 3 个开放性问题组成，其中满意度问题包括 8 个封闭性问题和 2 个开放性问题，需求问题包括 4 个封闭性问题和 1 个开放性问题。

校服满意度访谈中，封闭性问题包括对目前校服款式的总体满意度、对目前畲族元素在校服中体现的满意度、对目前校服色彩的满意度、对目前校服舒适度的满意度、现今人们穿着畲族服饰的原因、最接近印象中哪种传统畲族服饰形制（包含景宁式、罗源式、福安式、霞浦式以及贵州式）、穿着畲族服饰的频率以及什么场合下会穿着畲族服饰；开放性问题包括是否了解或接触过民族元素在现代服饰中的表现和民族元素校服的现状，并谈谈对此的看法。

（1）畲族青少年的校服满意度分析

在封闭性问题中，30 名青少年中有超过 25 人表示对目前校服的款式、色彩、细节等方面不满意，其中 5 人对目前校服中的畲族元素体现表示非常不满意。从访谈中得知，青少年认为把畲族元素生硬地加入校服中，并不能体现畲族特征，只能使得校服变得土气。受访青少年均表示只有在畲族传统节日时才会穿着畲族服饰，他们印象最深的畲族服饰形制为景宁式、福安式和罗源式。在开放性问题中，部分受访青少年对民族元素在现代服饰中的体现有一定了解，尤其是“国潮”元素的体现。近些年掀起的“国潮风”设计中，大量使用传统元素，与现代服饰结合，秀场、网络购物平台和网络社交平台等让人们更多地接触、认识并了解“中国民族风”。有些受访者表示，民族元素加入现代服饰是一件好事，但是很多方式过于生硬，体现出的民族感虽在，但是却使得衣服的时尚度降低；关于民族元素校服，受访者表示没有见过其他民族元素的校服，但是对于目前的畲族校服不太满意，认为民族感不够强烈。

（2）畲族家长的校服满意度分析

在封闭性问题中，10 名畲族家长对目前校服的款式、色彩和细节等没有太大意见，认为自己的孩子在学校应该穿着校服，校服的样式不重要，但他们对校服价格和舒适程度都比较在意。青少年处于生长发育的黄金阶段，因为身高的快速增长，校服尺码必须大于孩子目前的身高，衣服过长便显得不够精神，无法体现青少年的精气神。受访家长中，女性家长表示节日期间会穿传统服饰，男性家长表示节日时只穿日常服饰；他们印象最深的畲族服饰形制为景宁式和罗源式。在开放性问题中，家长对民族元素在现代服饰中的体现了解不多，他们的回答多是关于畲族传统服饰的现代化，虽然现代畲族展演服饰相比传统服饰更加鲜艳和华丽，但也失去了传统的味道。多数家长在访谈中都表示现代改良虽然好，但传统的东西也不能丢失，传统工艺和传统样式都是畲族祖先流传下来的瑰宝，畲族人民必须学习和传承。关于民族元素校服的问题，家长表示 20 世纪八九十年代的校园装皆为畲族传统服饰，自己也曾穿着传统服饰进出校园。目前看来，他们首先强调的是青少年校服质量问题和价格问题，其次是希望校服设计中能体现更美更华丽的畲族凤凰装元素。

（3）畲族学校教师的校服满意度分析

在封闭性问题中，有 3 名教师对目前校服的款式、色彩和细节满意度不高，认为校服色彩不够鲜艳，无法体现青少年的活力和青春感，款式过于普通，不能体现畲族特色。畲族学校的教师们自己会在畲族节日中穿着传统服饰，学校也鼓励同学、教师在校运会中穿着传统服饰；他们印象最深的畲族服饰形制是景宁式、霞浦式和罗源式。在开放性问题中，他们认为民族元素融入现代服装的流行之风近些年越刮越盛，希望自己日常的工作服中也能体现畲族元素；目前民族校服体现民族元素较为生硬，他们了解到其他民族（如苗族）有自己的个性化校服。教师们表示，校服是体现校园风气的一部分，校园内穿着校服是硬性规定，而民族学校中少数民族学生约占学生总人数的百分之四十，如果加入过于夸张的民族元素，会影响剩下六成的其他民族的学生的穿着体验，校方需要同时兼顾畲族和非畲族学生的穿着感受。

3. 畲族青少年的校服需求访谈

校服需求访谈中，封闭性问题包括是否愿意在校服中加入畲族元素、希望加入何种畲族元素（图案、织带、刺绣、银饰等）、加入畲族图案的喜好倾向（人物图案、动物花草图案、字符图案）、畲族元素校服的色彩搭配（传统畲族颜色、现代时尚色彩）；开放性问题为谈谈对畲族校服的具体需求和设计看法。

（1）畲族青少年的校服需求分析

在封闭性问题中，30 名畲族青少年都希望畲族元素加入校服中，传统图案、织带和刺绣的接受度较高；超过一半的受访者表示凤凰是他们的民族图腾，希望在校服中能够得以体现，同时以织带形式体现畲族文字图案的需求度也很高。他们认为人物图案过于严肃和传统，不适合作为校服的装饰。关于校服颜色的选择，受访青少年认为目前的校服色彩局限于传统中国校服的配色，多是黑色、蓝色、深红色，缺乏青少年应该有的青春活力，希望校服能添加一些活泼的色彩，如橙色、天蓝色、黄色。在开放性问题中，畲族青少年表示校服作为中学生生活中穿着频率最高的服装，需要在校园内外穿着，在融入民族元素的同时，也要注意其美观性和时尚感。

（2）畲族家长的校服需求分析

在封闭性问题中，10 名畲族家长都希望在校服中加入畲族元素，其中图案和织带的接受度较高；家长表示目前校服的凤凰图案过于抽象，且任何民族都可以有凤凰图案，要让凤凰更具有畲族特色；花草动物图案活泼生动，受欢迎度较高。同时他们表示畲族人物图案大多为神明图案，不适合在校服中体现；关于校服的颜色，家长强调耐脏程度，他们觉得目前校服的色彩搭配可以接受，学生频繁穿着的校服需要长时间保持整洁干净，耐脏的黑色、深蓝色都是很好的选择。在开放性问题中，畲族家长对校服的具体需求主要体现在价格和耐穿性方面，他们希望校服能够满足孩子日常生活的各种活动，且不用频繁购买新的校服，要求在宽松的前提下保持校服的美观。

（3）畲族学校教师的校服需求分析

在封闭性问题中，5 名畲族教师对畲族元素加入校服表示相当认同，他们希望自己的工作装中也能加入畲族元素。畲族教师倾向于使用凤凰图案、龙图案，他们认为图案中可以体现性别差异。在色彩需求方面，畲族教师提到目前校服的藏蓝色、黑色和枣红色是畲族传统色彩，具有传统感也耐脏，但是他们也希望在此基础上能加入一些活泼跳跃的颜色，让学生显得更加青春活跃。在开放性问题中，教师们表示校服主要是用于统一约束学生穿着，表现出学校统一和谐的风气和风貌，如果过于顺应潮流会失去原有的功能；同时他们还提出，目前校服款式过于单一，缺少冬款校服，希望增加校服款式品类。

结合以上前期调研和访谈可知，刺绣、织带、凤凰图案等深受青少年、家长以及教师的喜爱，将传统色彩与现代色彩融合创新值得尝试。畲族青少年支持畲族传统服饰的保护和传承，针对不同地域的青少年应该选取当地畲族服饰特色元素加入畲族校服的设计当中；针对不同性别的青少年，应该在设计中有所偏重，满足性别差异，设计出具有性别特征的畲族校服来提升民族认同感。

4. 设计实践

畲族服饰以花边著名，甚至很多地区直接称呼女装上装为“花边衫”，尤其是罗源地区的花边结合捆只颜工艺，通常装饰在袖口、领口以及拦腰部位，色彩艳丽、层数多、面积大，颜色以红白为主，整体效果色彩斑斓。我们以罗源式的花边装饰为灵感，将繁复艳丽的花边进行了简化设计并重新配色，运用灰蓝色、黑色、红色以及白色进行了不规则宽度拼接设计，让传统花边袖口更加时尚、简约，色彩更加跳跃和明快（图 13）。以罗源花边领口为设计基础，我们将多种花边组合进行了创新性设计并尝试制作领子（图 14）。我们选择了不同样式的织带搭配不同样式的扣子，使用叠层、拼图、撞色、车缝明线等方式，把花边元素转化再设计，达到了层次丰富、冲击感强烈的视觉效果，并让传统民族风以更加时尚的方式展现出来。

图 13　花边袖口再设计小样

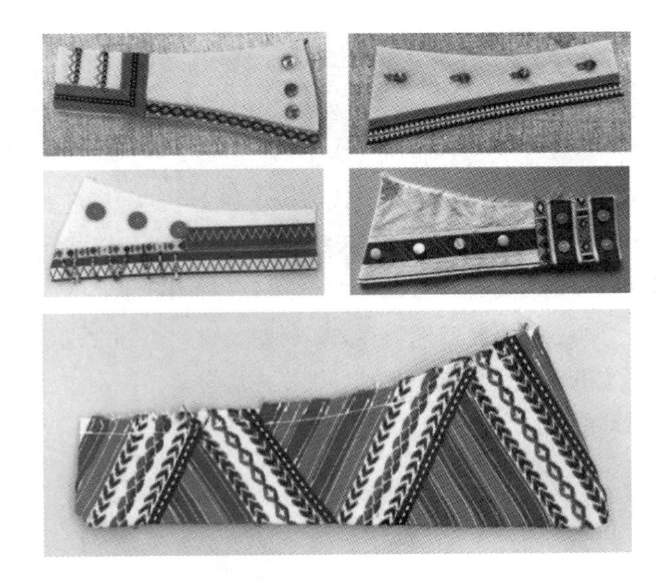

图 14　花边领子设计小样

项目组对畲族青少年、畲族家长、畲族教师的校服满意度和需求以及性别差异与地区差异进行了大量的研究和元素提取实践。实践的目的是将设计变化的全新样式应用于创新校服设计中，在实践过程中充分展现不同样式会产生的不同服饰效果，可以给过于普通的校服合理地增添畲族元素。确定了灵感源和主题后，再对畲族元素样式进行变化实践。基于校服的基本功能，我们选择了合适的款式、工艺、面料，完成了校服创新设计，做了三种类型的设计实践尝试，设计思路如图 15 所示。

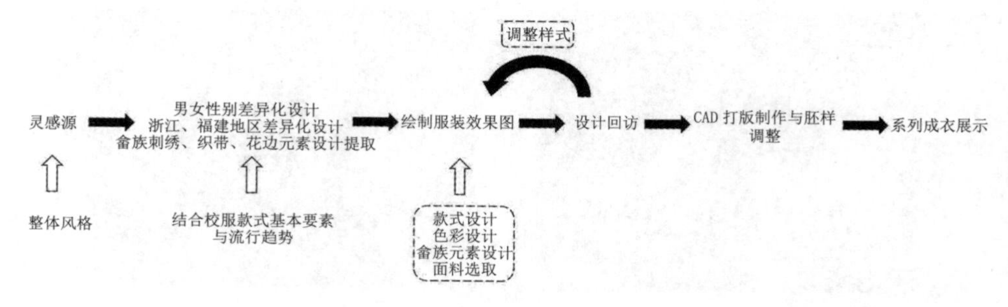

图 15　设计思路

（1）初步设计

根据访谈和调研结果，我们设计了三个系列的校服供受访者挑选。

系列一设计作品（图 16）方案为：选取畲族刺绣的凤凰图案、云纹、山纹、犬牙纹以及凤凰冠为灵感来源，将凤凰冠和刺绣图案转化为现代感极强的线条图案，色彩运用传统畲族色彩枣红色和现代流行色灰蓝色进行撞色拼接，服装款式设计以有领短袖上衣（polo 衫）、大廓形短裤、运动服以及日式制服为主，采用不对称图案设计以及畲族传统连裁袖方式和右衽门襟款式，将时尚潮流与民族元素紧密结合，系列服装呈现潮味兼具复古的感觉。针对不同性别，在款式上和图案上也进行了一定的调整，男款校服刺绣图案应用畲族传统山纹，女款校服刺绣图案应用畲族凤凰图案。

图 16　畲族校服系列一效果图

系列二设计作品（图 17）方案为：选取畲族传统织带字符图案、“做表姐”对襟方形绣花等为灵感来源，对寓意为“民族繁荣”“合居”“相邻”的字符图案进行重组再设计，将对襟绣花图案进行具有现代感的撞色设计，色彩运用传统畲族色彩，将黑色与白色、橙色相拼接，服装款式设计以 polo 衫、大廓形短裤、运动服以及日式制服为主。针对不同性别在图案和款式上也做了明显的协调，同时这个系列采用景宁织带为主要元素，突出校服的地区差异。采用对襟贴布扣的设计以及畲族连裁袖方式，切割线流畅且修饰身材，更增加了运动感与时尚度。

图 17　畲族校服系列二效果图

系列三设计作品（图 18）方案为：选取罗源式畲族花边为灵感来源，将繁复艳丽的多层花边进行重组再设计，色彩运用传统畲族色彩藏蓝色与白色、灰蓝色和枣红色不规律相拼接，服装款式设计以 polo 衫、大廓形短裤、运动服以及英式制服为主，采用对襟牛角扣的设计以及畲族连裁袖方式，门襟处增加织带设计，款式简洁，体现青春活泼色彩，细节上则体现了浓浓的民族风味。校服针对不同性别也做了一定的调整，运动服款式中，男生的领口设计相对于女生更加简单，女生领口设计更加繁复，更能凸显畲族女子服饰的华丽。同时这个系列采用罗源花边为主要设计元素，突出了校服的地区差异。

图 18　畲族校服系列三效果图

（2）校服需求回访调研

项目组将畲族校服创新设计三个系列的效果图在景宁地区进行了回访调研，调研对象包括畲族青少年、畲族家长以及畲族教师。其中畲族青少年 100 名、畲族家长 30 名、畲族教师 10 名，总共 140 人。

经数据整理之后，发现系列一选择人数为 13 人，系列二选择人数为 75 人，系列三选择人数为 52 人。系列二的选择人数最多，其次为系列三，故为了真实满足需求情况，项目组对系列二、系列三进行了设计制作。

（3）设计制作实践

织带图案再设计能够在最大限度保留民族风味的同时，让服装更加符合现代穿着需求。款式上以日式制服、大廓形 polo 衫和运动套装为主，选取寓意为“民族繁荣”“和睦”等的字符图案为设计元素，将其巧妙地设计于服装切割线、底摆等处，同时让校服的性别差异显现出来，如图 19 所示的系列二款式图。

通过以上设计实践分析，我们将设计转化后的字符图案通过织带编织、刺绣和丝网印花的工艺组合方式应用在校服上。以点、线、面的协调为设计重点，色彩上以黑色为主色调，以白色、灰色和橙色为辅助色加以运用；款式上以季节性设计为设计诉求，通过季节特性对产品进行设计。利用 CAD 制版、胚样调整，最后完成系列二的成衣制作（图 20）。

图 19　系列二款式图

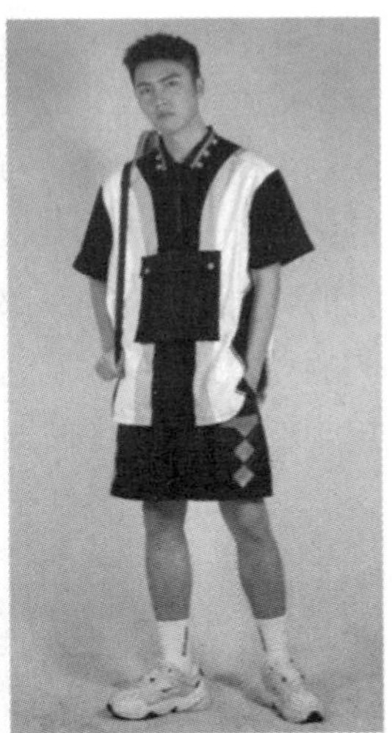

图 20　系列二实物图

1）冬季款（图 21）：男装以西装外套搭配西装长裤，女装以西装外套搭配百褶裙。款式门襟融入畲族传统服饰中的刺绣贴布元素和盘扣设计，利用畲族民族元素创新织带对结构线进行强调处理，字符图案的变形设计通过丝网印刷的工艺手法体现在西装长裤和百褶裙的下摆部分，以协调服装整体的点线面关系，领子搭配白色四合扣与手缝扣以及传统织带设计。面料上采用高克重全棉斜纹西装面料，配料上运用暗纹提花面料增添服装的肌理对比，使制服廓形挺括，款式青春时尚。

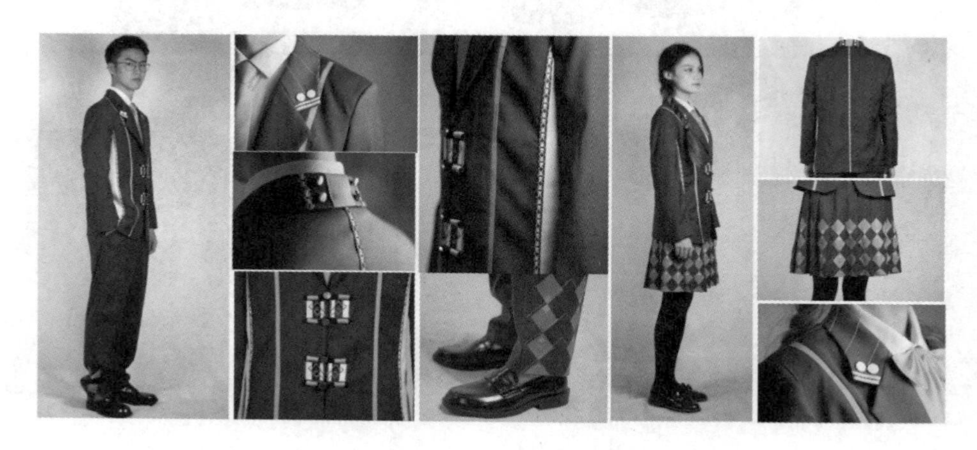

图 21　系列二冬季款校服细节图

2）夏季款（图 22）：休闲运动的夏季款校服中，男女款均以半开领针织衬衫搭配休闲短裤。面料上使用针织罗圈面料，满足产品的透气性、舒适性要求。廓形的宽松设计适合青少年体形变化。服装运用色块的对比强化结构的分割，展现活力的休闲运动风格。领口的线性撞色组合纽扣，增添了服装的设计细节。上衣中间的立体造型贴袋以趣味性的视觉效果增加了服装的功能使用。下装前片侧面运用刺绣工艺与丝网印刷工艺的字符图案，后片贴袋的畲族元素织带与刺绣线条组合。

3）春秋款（图 23）：春秋两季的校服款式以宽松的运动装为主。面料以聚酯纤维为主，满足防护功能、隔绝功能以及透气性的要求。上衣为翻领运动服，在保持畲族的连裁宽体袖型的基础上，对袖身进行了色块切割和拼贴设计，以宽松造型满足运动过程中的舒适感。领口的反光条设计可以保障青少年夜行时的交通安全，同时注入了青年街头文化感。裤腿内外侧搭配不同民族元素织带，体现了传统与现代时尚感的碰撞。

图 22　系列二夏季款校服细节图

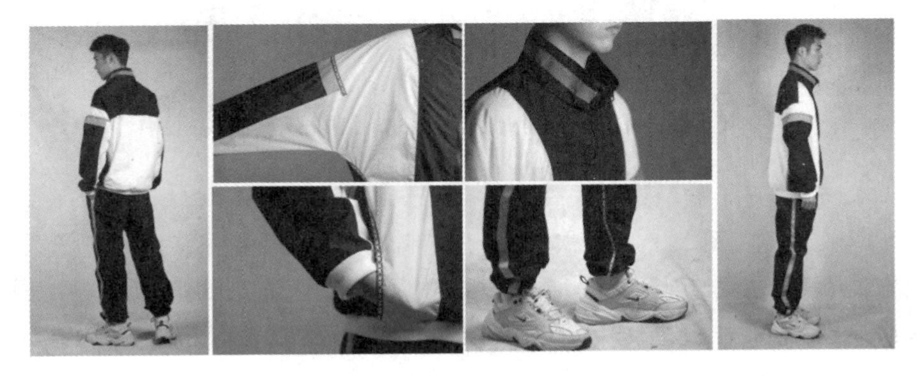

图 23　系列二春秋款校服细节图

经过对畲族校服和畲族传统服饰元素转化的大量设计实践尝试，我们决定以罗源式畲族服饰为设计基础进行创意设计。款式上以英式制服、大廓形 polo 衫和运动套装为主，将捆只颜工艺花边重新配色，结合流行趋势，将花边不规则摆列于袖口、领肩、门襟等处，同时让校服的性别差异显现出来。

通过以上设计实践分析，我们将设计转化后的捆只颜工艺花边通过织带编织、刺绣和丝网印刷的工艺组合方式应用在校服上。以线与面的协调关系为设计重点，在色彩上抽取了畲族传统色中的藏青色、红色、蓝色，搭配白色进行系列设计；款式上以季节性设计为设计诉求，通过季节特性对产品进行设计。利用 CAD 制版、胚样调整，最后完成系列三的部分成衣制作（图 24）。

图 24 系列三实物图（部分）

1）冬季款（图 25）：冬季款校服以校园制服廓形为灵感源，对牛角扣大衣进行畲族元素的融合与创新设计。男装以牛角扣大衣搭配西装长裤，女装以牛角扣大衣搭配百褶短裙。牛角扣大衣选用短毛呢面料，西装长裤和百褶短裙选用高克重全棉斜纹西装面料，使产品具备优质的防护功能、隔绝功能，廓形上体现款式的利落和挺括。袖口、袖臂和门襟的捆只颜工艺花边绲条拼贴设计体现畲族传统民族元素。西装长裤和百褶短裙中运用犬牙纹与线性结构交相呼应，体现现代主义风格。

2）春秋款（图 26）：休闲运动的春秋款校服中，男女款均为翻领宽松运动衫搭配休闲裤，男生款式的领面设计比女生款式更为简洁。面料上使用针织罗圈面料，满足产品的透气性、舒适性要求。色彩上以洁净的白色为主色调，翻领采用蓝色撞色设计，底部运用民族元素织带作为细节；袖身的罗源花边作为整体设计的视觉重点，与衣身的线性色块、裤装的小块面撞色相呼应，以不规则色块拼接表现民族元素与抽象几何风格的融合。

图 25　系列三冬季款校服细节图

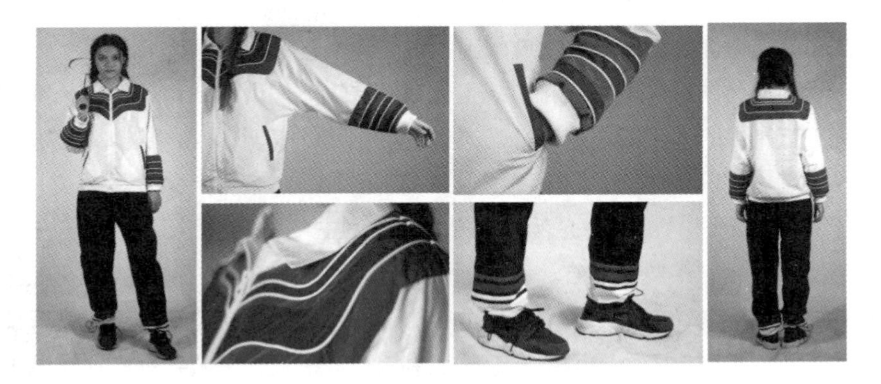

图 26　系列三春秋款校服细节图

附录二 饰品设计探索[①]

畲族传统银饰与其他民族银饰相比，第一视觉效果并非华丽夺目，而是修饰精巧含蓄，多以錾刻图案装饰，大致可以分为冠饰、发饰、耳饰、项饰、手饰五大品类，包含凤凰冠上使用的银片和银链装饰、银簪、银镯、耳环等，各品类使用的年龄段和场合体现了畲族人民长幼有序和注重礼仪的文化表征。基础造型较为简约且趋于扁平化，银饰上使用的装饰纹样题材贴近生活，工艺上主要是錾刻、绞花和套模，这三大工艺虽然并非畲族独有的工艺，但在畲族银饰的制作中运用极为广泛。这三种工艺的大量使用，最终导致畲族银饰造型风格趋于扁平化。当今市场对畲族传统银饰特征的概念较为模糊，需要设计师明晰畲族银饰传统工艺和审美特征，坚持凸显畲族本民族特征的工艺主题和审美基因。

秉承畲族传统银饰的特征和传统工艺在银饰上的表现形式，项目组分别完成了绞花工艺制成的手工镯与戒，并通过仿绞花工艺的表现形式，结合凤凰冠银片造型，通过 3D 打印技术制成仿手工风格的工艺饰品。

作品《三三得一》（图 1）以畲族传统银饰为主要灵感来源，分为手工制作、机械与手工结合制作两个部分。手工制作部分提取了畲族传统银饰中绞花工艺的形态特征，包括镯、戒两组组合，将畲族传统的绞花六瓣镯的制作手法进行叠加和品类转换，将畲族图腾中凤凰羽毛的元素用于戒指设计。此系列设计在追求时尚简约的设计风格的同时力求保留畲族传统银饰的简约且趋于扁平化风格的特征，形成独具民族特色的现代创新设计。

项目组通过研究畲族传统银饰工艺中的绞花技法，尝试使用绞花工艺马尾编制法编制富有层次感的饰品。此系列镯、戒组合的制作需要硬挺的金属线，所以项目组摒弃了质地柔软的银线，采用镀银色和金色的铜线制作。利用形态层层叠加而产生的饱满丰富之感，在畲族六瓣镯形式的编织造型基础上，将首末端拧制成羽毛形状。利用绞花技法将铜线缠绕成单线圈，再用于六股铜线缠绕。对手镯和戒指进行设计创新，重点突出以马尾编绞花方式为主的设计。手饰组合 1 的手镯首先用单条铜线紧密缠绕成线圈，再用两条铜线与其排列成三条，合并为一股，以合股后的铜线为材料进行单层绞花编制。然后将它分为三段对折而成的三层绞花，并且将首尾的铜线藏于编制的交缝处，最后将编制好的三层绞花弯曲成椭圆形。戒指与手镯的制作方法相似，但不同的是戒指在完成单层绞花后，不是

---

① 本部分作品由研究生林蓉晶设计制作，陈敬玉指导。

通过对折方式，而是通过旋转弯曲而成三层绞花。

手饰组合 2 的手镯与戒指制作方法相同，此组设计按照组合 1 的方式完成三层绞花的编制。不同的是，首末两端不需要藏于编制的交缝处，而是卷曲成大小相同向外延伸的羽毛造型，此外还制作了两条首末端为羽毛造型的绞花，穿插于前者的折痕位置进行装饰。此系列设计将畲族银饰马尾编工艺用于现代戒指和手镯的设计中，添加了其他绞花效果与其交错结合，形成样式简约却又独具民族特色的手饰品。设计的重点在于，将六股马尾编作为侧面设计，利用层次丰富的侧面肌理效果作为饰品的正面，打破了传统思维定式下的绞花造型应用形式，突出展现了常被忽视的侧面的肌理效果。

通过机械加工完成的作品包括两两为一组的三组银饰。我们通过对浙闽地区畲族传统银饰图片资料的整理收集，结合对现代畲银产品的调研分析，以既能符合现代化生产需求又能保留传统银饰特色的畲族特色饰品为设计目标。通过调研发现，大多数传统银饰不能满足现代人的审美需求，创新设计产品的痛点在于传统银饰制作特征与现代化生产技术的有效结合。

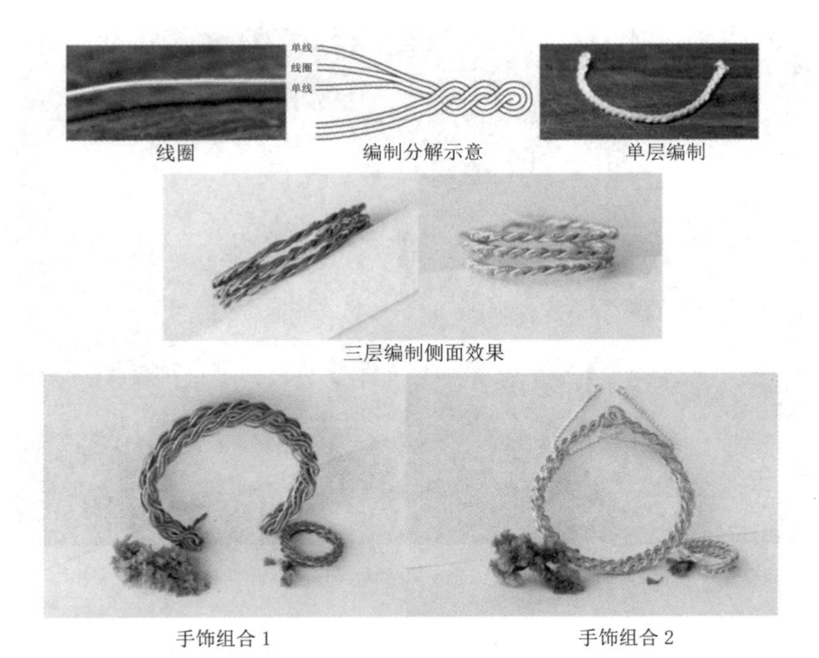

图 1 《三三得一》设计实践实物及分解图

我们在畲族传统银饰的錾刻和绞花工艺基础上做了传统工艺与现代生产结合的设计尝试，运用现代生产技术制作 3D 模型、饰品喷色和电钻打孔镶锆石等半机械半手工制作的方法，还运用了机械仿制手工工艺的方法，通过 3D 建模仿制绞花手工造型的效果。首先根据六股银条的绞花效果进行平面化设计，用两种镀银颜色将六股银条从视觉上区别开，再用锆石模仿点錾的排列效果分布于银片之上，然后仿凤凰冠上的银片造型装饰于吊坠下方。此系列设计的两组银饰项链通过机械生产的方式仿制畲族传统银饰绞花工艺效果，用锆石替代点錾效果，并且添加了畲族凤凰冠的银片装饰造型作为修饰。

制作过程如下：首先将设计效果图转化为包含正视图、左视图和后视图的 3D 效果图，利用现代化生产技术 3D 打印制作模型；然后往模型里注满金属银，待其成型后取出银饰，再用器械抛光工具将银饰表面打磨光滑；再在指定位置通过电钻形成凹槽，在凹槽处镶锆石；最后将银色部分用蜡遮盖，黄色部分用镀金工具喷色完成。该项链可以与黑色皮项圈组合佩戴，或根据使用者个人风格与其他项饰组合使用（图 2）。

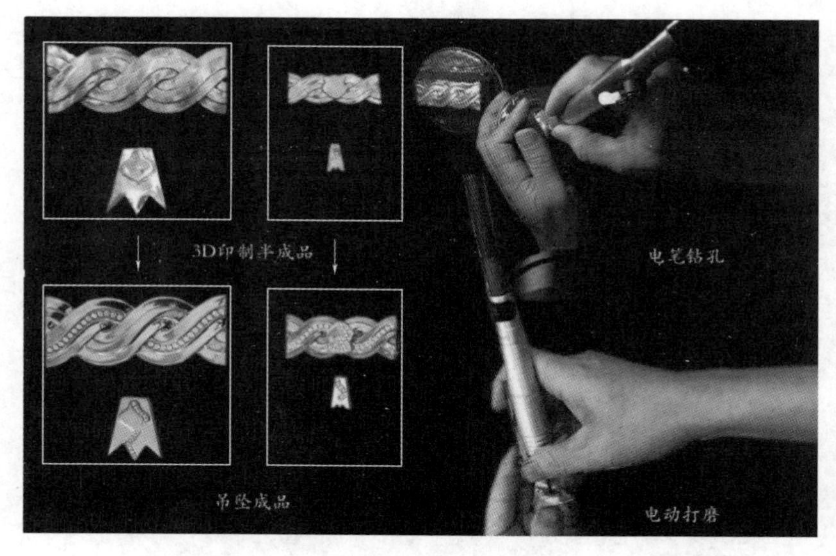

图 2　项链吊坠制作过程

这一设计将畲族传统银饰简约且趋于扁平化的特征融入传统工艺与现代转化设计，形成符合时代发展变化的创新民族设计，不仅丰富了项饰品类，也传承了畲族银饰的民族特色。

附录三　文创产品设计探索[①]

当今社会，文创产品因大众文化消费水平提高、消费者需求多元而出现了新的发展契机，文创产品的设计应将文化内涵通过合理的创造设计进行物化的外延，使文创产品兼具使用功能与情感功能，能给人带来文化上的享受和审美上的愉悦。随着文旅融合的不断推进，民族地区的旅游文创产品设计在当地旅游文化产业发展中体现出旺盛的发展势头，同时也是少数民族非遗活化的重要组成部分。畲族服饰和现代文创产品的有机结合不仅是对畲族服饰活化设计的市场需求，也是非物质文化遗产活化传承的尝试，还是对文创产品素材库和灵感源的有益补充，更是畲族文化在当代传播发展的一次契机。设计时首先要注重保持民族特点，将传统民族文化的悠久底蕴以现代的理念和形式进行设计表达。其次要注重产品的时代性，实现传统服饰文化元素和现代产品实用性设计需求的有机结合。最后要符合当代社会价值观，关注消费需求的迭代，以设计巧思和审美意趣获得消费者的认同，寻找传统文化与现代产品的契合点，设计出符合当下时尚潮流和现代审美的畲族文创产品。

一、畲族服饰素材特征

各地畲族在发髻、凤凰冠样式和衣襟的具体形制、装饰细节上略有不同，福建罗源地区的畲族凤凰装因保存得较为完整、服饰特征突出、装饰华丽，成为各地畲族服饰的代表样式，因此本设计的素材主要取自福建罗源凤凰装。

由于文创产品设计需要素材本身传递的文化性、特征性较突出，对形态、色彩、工艺的需求较高，故设计素材更多取自传世实物与影像资料。畲族服饰素材可以从“形”和“神”两方面给设计师提供形象和意象的参考来源。畲族服饰素材来源主要分为三类：服饰样式、装饰题材、典型工艺，如表 1 所示。服饰样式即以畲族服饰的基本形制样式为素材，其特征最为完整突出。装饰题材展现内容最为广泛，细节表现力突出，包括生产生活中常见的动植物和民族宗教、传说符号。典型工艺素材主要包含绣花、织带、捆只颜和錾刻等手工艺，民族特征突出，是重要的设计素材来源。

① 本部分作品由研究生张颖卓设计制作，陈敬玉指导。

表 1 畲族服饰素材来源

素材来源	畲族服饰素材图片			
服饰样式				
装饰题材				
典型工艺	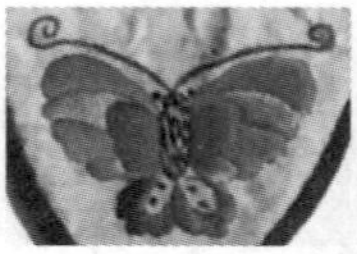 绣花	 织带	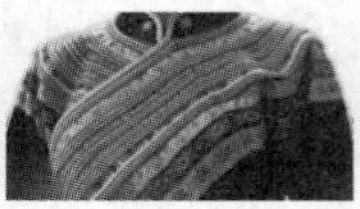 捆只颜	 錾刻

二、畲族服饰元素在文创产品中的设计转化运用

由于图形是民族服饰中表达语义最丰富、视觉效果最直接的元素，图形元素也是各类文创产品中运用最多的品类，所以本部分以图形为例进行设计阐述和设计实践分析。畲族服饰中的图形元素包含两种：样式和图案。样式元素是指由服饰样式结构提取而来的图形素材，图案元素是指在服饰局部装饰上运用的原生态装饰图案。

1. 迁移再现

迁移是指将畲族服饰上的象征性符号（尤指样式、图案）直接转移到设计对象上的设计手段。即保留原本的造型、色彩、纹样等，工艺制作条件许可的话亦可保持原始工艺，现代文创产品设计中经常使用这种方法进行设计，经典书画文物的复刻、装饰文物的复原就经常使用这种原始再现的方法。这种设计手法源于民族服饰图案本身具有造型完整、装饰精美的特点，能够高度还原素材本身的特点，但使用不当容易产生简单的拼贴效果。设计时要凭借设计师敏锐的时尚嗅觉、巧妙的设计构思和良好的审美素养，对原始图案进行选择和运用。服饰样式素材由于样式的完整性，比较适用此类设计，如将服饰的整体样式比例缩小后搬迁移用设计成钥匙扣（图 1），使其既保留了全貌，又形成了比例上的“反差萌”，同时又具有实用性和装饰性。

图 1　畲族服饰钥匙扣系列设计实物

2. 趣味变形

变形是设计常用的一种艺术加工手法，指对对象核心形象进行提炼，并对其线条、造型等进行夸张或者概括的变形设计。文创产品除了对传统服饰图案进行常规变形设计外，还可以根据图形特征和设计定位的不同，进行一些调侃意味的趣味性变形设计。畲族历史上受道教影响较大，八仙形象是畲族人物图案中最具有代表性的元素之一，畲族服饰中的八仙形象拙朴，线条简单，多以彩绣的形式出现在衣襟、拦腰的装饰中。在设计时可以打破传统的动态姿势，获得出其不意的设计效果。如图 2 中，运用变形设计手法对蓝采和的形象进行变形设计，对其形象进行简化提取，加以平涂填色，使图案呈现扁平化外观，营造简单、直白、萌趣的风格，并对蓝采和的手势进行了变形设计，使常规手势变成摊手动态，传达出“真拿你没办法”的语义，使图案呈现出调侃、诙谐的效果。

图 2　人物图案的变形手法设计实践——“真拿你没办法”系列

3. 拼贴重组

拼贴重组是指以原始元素的标志性特征为核心，将其构成关系解体后进行重新组合，以达到重建形态的设计目的。图案单元经过提纯后重新进行组合运用，或借助构成原理对不同组别、风格的图案根据产品特性进行组合设计，可以实现多元化的设计结果。例如方形抱枕可以和几何形框架结合，也可以通过对单位元素的重复拼贴形成适合纹样。图 3 是以畲族罗源式服饰为元素，结合几何图形，对服饰的门襟、拦腰等重点装饰部位进行解构、重组，形成新的具有畲族特征的图案，将其应用于丝巾、帆布手提袋、亮锻材质抱枕、鼠标垫以及正方形纸质封皮笔记本等文创产品的设计上。

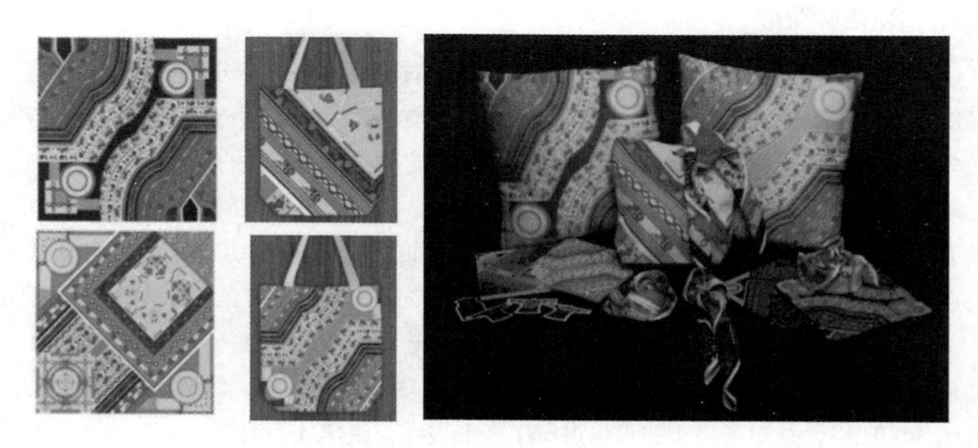

图 3 “畲侈品”系列文创产品设计

4. 替换填充

替换填充即保持原有元素的形态特征，对其进行整体或局部的填充设计，填充的图案和色彩根据设计风格和设计需求的不同有多种变化组合方式。替换的对象为原有的内部装饰和细节，填充的内容因其元素的原则、色彩的搭配和肌理的变化，可以给原生元素带来全新、多元的设计结果。图 4 为畲族传统外褂“靠仔衫”上的梅花鹿刺绣图案的提取设计，以其为元素进行替换填充设计，保留原有的剪影形象，结合几何形和黑白色调，运用黑白线条规律填充的方式，改变原有的写实表现，使图案更具现代感。

“我有我的鹿”系列设计将二次设计的图案结合几何框架应用到文创产品上，

舍弃了原有的民族风格色彩搭配，选择黑白灰配色，使得整体产品风格简约、大方。图 4 中运用了形态解构重组的设计手法，对梅花鹿的动作形态进行了调整，对图案线条进行了二次设计，使其具有流水的效果，将原本比较单调的图案变得更加丰富，更具现代感。搭配几何框架结构和线性设计，适应年轻消费群体的审美趣味。主要产品有帆布手提袋、T 恤、亮锻材质抱枕、手机壳、鼠标垫以及皮质封皮笔记本（图 5）。

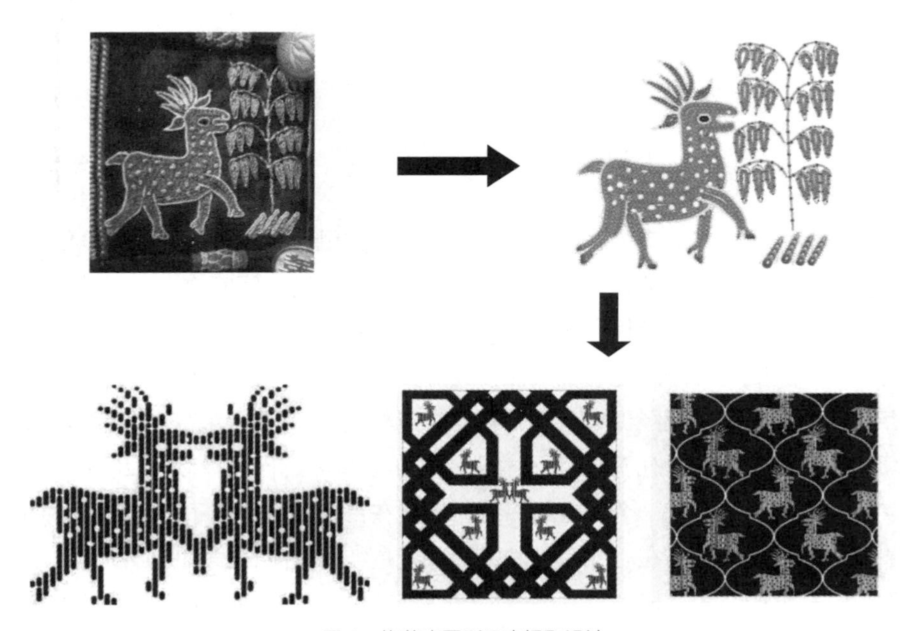

图 4 梅花鹿图形元素提取设计

图 5 “我有我的鹿”系列文创产品设计

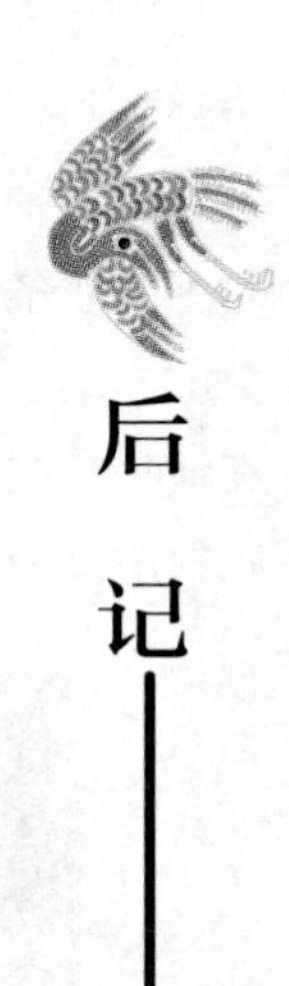

后记

畲族传统服饰在历史文化的长河中历经交流与融合，但仍然保持了鲜明的特色，承载着畲族悠久的历史与民族文化，与神话、传说、民间故事、民歌相互交融，共同传达了畲族人民朴实无华的民族精神和精神寄托，以非文本形式向后人传述族群的历史与变迁。随着现代社会经济文化的发展，畲族传统服饰文化赖以生存的民俗文化环境正经受着前所未有的变革与震荡，如何使其在当代社会得以延续和传承是民族文化研究者和艺术设计工作者关注的问题。我于 2009 年进入畲族服饰研究领域，从一个人走村串镇，到现在带领团队进行了多次畲族服饰田野调查，一个念头逐渐在心底悄悄发芽，那就是结合文献记录和田野所见，对畲族服饰样式进行系统性梳理，并结合现代设计手段进行设计传承实践。恰逢近年受国家社会科学基金和浙江省哲学社会科学规划课题等项目资助，加之正在主持建设的浙江省“十四五”研究生教学改革项目所积累的融合育人培养经验，遂将成果汇集成文出版。

感谢我的博士生导师许星教授和硕士生导师刘晓刚教授带领我进入服装与服饰文化研究的大门；感谢浙江理工大学服装学院多年来对我的支持；感谢崔荣荣、李加林、郭建南、邹奉元等老师在学术上的指导和帮助。还要感谢田野调查中遇到的各级相关单位的热情接待，感谢各位非遗传承人的诚挚相谈，尤其要感谢在项目存续期间参与研究工作的我的诸位年轻可爱的研究生，他们是：张萌萌（江西地区调研、服装工艺及彩带分析）、李方园（江西地区调研及服饰图案解析）、赵伟楠（服饰认同调研及数据分析、校服设计）、徐雯琦（贵州地区调研及绘图）、林蓉晶（服饰品调研与创作设计）、陈丽霞（首服研究及文献梳理）、王旋如（广东地区调研及服饰创新设计）、郭今文（广东地区调研及展演服饰设计）、张颖卓（服饰文创产品设计）、吴莹洁（贵州地区调研及资料整理）。这些年轻的设计力量是未来民族服饰发展传承的生力军。

投身民族服饰研究的这些年，我的父母、先生和女儿给予了我莫大的支持，使我后顾无忧，感谢你们！

陈敬玉
2023 年于杭州